光 明 城
LUMINOCITY

U0324545

看见我们的未来

从话集

礼仪秩序与社会生活中的中国古代建筑

上海·同济大学出版社

TONGJI UNIVERSITY PRESS

沈旸 等著

目录

就山立祠
镇庙

170

神地之道
社稷庙

208

一脉泉随
晋祠

238

孔庙

垂教于世

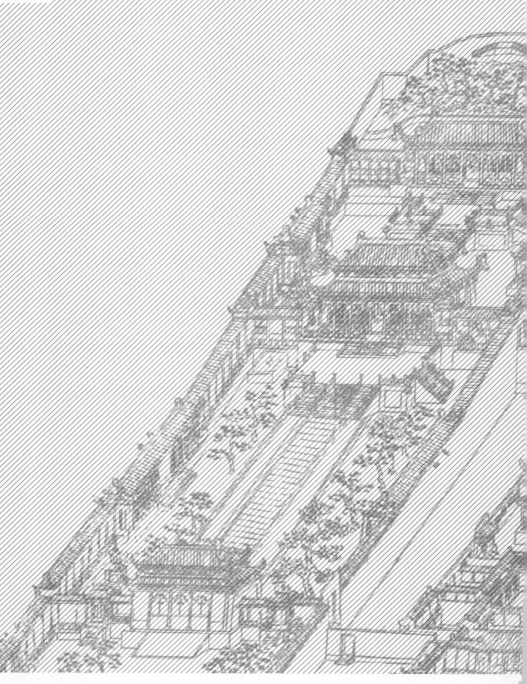

帝都的教化象征：
历代都城
庙学之演变 *

基金资助：国家自然科学基金青年科学基金项目（51308100）主持：沈旸。原文刊载：沈旸《帝都的教化象征·历代都城孔庙之演变》，《建筑学报》2016年第1期（总第568期）。

就中国古代社会而言，道统主要指儒者之"道"的传授谱系，也可以理解为借由孔子的学术地位，力争教育学术的自主性，只不过在传统专制王权的环境下不易达成而已。道统是需要教育体制来维护和确保延传的，而这种教育体制的物质载体之最具代表性者即为"庙学"。所谓"庙学"，简单说，就是中国古代传授儒家经义的官方学校，以及与之相依存的祭祀孔子及其他儒家杰出代表的孔庙。学子于庙学之中，除了学习经典之外，也景仰圣贤，知识教育与人格熏陶均在此地完成，理性研习和精神崇拜的结合也正是东方精神的可贵所在。

在中国古代历史发展过程中，以专制王权建立的政治秩序兴衰不定，而以孔子作为"主神"的道统则屹立不倒。孔子被认为是"百世帝王之师"，正是传承道统与彰显权威相结合的最佳说明。那么，是道统重于权威的表达，还是道统反被权威利用？这是个耐人寻味的历史问题。

作为对这个问题的建筑学回应，庙学的空间构成解析可以看作是一个有效的途径。庙与学的结合，发轫于东晋的都城建康（今南京），[1] 基本定型于唐宋。本文选取历代帝都的中央官学和孔庙作为观察对象，一方面，这是帝国管理教育的最高行政机关和国家设立的最高学府，[2] 其规模最巨，等级最高，除曲阜孔庙外可视作天下庙学

1　据（唐）许嵩《建康实录》卷九：太元十年（385）尚书令谢石"以学校陵迟，上疏请兴复国学于太庙之南"，在"御街东、东逼淮水，当时人呼为国子学。西有夫子堂，画夫子及十弟子像，西又有皇太子堂，南有诸生中省，门外有祭酒省，二博士省，旧置博士二人"。又据高明士《东亚教育圈形成史论》第 52 页：此为孔庙建筑走出曲阜的标志，自此以后，"庙学制"即告产生。

2　北齐首创国子寺，隋代继承之，并更名为国子监。

的表率，具典型意义；另一方面，道统与权威的象征体现也拥有了历时性比较的可能，在梳理其建设轨迹的同时，还可以尝试厘清部分中国古代都城史研究领域中尚属含混的问题，如都城孔庙的出现时间、建筑布局的考证和简图绘制（尤其是宋及以前）、都城中轴线两侧建筑配置的变化（如文、武庙问题），等等。诸如此等方面的关注和些许收获，又恰恰是对古代都城空间的再认识和可能的补充。

庙学制形成的必要条件

自汉高祖刘邦在曲阜"以大牢祠孔子"[1]，开创帝王祭孔的先河，至南北朝近八百年间，中华大地历经朝代更替、国家分裂、佛教兴盛；但祭孔、立庙相沿不废，并借由官方行为逐步建立起并巩固了以孔子为代表的儒学在世人心目中和国家统治机器中至高无上的地位。

就行礼而言，汉魏时，辟雍、太学行释奠礼，各有所重，帝不亲临，由职司礼仪、祭祀诸事的太常卿代为释奠，对旧制有所因循而又加以改变，预示帝行辟雍礼与释奠礼可分别举行。而自西晋始，释奠行于太学，是汉至晋的最大转折，故自西晋始，可视为在学行礼发展至一个新的阶段。"大学之设，义重太常，故祭于太学，是崇圣而从重也。"[1]

释奠于辟雍，偏重宗教意义；释奠于太学，偏重教育意义。而释奠礼向太学的转移，正是孔庙得以建筑于学，进而并立于世的必要条件。

就中央官学及孔庙而言，西汉武帝兴太学，经王莽之手付诸真正意义上的建筑形态。自曹魏实施九品官人法后，门阀社会的形成，反映在学制上则以西晋国子学、太学分立为滥觞，东晋国学建"夫子堂"，庙学制（庙学合一）即告产生；且东晋建康又专设宣圣庙，由孔子后裔奉祀。

此后，国子学与太学的消长，也恰恰印证了贵族社会的盛衰，都城孔庙依附所在亦随着中央教育机构的变迁而屡有变化：

（1）两晋国子学初创时，隶于太学；

（2）南北朝后，二学地位盛隆日上，尤以北魏平城各有专址、皆设孔庙为盛；迁都洛阳后，仍分立，但太学建成与否不详；

1　详见《汉书·高帝纪下》。大牢：即太牢，牛羊豕三牲全备为"太牢"。

（3）北齐设国子寺，统领诸学，为后世国子监前身；

（4）至隋唐，国子学则成为国子监诸学之中地位最高者；

（5）而入宋后，门阀制度凋零，国子监又明显地趋于太学化；但改变只在于学，庙学并立及唐时厘定的孔庙礼仪和从祀制度，为后世累代相传，并不断增制。

综合以上，就都城简言之，西汉至西晋主要分为帝率臣工行释奠礼于辟雍、太学师生行释奠礼于太学两个系统；自东晋设"夫子堂"后则庙学合二而一，经南北朝发展，于中央官学孔庙释奠渐成定制，礼仪亦渐具规模。且东晋庙学制的出现乃为自古以来学制之大变化，从而为唐中央庙学的进一步完备奠定了基础。

在帝都权力空间中的地位

都城作为皇权中心所在地，自有其特质，在功能上又是极尽复杂的综合性统一体。而作为传统社会国家机器中正统信仰和文化权威的代表，中央官学和孔庙担当了怎样的城市构成角色？

据《礼记正义》，殷制"小学在公官南之左，大学在郊"，周制"大学在国，小学在四郊"，可知设学在东南或郊；《周易》"万物出乎震，震，东方也。齐乎巽，巽，东南也。齐也者，言万物之絜齐也。离也者，明也。万物皆相见，南方之卦也。圣人南面而听天下，向明而治，盖取诸此也"，[2] 或可视作祀先圣孔子的庙宇选址定位于"皇权空间"东南方的理论注脚。

自西汉末王莽立太学，即遵此制，而至东晋初，中央官学一直选址在都城的东南郊。虽然西汉长安的"左祖右社"方位比较明确，但太学及灵台、辟雍等一干礼制建筑皆在都城以东；而东汉洛阳，不仅保持了"左祖右社"，并已将其纳入城墙以内，分列于城市主轴线东、西的位置设定更加强了这种控制感，但太学的空间地位则明显屈居其下，既在太庙东南方，又隔于城墙之外。

中央官学向城墙以内的空间挺进发生在东晋。东晋初的建康，国学仍相沿前旧，在秦淮水以南；穆帝升平元年（357）可能已将之移往城内的中堂，否则不会有帝"亲释奠于中堂"[3] 及"有司议依升平元年，于中堂权立行太学"的记载；孝武帝（373—396）时则变得明朗化，"以太学在水南悬远"移于中堂。[4] 中央官学不仅成功地进入城市以内，且直接成为中央机构所在的国家权力范围内的一员。太元十年（385），复

長安的変遷 —Ⓐ前漢末、Ⓑ前趙／前秦／後秦／西魏／北周／隋初、Ⓒ隋／唐

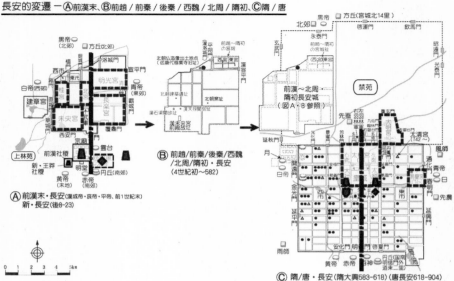

洛陽的変遷 —Ⓓ後漢、Ⓔ魏晉、Ⓕ北魏 Ⓖ東周、Ⓗ隋唐、Ⓘ北宋、Ⓙ金

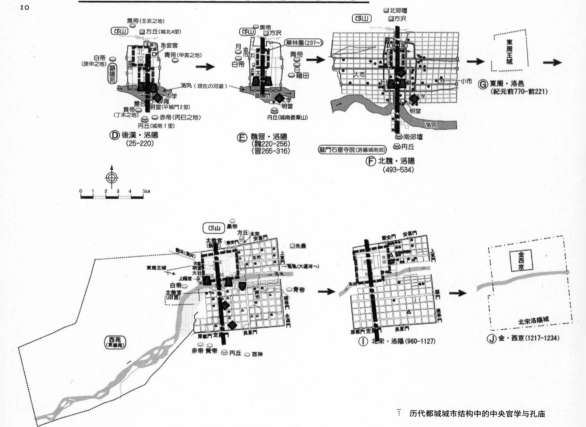

1 历代都城城市结构中的中央官学与孔庙

建康的変遷 ― Ⓜ東晋・南朝、Ⓝ明

Ⓠ北宋・開封 Ⓡ南宋・臨安

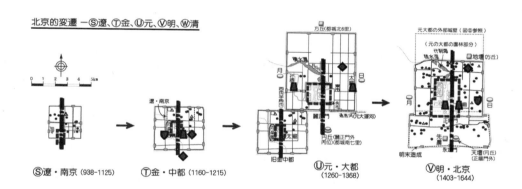

Ⓜ東晋/南朝・建康(317-589)
※現時点では建康の都市プランの詳細は不明。
本図は文献による南朝染の時期の復原推定図

Ⓝ明・応天府(南京)(明1368-1645)

Ⓠ北宋・開封
(960-1127)

Ⓡ南宋・臨安
(1138-1276)

北京的変遷 ― Ⓢ遼、Ⓣ金、Ⓤ元、Ⓥ明、Ⓦ清

Ⓢ遼・南京(938-1125)

Ⓣ金・中都(1160-1215)

Ⓤ元・大都
(1260-1368)

Ⓥ明・北京
(1403-1644)

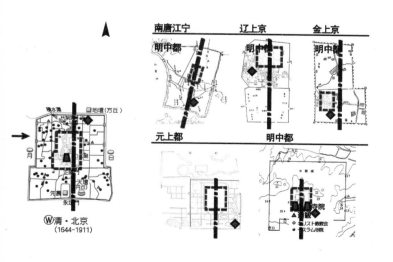

南唐江宁　辽上京　金上京

明中都　明中都　明中都

元上都　明中都

Ⓦ清・北京
(1644-1911)

注：
①除南唐江宁、辽上京、金上京、元上都、明中都外（未按同比例缩放），历代都城图皆引自：（日）妹尾達彦《隋唐長安与東亜史的転型》一书的《中国歴代都城復原図：同縮尺》；原图中●代表佛教寺院，▲代表道观。
②因历代都城的中央学是逐步形成，且称呼和庙学配备程度不一，武学亦然，故以"文"、"武"空间表述。

🏛 皇权空间
▲ 太庙、太社
◆ 中央"文"空间
♦ 中央"武"空间
━ 城市主要轴线

垂教于世：孔庙

国学于太庙之南，使得暂借中堂的窘境得以改观，亦说明国学虽由郊入城，更亲近于皇权，但太庙的地位是不可逾越的，如南朝齐高帝即位（479）之初，崔祖思言"宜大（太）庙之南，弘修文序"，[5] 即为一证。"太元"本为帝王的年号，但在中国古代庙学发展史上却是里程碑式的时间象征，国学开始出现"夫子堂"，都城的中央庙学并立，其意义影响深远。不仅如此，由孔子后裔奉祀的宣圣庙亦于太元十一年（386）建成，孔姓"家庙"的都城化，明示了尊孔的抬升及异地立庙的官方化，虽后世再无此例，但类似于衍圣公的进京班朝或祭于都城孔庙，其实皆为此现象的衍生。

再观之古制关于"郊"的定义，殷制为"假令百里之国，国城居中，面有五十里，二十里置郊，郊外仍有三十里；七十里之国，国城居中，面有三十五里，九里置郊，郊外仍有二十六里；五十里之国，国城居中，面有二十五里，三里置郊，郊外仍有二十二里"；周制则"远郊上公五十里，侯四十里，伯三十里，子二十里，男十里也。近郊各半之"。[6]3 "郊"与皇权中心的空间距离并不遥远。由是，中央官学虽进城，但与皇权中心之间的空间关系和距离，仍需符合传统礼制的诉求，只是在新的历史时段有了新的发展；即类似于太庙、太社的空间移动，诸般皇家祭祀空间与中央机构的集聚，正是中央集权的统治方式在都城空间结构上新的投影。北魏洛阳的国子学地位却显赫非常，凌驾于太庙之上；虽有就东汉、曹魏、西晋三朝太学旧址再立之议，但建成与否，史无明文。那么，国子学紧邻宫城的现象是否为孝文帝积极推行汉化行动的表征之一？不过，此状在其后的历代都城中已悄然匿迹，新的变化则见诸唐长安城武成王庙的出现。武成王庙"为姜太公庙也。唐开元十九年（731）令两京诸州各置太公庙，以张良配享，选古名将以备十哲，以二八月上戊致祭。祠武成王庙自此始"。[1] 武成王庙与孔庙携手增强了"左祖右社"对城市中轴的拱卫，是为"左文右武"。

但综观中国古代史，"崇文抑武"实为真正主流，武庙也渐渐转为岳飞庙或关帝庙的代称，但对二者的尊奉却不是尊武，而在乎忠义。表之于城市空间，亦然：

（1）唐东都洛阳的武庙位置即随地制宜；明北京亦如是，直至嘉靖十五年（1536）方由兵部议"以武学太窄，请拓其制，改建于大兴隆寺故址"。[7]866-867

（2）北宋初，东京武学、武庙虽有帝幸之举，但还是渐渐被逐日扩大的太学所笼罩，更有神宗熙宁四年（1071）"修武成王庙为（太学）右学"，五年（1072）学即成，[8] 文、武庙日形悬隔，幸武学、谒武成王庙遂罢。[2] 南宋临安虽有武学之设，已无帝幸之举。

1　出自：(清) 程穆衡《水浒传注略》。转引自：(宋) 孟元老撰，伊永文笺注. 东京梦华录笺注 [M]. 北京：中华书局，2007：111.

2　据黄进兴《圣贤与圣徒》第 220-222 页：宋时重文轻武的基本国策，学者皆有定论，惟其理据却是文武合一，其实只是"重文轻武"的变奏。虽太祖建隆三年 (962) 诏修武庙与文庙相对；乾德二年 (964) 却以大公曾追封为武成王，取消配享周公庙之制，自是大公只能专祀于武庙，地位实已降低。后，真宗曾追加"昭烈"、"玄圣"于武成王和文宣王，徽宗宣和五年 (1123) 又加爵武庙"十哲""七十二将"未有封爵者，也是因为外侮日亟，时事使然，武庙实今非昔比。另可参阅 (明) 沈德符撰《万历野获编补遗》卷三《兵部·武庙》，第 866-867 页。

（3）金中都亦有较类似于唐长安的"文武"设置，上溯至辽，无武庙祭，金人似较重视武庙祀典，惟熙宗皇统元年（1141）已亲诣孔庙奠祭，而迟迄章宗泰和六年（1206）方建武庙，上层建筑视域中的文、武高下立见。

（4）明南京武庙虽位居鸡鸣山麓"十庙"之首，但仅为忝列于一个群体，根本无法与国子监的庞大比肩[2][3]。

北宋的三次兴学大大抬升了太学的地位，并在东京城南门外建设了所谓"辟雍"，虽效仿古时辟雍之制"外圆内方"，[1] 不过是太学的预设科，只是借用了古制名称和形式。时蔡京奏："古者国内外皆有学，周成均盖在邦中，而党庠、遂序则在国外。臣亲承圣诏，天下皆兴学贡士，即国南郊建外学以受之，俟其行艺中率，然后升诸太学。凡此圣意，悉与古合。"[8] 以古制外学的方位和地位为辟雍的建立提供理由，却也说明了"天子之学"的地位。金中都亦建辟雍，实乃仿于北宋，事在章宗承安四年（1199），早于武庙建设不过七年，是否说明了"性好儒术"的章宗在城市空间构成或是相关中央机构的设置上皆在效仿汉人？且宋、金的这两处辟雍皆建孔庙[4]。

明之立国，诚如孟森先生言："明祖有国，当元尽紊法度之后，一切准古酌今，扫除更始，所定制度，遂奠二百数十年之国基……清无制作，尽守明之制作，而国祚

2　明南京南雍范围推测
底图引自: 南京地方志编纂委员会《南京建置志》
附图《明应天府城图》

1　出自:（宋）王应麟编撰《玉海》卷一百一十二。转引自:（清）宋继郊《东京志略》，第321页。

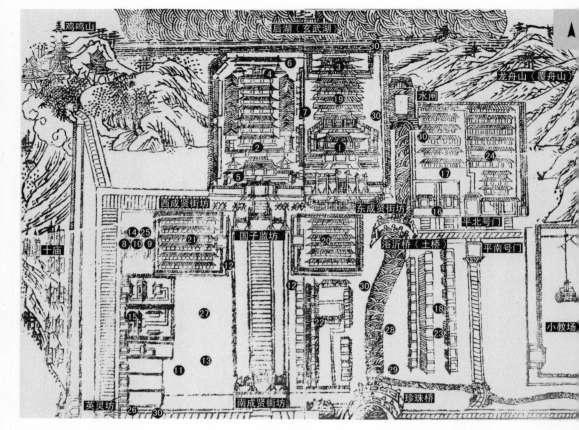

3　明南雍布局及周边环境
引自：（明）黄佐《南雍志·卷七规制考·上》

图例

1. 文庙
2. 太学
3. 启圣祠
4. 敬一亭
5. 土地祠
6. 光哲堂
7. 仓库
8. 讲院
9. 射圃
10. 祭酒宅
11. 司业宅

12. 司业旧宅
13. 旧典簿廨
14. 监西官房
15. 英灵坊官房
16. 浴沂桥东官房
17. 平北官房
18. 平南官房
19. 监内号房
20. 外东号房
21. 外西号房
22. 成贤街号房

23. 平南号房
24. 平北号房
25. 英字号房
26. 英灵坊号房
27. 旧酱醋房
28. 水磨房
29. 晒麦场
30. 种菜隙地
31. 鼓楼号房
32. 聚宝门外园地

注：

① 讲院、射圃、祭酒宅、司业宅、监西官房、英灵坊官房、英字号房、英灵坊号房、种菜隙地等仅推断为大致方位。

② 鼓楼号房、聚宝门外园地不在国子监内，未标。

③ 国子监坊：三间，中高三丈三尺六寸，两旁高三丈六尺。景泰二年（1451年）、嘉靖二年（1523年）重建、嘉靖二十三年（1544年）重修。

④ 东西成贤街坊：各三间，中高二丈四尺六寸，两旁高二丈二尺六寸；景泰四年（1453年）重建，嘉靖十九年（1540年）重修。

⑤ 南成贤街坊：与珍珠桥相连，中高三丈三尺六寸，两旁高三丈六寸。景泰二年（1451年）、嘉靖二年（1523年）重建，嘉靖二十三年（1544年）重修。

亦与明相等，故于明一代，当措意其制作。"[9] 体现在国子监之建设，亦有诸多创举。从明南京外垣范围看，皇城居于城市的绝对中心；而国子监选址却未袭古，位在玄武湖畔，皇城的西北方，正在原六朝、南唐旧城中轴的最北端，可能是朱元璋甚为忌讳诸朝"国祚不永"，[10]23 以国子监规模之巨镇之。又，按古制："帝入东学，上亲而贵仁；帝入南学，上齿而贵信；帝入西学，上贤而贵德；帝入北学，上贵而尊爵；帝入太学，承师而问道。"故，所谓太学者，"中学也，言太学居中，四学环之，盖帝制也"。明初虽尝有"并立五学之议，然罢而不用，制不沿古"，[11] 放弃了辟雍四门学之制，借山川形势，承人工造化，开一代国子监形制之新风。

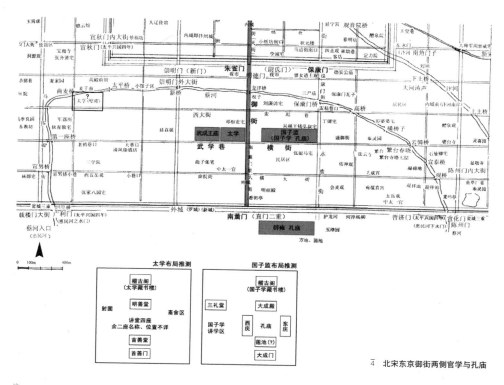

图 4　北宋东京御街两侧官学与孔庙

注：

① 底图引自：伊永文《东京梦华录笺注》"北宋东京城复原图"，张驭寰绘于 2000.01。

② 经笔者对照，张驭寰先生所绘图大致与《东京梦华录》所载相似，但标注于曲麦桥附近的太学（辟雍）不见该书纪录，且与《宋史》所载辟雍在"都城近郊"相悖，原因不详。

③ 神宗熙宁四年（1071 年）"修武成王庙为右学"，五年（1072 年）学成。

④ 元丰二年（1079 年）太学规模甚为宏敞，计：讲书堂 4 所；学舍 80 斋，每斋 5 间，斋 30 人为额，通计 2400 人。其中上舍生 100 人，内舍生 300 人，外舍生 2000 人。

⑤ 徽宗崇宁元年（1102 年）建辟雍，"外圆内方，为屋一千八百七十二楹。"

⑥ 图中各建筑所在，只代表大致位置，不代表建筑的具体规模。

⑦ 国子监、太学布局推测中建筑名称均为北宋末定名。

虽如此，明中都的国子监选址仍在皇城的东南方，即东西向横街——云霁街的东端，可见，在城市条件允许的情况下，国子监选址仍然遵从古制。中都乃平地起新城，且耗时五年多，规模与工程量远胜南京，至停工时已建成"三朝五门"和都城、皇城、宫城三重城墙的完整形制 [5]。中都虽未发挥京城的作用，却是明都城和宫殿制度的先行者，对后世有深远的影响。中都不像南京受地理条件的限制，又没有旧建筑的影响，因而规划齐整。城南洪武门以北为南北向洪武街，至大明门止，有东西向云霁街，全长七华里。两端分别以钟楼、鼓楼结束，则是对元大都钟楼、鼓楼的继承和发展。[10]29 中国古代都城一般都有一条南北向主轴线，但不一定都有横贯东西的横街，元大都、明南京均无此设置。云霁街非事先规划，而为中都营建过程中逐渐形成和发展起来的。初，南城东西横街只规划了一条顺城街，洪武六年（1373）十月，建开平王（常遇春）庙，选址与城隍庙相对称，其后又发展为开国功臣庙；同年十一月，又在其西建历代帝王庙；八年（1375）在大明门东，与历代

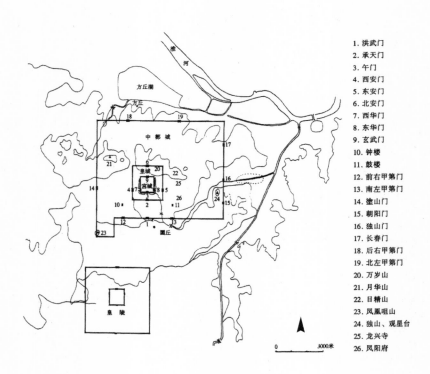

1. 洪武门
2. 承天门
3. 午门
4. 西安门
5. 东安门
6. 北安门
7. 西华门
8. 东华门
9. 玄武门
10. 钟楼
11. 鼓楼
12. 前右甲第门
13. 南左甲第门
14. 涂山门
15. 朝阳门
16. 独山门
17. 长春门
18. 后右甲第门
19. 北左甲第门
20. 万岁山
21. 月华山
22. 日精山
23. 凤凰咀山
24. 独山、观星台
25. 龙兴寺
26. 凤阳府

5 明中都

引自：潘谷西《中国建筑史·元、明建筑》第28页，图1-11《明中都城平面示意图》

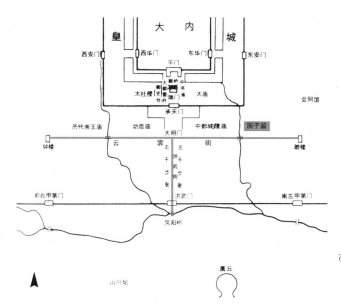

6　明中都皇城礼仪空间中的国子监

①引自：郭湖生《中华古都》第 105 页，图 4b
《明中都宫城前布局》；②郭图标注为国子学，
笔者以为国子监更为妥帖，改之

帝王庙相对称的位置上建中都国子监，由南京国子监官员兼管；[1] 同年，又在国子监东建鼓楼，在历代帝王庙西建钟楼及东西金水桥，云霁街最终定型，大大加重了明中都皇城前的空间规模和礼仪分量，开阔了东西两侧的视野，使之更为宏阔大气[6]。这样的规划布局在历代都城建设中尚属首创，后改建南京和营建北京，囿于城市既成条件，皇城前方缺少广阔余地，均未如此。[12] 唐长安、洛阳，宋东京虽有东西横街，却又缺乏足够分量的宏大建筑加强空间气势。不仅如此，中都云霁街上的国子监、城隍庙、功臣庙、帝王庙及钟鼓楼形成东西序列，并与太庙、太社形成了拱卫皇权的稳定的空间三角。

　　明清北京国子监相沿元大都，并留存至今。元国子监原在金中都旧城，今址是在大都城经数十年发展、城中部及南部已为民居等用地占满的情况下，选择了城北部偏东较为空闲之地。在参考历史先例方面，大都城的营建与其说是以儒家经典《周礼·考工记》为蓝本，不如说是汲取了宋东京和金中都的布局形态及建设经验，大都城市规模与宋东京相近，而宫城偏于城南，以及都城东、南、西各设三门则较接近金中都模式。[10]17 既然大至城市的营建尚且从实际出发，那么，国子监选址不在东

1　据《明太祖实录》卷九八、卷一〇五、卷一一九、卷一五八，潘谷西《中国建筑史·元、明建筑》第 8 页：洪武八年（1375）中都国子监置，同年中都罢作，但太子、诸王习武练兵、宗室有罪幽禁、勋臣致仕，均往中都安置，城内外还驻扎八卫一所的军队。中都国子监以南京国子监官员兼管，从一个侧面也反映了中都仍然作为陪都使用。九年（1376）"令凤阳武臣子弟肄业于中都国子监"，并委贝琼为"中都国子学助教，教勋臣子弟"，十一年（1377）赐贝琼致仕。可见中都国子监的设立，乃为教养凤阳的武臣子弟。毋庸置疑，其地位显然不及南京国子监。十六年（1382）又将"生员中式上等者送国子监（南京）"，而"次等送中都国子监"。二十六年（1393）中都国子监废，其师生并入国子监。洪武以后，中都日趋荒废，中都国子监亦然。

南方亦可理解。选址过程中是否有礼制的考虑，未见史载，但与太庙同样位于城市轴线东侧的现象是否暗示了什么？更何况在大都之前的元上都遗址中，可以清晰地判断出宫城外东南方的国子监所在。

明代宗景泰（1450—1456）中，确有"请于东长安街改创国子监"，[1] 理由为"国子监为天下学校之首，偏在京城东北隅，乞敕工部……改创基图，革胡元之旧址，增辉丹垩，立当代之新规"。可能是出于国子监位在宫城东北，于古制不符之虑，或仿明中都之制？时议者"以水旱相仍，役非其时，遂不果行，深得可惜也"。[13] 至武宗正德八年（1513）又有上言："宫殿将成，惟太学尚仍元旧，且土木有像不称，亦非古制；请择地改建……"。[7]361 仍未果。此事说明国子监选址中的礼制考虑，确是时常萦绕在皇权空间构成意识中的。

再返至辽、金，初期选址的"随意性"是可见的，可能缘于少数民族身份对礼制空间的一知半解。但在政权的重心逐渐移往辽南京或金中都后，随着汉化的深入，城市空间的各个角落逐渐显示出与汉人的趋同，且庙学制本源自汉文化，故从整体而言，少数民族统治下的中央官学和孔庙选址，在王朝日渐成熟的情况下仍是受制于汉制的。

亦即，基于礼制诉求，作为支撑国家机器的基石之一，都城中央官学和孔庙的选址当在皇权空间的东南方。观于历代都城，虽时有不同，但在可能的情况下，趋近于理想状态的努力则明白地表征于帝都的空间模型之中 7。

谨借郭湖生先生关于都城变迁的一段话："王朝变迁，都城也变迁。一般说来，大都在参照传统经验的基础上，有因袭，也有革新。但往往又是革新多于因袭，没有一个千古不变的、先验的模式。当然，在封建制度未变的前提下，因循守旧，追慕三代，以恢复《周礼》为理想的保守倾向始终存在。"[14] 都城如是，中央官学和孔庙亦然。

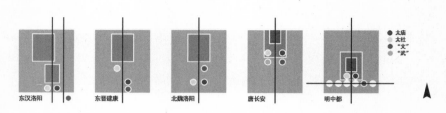

● 太庙
太社
"文"
"武"

东汉洛阳　东晋建康　北魏洛阳　唐长安　明中都

7　中央官学与孔庙空间地位的几个阶段

1　出自《明史·成祖纪》《明史·英宗前纪》《国史唯疑》。转引自：(清) 文庆，李宗　等纂修，郭亚南等点校. 钦定国子监志卷十·学志二·建修 A. 北京：北京古籍出版社，2000.

就中央庙学的布局方式而言，东晋建康国学的夫子堂建在学西，即"右庙左学"，其布局方式受制于原有用地的可能性较大；又或是因于晋人遵殷制，以西为上？此时尚处庙学制的萌芽阶段，恐不会有太多礼制方面的征诸，也不足以形成巨大的影响力[8]。

历代都城采用最多的则是"左庙右学"的布局方式，最早可见的乃为唐长安国子监[9]。"左庙右学"是否基于礼制限定，未见史载，学界一般认为受"左祖右社"的影响较大。

有学者解释南宋临安太学的"右庙左学"为："可能是受曲阜孔庙、孔林中尚右的影响，孔子为殷人后裔，而殷制尚右，其后代在墓葬和立庙时都遵循这一原则。"[15]似有附会之嫌，姑且不论孔族是否尚右，两宋皆为赵氏王朝，但为何东京（左庙右学）、临安未一脉相承？临安太学实乃据岳飞故宅为之，"右庙左学"并非刻意。不过，临安宫城在城市南端，若更换一个观察视角，假设以之为城市起点，从坐南朝北的感受出发，再将御街视作城市轴线，则不仅太庙在"左"，太社在"右"，太学与武学的相对空间关系亦为"左文右武"，那么，临安太学也就成为主观感受中的"左庙右学"了[10][11]。

此外，尚有一例与众不同，即辽上京：孔庙在国子监北，与汉人都城的国子监庙学并列不同[12]。毕竟该城是一座带有浓厚契丹民族习俗并反映民族矛盾的都城，[16]"前学后庙"可能并无太多礼制的诉求，因地制宜罢了；抑或是入乡随俗，在建筑布局及朝向等方面有少数民族建筑特征的注入。

蒙古人亦尚右，直至泰定元年（1324）方依周礼传统，改为左尊右卑；[10]4且明初仍袭元旧，俱尚右，吴元年（1367）朱元璋始命"百官礼仪俱尚左，改右相国为左相国，余官如之"。[17]但无论元上都还是大都，中央庙学配置皆为左庙右学，可能是受汉传统布局的影响。

元自上都至大都南城，再至大都北城，中央官学和孔庙凡三立，皆先建庙而后兴学（和林城孔庙有之，设学与否不详）。虽庙学相邻，然似庙更为独立。曲英杰先生的总结性陈词为："元武宗加封孔子为大成至圣文宣王，这是后世追谥中的最高礼遇。其对于皇帝与圣者之间的名份高下，似不像历代统治者那样过多计较。但在另一方面，元代皇帝对于孔子及儒学，却又始终是崇拜大于理解；对于儒生的重用也往往局限于已有的知名者，而不注意兴学培养，于是就表现出一种重庙轻学的倾向，这可能与元代历时较短有关。"[18]大都国子监孔庙的面积大过国子学，其巨大与空旷超越以往任何时期的都城孔庙[13]，且孔庙的建筑与规划设计中有意采用"九五之数"，具至高无上之皇权象征，[1]亦暗示了元统治者的"崇拜大于理解"，即所谓"我国家郡县无大小，皆得建学，而尤重庙"。[19]

而从明南京国子监的建筑布局中，却可以强烈地感受到太学在空间构成中的绝对领导地位，庙学地位的荣替也从侧面反映了不同于元统治者重庙轻学，明帝更倾向于重学轻庙，尤以嘉靖帝大改制为甚，特别是敬一亭的出现。敬一亭之建虽稍早于孔庙改制，但各地建亭和孔庙改制基本是相辅而行，敬一亭之建改变了庙学空间，在加强了"学"部分空间构成的同时，与孔庙形成对峙和抗衡。世宗意欲通过立敬一亭来重建道统象征，从而否定儒士构建的道统，对孔庙祀典的降杀亦为突出敬一亭的象征地位，即权力对孔庙祭祀象征性的操纵。[20]

入清之后，庙学并重，最明显的表现为孔庙建筑等级的攀升有目共睹，而金碧辉煌的辟雍也赫然伫立于太学中心[14]。

建筑规模中的礼制诉求

两汉太学生数量庞大，西晋以后人员数量骤减，其后虽有明初南京国子监多至万人，但持续不久即剧缩。其实，两汉太学的壮观，主要是反映了游学增盛的状况。任何系统的正常运作皆需控制在一个较为合理、可以操作的范围之内。随着中央官学制度的逐步完善，人员数量基本保持在一个数量级即为实事求是的约束。如此，中央官学和孔庙的规模也当受制于实际的使用功能，从唐长安至元明清北京，皆未突破百亩，60~80亩为常态[表1]。

若以等级考量，千亩作为天子宅的规模至迟在战国晚期的观念中已经存在，其他建筑的占地规模必不会突破此限。观之明初不同等级建筑群的占地：北京故宫1192.6亩，王府492.6亩，府衙62.5亩，上述数据约与明府衙规模持平或略高。[2]不过，

1　据姜东成《元大都孔庙·国子学的建筑模式与基址规模探析》（《故宫博物院院刊》2007年第2期第21页）：孔庙、国子学用地范围国东西方向长度为144步，其中孔庙占80步，其比例关系为9：5，孔庙南北方向长150步，与东西长度的比例同样近似9：5。可见孔庙设计中使用九五之数并非巧合，而是借以象征至尊地位，具有与皇家同样的权威。

2　详见：白颖. 明洪武朝建筑群规模等级制度体系浅析[D]. 建筑师，2007（12）：79-86. 该文为清华大学王贵祥教授领衔的国家自然科学基金项目"合院建筑尺度与古代宅田制度关系以及对元大都及明清北京城市街坊空间影响研究"（项目批准号50378046）的子项目。

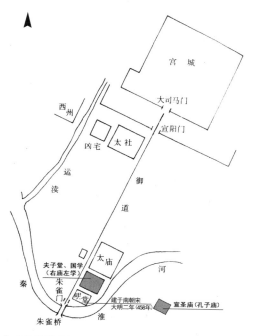

8　东晋建康太元（376—396）后的国学、
夫子堂及宣圣庙

①引自：贺云翱《六朝瓦当与六朝都城》第162页，
图70；②贺图标注为太学，笔者以为应为国学，改之

10　南宋临安城市空间概况

底图引自：郭黛姮《中国古代建筑史·宋、辽、金、西
夏建筑》第43页，图2-6《南宋临安城总体布局图》

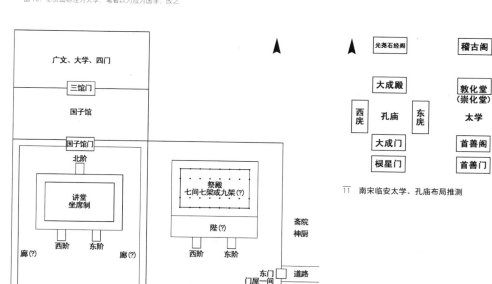

9　唐长安国子监布局推测

推测理由详见：沈旸《唐长安国子监与长安城》，
《建筑师》2010年第3期第32-43页。

11　南宋临安太学、孔庙布局推测

垂教于世：孔庙

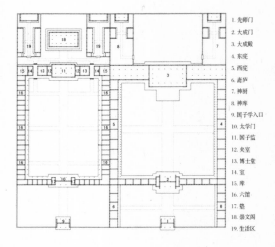

12 辽上京国子监及孔庙位置推测

引自：巴林左旗文体局《巴林左旗辽上京遗址》，
《辽上京城遗址示意平面图》。巴林左旗网 www.
blzqnews.com《辽文化遗存》

13 元大都国子监规模

引自：姜东成《元大都孔庙、国子学的建筑模式与基址规模探析》，见于《故宫
博物院院刊》2007 年第 2 期第 23 页，图 5

1. 先师门
2. 大成门
3. 大成殿
4. 东庑
5. 西庑
6. 斋庐
7. 神厨
8. 神库
9. 国子学入口
10. 太学门
11. 国子监
12. 夹室
13. 博士堂
14. 室
15. 库
16. 六馆
17. 塾
18. 崇文阁
19. 生活区

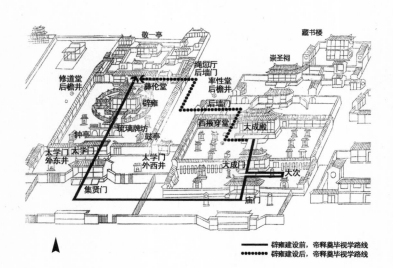

14 清北京国子监辟雍建成后的空间变化

底图引自：《钦定国子监志 卷二十一 辟雍志三 辟雍图说》，《炕屏图》

━━━ 辟雍建设前，帝释奠毕视学路线
••••• 辟雍建设后，帝释奠毕视学路线

都城	有关规模的零星数据
西汉长安	博士 30 人，太学生 10 800 人；博士舍 30 区（博士每人一区），加上职员（主事等职员 72 人）宿舍，共筑舍万区。
东汉洛阳	太学生增至 30 000 余人，240 房，千八百余室。讲堂呈长方形，约长 23 米，宽 7 米。今有遗址两处：（1）在开阳门外大道东，东西约 200 米，南北约 100 米；（2）其东北部另有一处，东西约 150 米，南北约 220 米。
西晋洛阳	初太学生 7000 余人，后减为 3000 人；咸宁四年（278），定置国子祭酒、博士各 1 人，助教 15 人。
东晋建康	增造庙屋 155 间。
北魏平城	增国子、太学生员 3000 人。
唐长安	国子监占地约 62 500 平方米，约为边长 250 米的方形地块，屋舍千二百间。
北宋东京	始入太学为外舍，初无定员，后定额 700 人；由外舍升内舍，定额 300 人；由内舍升上舍，定额 100 人。太学扩大后：讲书堂 4 所；学舍 80 斋，每斋 5 间，斋 30 人为额，通计 2400 人。其中，上舍生 100 人，内舍生 300 人，外舍生 2000 人。后建辟雍，外圆内方，为屋 1872 楹，讲堂 4，斋 100，每斋 5 楹，可容 30 人。
南宋临安	学斋减为 6，后又扩大为 8 斋（另加小学 1 斋）。太学弟子员不断增多，至南宋末发展至 1716 人。
辽上京	现已考古发掘出遗址。（1）国子监：一横一竖的两个长方形台基，及有一方形的台基所组成的"下"字形建筑。其北 45 米又有一长方形庭院，东西 106 米，南北 60 米。（2）孔庙：国子监北略偏东 60 多米处，有一"凹"字形的缺口向南的建筑台基，东西 72 米，南北 8 米。
西夏兴庆	人庆元年（1144）国学扩充至 3000 员。
金中都	皇统二年（1142）修孔庙圣殿，费钱 14 000 贯。太学校舍原在城内，承安四年（1199）在城南扩建，总为屋 75 区。
元上都	孔庙遗址：东西约 100 米，南北约 150 米。
元大都	庙 50 亩，学 40 亩，国子监共占地 90 亩。
明南京	庙占地南北约 180 米，东西约 80 米，合 21.6 亩。学略大之，但斋舍广大。

表 1：历代中央官学和孔庙规模的零星数据

宋、元、明宫殿规模远小于唐两京，其他等级建筑群的规模理应随着一起变小。但元、明、清北京及明南京国子监规模皆与唐长安相去不远，推想可能与孔庙建筑配置的增多有关，最明显的特征在于宋以后殿庭之中两庑建筑的出现，及祭祀时仪式人员的增多对于空间扩展的需求。

　　孔庙作为列入国家祀典的庙宇，不论建筑开间、屋顶形式、斗栱踩数、屋瓦的颜色质地、彩画的颜色图案、建筑的高低大小，等等，必然受到礼制规定的约束。清末以前，孔庙祭祀皆属国家祀典的中祀级别，惟见南宋高宗绍兴十年（1140）"以释奠文宣王为大祀"，[21] 不过，宁宗庆元元年 (1195) 又恢复为中祀。以清中祀的规定，正殿最多面阔七间，可用重檐歇山顶，绿琉璃瓦，斗栱为七踩，彩画可用旋子点金。

　　曲阜孔庙大成殿在宋时已为七间重檐歇山，金时将屋顶改作绿琉璃瓦剪边，且换作石龙柱；元时不仅庙宅相分，孔庙系统更加独立，又增加四隅角楼；明时将大成殿升为九间，清时更换作黄琉璃瓦，规格更高。[22]

　　再观都城：

　　（1）唐长安，大成殿虽为七间，但规格实类于士庶家庙，门列"十戟"即为一证，约相当于三品官左右；

　　（2）北宋东京，孔庙建筑的升级莫过于太祖建隆三年（962）诏"国子监庙门立戟十六，用正一品礼"，[23] 徽宗政和元年（1111）又将之升为二十四戟，[24] 制同太庙，且后世一直相沿；

　　（3）元大都，大成殿为七间重檐庑殿，崇文阁则五间三重檐庑殿，二者等级之高，皆令观者咋舌；

　　（4）明南京，大成殿初为三间重檐歇山，后改作五间，规模不比元；

　　（5）明清北京，又为七间重檐歇山；

　　（6）清光绪三十二年（1906）祭孔升为大祀，孔庙成为和天地宗庙一样享受最高祭祀规格的祠庙，则大成殿可以"九楹、三阶、五陛"，即面阔九间，三层台基，前、东、西出五道石阶，并可进深五间，重檐庑殿黄琉璃瓦顶，斗栱九踩，金龙和玺彩画。国子监旋即据之改作，直至1916年方告竣，但露台未改为三层五出，室内仍为旋子彩画。

　　比较曲阜和都城，孔庙建筑规模的发展脉络大约保持一致[表2]：唐以后逐步升级，且在元时已达至一定高峰，可能与元统治者对孔庙的崇拜大于理解有关；而明初南京国子监孔庙大成殿却只有三间，巨大的反差是否与朱元璋初始对孔孟的降杀有关？[1]

1　朱元璋初始曾企图撼动孔、孟权威，但均以失败告终，详见：滕新才《朱元璋的孔孟情结与明初民本政策》，载于《西南师范大学学报》2004年3月刊第105–107页。不过，朱元璋不通祀孔子的具体原因，史无明文，学界尚有争论，其他解释见：黄进兴《优入圣域：权力、信仰、正当性》第169–173页；赵克生《试论明代孔庙祀典的升降》，《江西社会科学》2006年第4期第104–110页。

不过，其旋即调整了统治策略，尊孔势头大增，大成殿亦升为五间。从屋顶、开间等方面看，虽元和清末的国子监孔庙，皆有逾越曲阜的表现，但始终没有在根本的体量上超过曲阜本庙[15]，仅以空间感受而言，曲阜孔庙的至尊地位不言而喻。

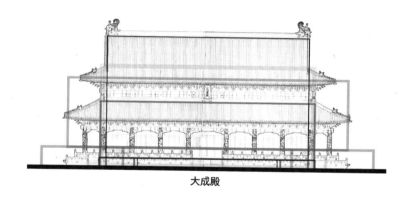

大成殿

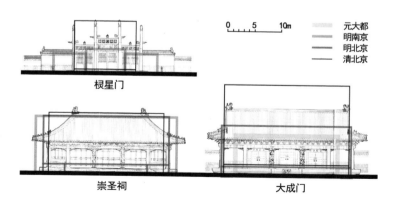

棂星门

崇圣祠

大成门

0　5　10m

元大都
明南京
明北京
清北京

15　元明清国子监孔庙与曲阜主要建筑规模比较
曲阜孔庙建筑立面皆引自《曲阜孔庙建筑》

★ 元大都

大成殿	七间重檐庑殿。斗栱高 126 分、约 5.5 尺、出跳 92 分、约 4 尺。面阔七间 130 尺 /41.60 米；共用 20 朵斗栱、19 个攒档，标准面阔 20.52 尺 /6.57 米；进深 75 尺 /24.00 米。屋顶举高 15.4 尺，上檐前后檐柱间距 40.8 尺。殿东西耳房各面阔 130 尺 /41.60 米。
东西庑	南北 70 步 /112.00。
大成门	面阔 16 步 /25.60。
讲堂	居中五间，两旁博士堂二间，夹室、室、过道各一间，通面阔 64 步 /102.40。
崇文阁	五间三重檐庑殿。面阔 100 尺 /30.30 米，进深 50 尺 /15.15 米，高 65 尺 /20.25 米。

★ 明南京

大成殿	三间两掖，台高一丈二尺九寸 /4.13 米、阔一十丈一尺六寸 /32.51 米。斜廊各五间。洪武三十年（1397）文庙重新改作，增为五间，高四丈三尺 /13.76 米、深四丈七尺 /15.04 米，墀宽二十丈 /64.00 米、深三十七尺 /11.84 米。
月台	高九尺四寸七分 /3.03 米、阔七丈一尺二寸 /22.78 米，上有石栏杆、前有石阶级。
东西庑	各三十一间，每间阔一丈四尺五寸 /4.64 米、高一丈六尺九寸 /5.41 米，台高一尺三分 /0.33 米。洪武三十年（1397）增为各三十八间。
大成门	三间，东、西列戟。
启圣祠	五间，阔八丈五尺 /27.20 米、深四丈 /12.80 米、高三丈五尺 /11.20 米。
彝伦堂	十五间，每间阔一丈九尺 /6.08 米、深五丈四尺二寸 /17.34 米、高三丈三尺四寸 /10.69 米。
棂星门	三座，中座高二丈三尺五寸 /7.52 米、阔一丈五尺 /4.80 米，东、西两座各高一丈九尺五寸五分 /6.26 米、阔一丈二尺 /3.84 米。初用木为之，景泰四年（1453）祭酒吴节奏请改用石造，加云管火朱朵云石抱柱，八字红墙。

★ 明北京

大成殿	七间，高三丈六尺 /11.52 米、广十三丈一尺 /41.92 米、深七丈一尺 /22.72 米。
月台	东西八丈八尺 /28.16 米、南北四丈五尺 /14.40 米，基高六尺 /1.92 米，上有石阑，前有石阶级，左、右石阶级各一。
东西庑	各十九间，高一丈六尺 /5.12 米，每间广一丈三尺 /4.16 米、深一丈八尺 /5.76 米，基高二尺 /0.64 米。
大成门	五间，中门三，东西各列戟十二，门高二丈六尺 /8.32 米、广七丈九尺 /25.28 米、前后深四丈八尺 /15.36 米，基高五尺 /1.60 米，周环石阑，前后各石阶级三。
启圣祠	南向，正堂五间，高三丈 /9.60 米、广七丈八尺 /24.96 米、深二丈五尺 /8.00 米。露台高五尺五寸 /1.76 米、长二丈五尺 /8.00 米、广五丈 /16.00 米，前有石阶级。

大成殿	七间，高七丈六尺三寸 /24.42 米、中广一丈八尺五寸 /5.92 米、次二间各广一丈六尺 /5.12 米、又次四间各广一丈五尺 /4.80 米、深八丈 /25.60 米，围廊重檐，覆黄琉璃瓦。殿东西挟各十间、南向，高二丈五尺一寸 /8.03 米、中一间广一丈九尺五寸 /6.24 米、深如之 /6.24 米，余各广一丈二尺七寸 /4.06 米、深一丈九尺五寸 /6.24 米。
月台	高六尺五寸 /20.80 米、广八丈四尺一寸 /26.91 米、深四丈三尺九寸 /14.05 米，周以石阑，三出陛，前及左右各一阶，十有七级。
东西庑	各十九间，高三丈一尺八寸 /10.18 米、各广一丈二尺五寸 /4.00 米、深二丈九尺 /9.28 米。
大成门	五间，高四丈九寸 /15.68 米、中广一丈五尺七寸 /5.02 米、左右各广一丈五尺 /4.80 米、深三丈二尺 /10.24 米，基高六尺五寸 /2.08 米，覆黄琉璃瓦，周以石阑，中三门，前后三出陛，阶各十有四级。门左右翼为墙，饰红黄色。左右门各一。门内左右列戟二十有四。
崇圣祠	正殿五间，高三丈一尺八寸五分 /10.12 米、中广一丈六尺五寸 /5.28 米、左右各广一丈三尺三寸 /4.26 米、深二丈六尺 /8.32 米。基高五尺七寸 /1.82 米，前有月台一，高五尺五寸 /1.76 米、广四丈九尺 /15.68 米、深二丈五尺三寸 /8.10 米，三出陛，前及左右各一，阶十有一级。
庙门	三间，高三丈 /9.60 米、中广一丈三尺七寸 /4.38 米、左右各广一丈一尺七寸 /3.74 米、深一丈九尺 /6.08 米。基高二尺四寸 /0.77 米，覆黄琉璃瓦，墙饰红黄色，楹柱门扉皆丹饰，梁栋施五彩。

27

注：

本表据明黄佐《南雍志》卷七《规制考上》、《钦定国子监志》卷一《庙制一·庙制图说》、卷九《学志一·学制图说》，姜东成《元大都孔庙、国子学的建筑模式与基址规模探析》（《故宫博物院院刊》2007 年第 2 期第 15-23 页）整理。关于古代尺长多有讨论，本表依据丘光明《中国历代度量衡考》：元一尺合今约 0.3157 米，明清营造尺一尺合今约 0.32 米，为计算便，统一以 1 尺 =0.32 米计算。

表 2：元至清国子监孔庙重要建筑规模数据

其实,"庙学"本无庙,庙筑于学的必要条件在于儒学作为正统学术地位的确定,以及在学校祭祀孔子仪式的完善和场所的需要。一旦孔庙与学校发生关联,并渐至普及于天下,其象征意义也就盖过了学校教学的本质目的。

"庙学"名称的指代不仅模糊了有学无庙的原始概念,且庙、学的地位高下立见,虽曾有例如明嘉靖帝试图通过增加"学"部分的建筑在一定程度上平衡庙学空间关系,但真正意义上的等同视之并未实现。若无自汉武帝起始的"罢黜百家,独尊儒术",儒学逐步获得专制王权认可和提倡的正统学术地位,庙学系统是否能够形成,恐是一个偌大的疑问;而历代对于道统的解读(特别是韩愈和朱熹),则是为后世先验地诠释或假定了诸般崇儒尊孔的象征性方式。

庙学作为树立所谓正统文化信仰的工具,正是专制王权出于帝国统治的需要,在"素王"孔子身后建立的存在于现实世界的理想系统。这种儒家体系的国家机构化行为,将儒家道统外化为官方的意识形态。历代帝都中央官学和孔庙的历史演变,虽呈现出重庙轻学、重学轻庙和庙学并重的不同历史现象,但其中始终贯穿着帝国将工具主义和象征主义相结合的做法,[25] 庙学二者的受关注度皆是由适时性的官方统治策略所决定的。

由是观之,庙学是一个开放而又封闭的建筑系统,开放的是基于儒家人本关怀的空间可变性,封闭的则是国家权威的绝对主导地位。这种矛盾也表明,不能将庙学看作庙(精神崇拜)和学(理性研习)二者的简单结合,而应视之为一个处处体现着被权威操纵的道统象征体。

参考文献

[1]（唐）房玄龄，等. 晋书：卷十九 志第九 礼上 [M]. 北京：中华书局，1998.

[2]（魏）王弼，等注.（唐）孔颖达疏. 说卦 [M]// 阮元校刻. 十三经注疏：周易正义 卷第九. 北京：中华书局，1980.

[3]（唐）房玄龄，等. 晋书：卷八 帝纪第八：穆帝 [M]. 北京：中华书局，1998.

[4]（唐）房玄龄，等. 晋书：卷二十一 志第十一：礼下 [M]. 北京：中华书局，1998.

[5]（梁）萧子显. 南齐书：卷二十八 列传第九：崔祖思 [M]. 北京：中华书局，2003.

[6]（东汉）郑玄注.（唐）孔颖达疏. 礼记正义：卷十二：王制第五 [M]//（清）阮元校刻. 十三经注疏. 北京：中华书局，1980.

[7]（明）沈德符撰. 万历野获编补遗：卷三：兵部：武庙 [M]. 北京：中华书局，1997.

[8]（元）脱脱，等. 宋史：卷一百五十七：志第一百一十：选举三 [M]. 北京：中华书局，1985.

[9] 孟森. 明史讲义 [M]. 北京：中华书局，2006：16.

[10] 潘谷西. 中国古代建筑史 第四卷：元、明建筑 [M]. 北京：中国建筑工业出版社，2001.

[11]（明）黄佐. 南雍志：卷七规制考：上 [M]. 江苏省立国学图书馆影印，本民国二十年（1931）.

[12] 王剑英. 明中都 [J]. 故宫博物院院刊，1991（2）：64.

[13]（明）余继登. 典故纪闻：卷十二 [M]. 北京：中华书局，1997：222.

[14] 郭湖生. 中华古都：中国古代城市史论文集 [M]. 台北：空间出版社，1997：6.

[15] 魏星. 广东孔庙建筑文化研究 [D]. 广州：华南理工大学硕士学位论文，2004：39.

[16] 郭黛姮. 中国古代建筑史 第三卷：宋、辽、金、西夏建筑 [M]. 北京：中国建筑工业出版社，2003：61.

[17]（明）余继登. 典故纪闻：卷一 [M]. 北京：中华书局，1997：15.

[18] 曲英杰. 孔庙史话 [M]. 北京：中国大百科全书出版社，2000：95.

[19]（元）赵承禧. 永和县重修庙学记 [A]// 李修生. 全元文（59）[M]. 南京：江苏古籍出版社，1999：234-235.

[20] 赵克生. 试论明代孔庙祀典的升降 [J]. 江西社会科学，2004（6）：108-109.

[21]（元）脱脱，等. 宋史：卷二十九：本纪第二十九：高宗六 [M]. 北京：中华书局，1985.

[22] 南京工学院建筑系，曲阜文物管理委员会. 曲阜孔庙建筑 [M]. 北京：中国建筑工业出版社，1987.

[23]（元）脱脱，等. 宋史：卷一百五：志第五十八：礼八：文宣王庙 [M]. 北京：中华书局，1985.

[24]（宋）潜说友纂修. 咸淳临安志：卷十一 [M]// 中华书局编辑部. 宋元方志丛刊：第四册. 北京：中华书局，1990：3453.

[25] 朱剑飞. 边沁、福柯、韩非、明清北京权力空间的跨文化讨论 [J]. 时代建筑，2003（2）：106.

垂教于世：孔庙

泮池：庙学理水的意义及其表现形式 *

* 基金资助：高等学校博士学科点专项科研基金资助课题（20120921220004）。主持：沈旸。原文刊载：沈旸《泮池：庙学理水的意义及表现形式》，《中国园林》2010年第 9 期（总 26 卷 177 期）。

30

历来溯源泮池涵义及其形制，必征诸《礼记·王制》，其文曰："天子曰辟雍，诸侯曰頖宫。尊卑学异名。辟，明也。雍，和也。所以明和天下。頖之言班也，所以班政教也。"[1]（元）陈浩《礼记集说》代表了绝大多数的观点："汉代儒者注经，以为辟雍水环如璧，泮宫半之，盖东西门以南通水，北无水也。"（清）戴震《诗考正》则与之不一："鲁有泮水，作宫其上，故他国绝不闻有泮宫，独鲁有之，泮宫也者，其鲁人于此祀后稷乎？鲁有文王庙称周庙，而郊祀后稷，因作宫于都南泮水之上，尤非诸侯所得及。宫即水为名，称泮宫。"

今人张亚祥亦对泮池作深入考论，且持（清）戴震观点。在汉代儒生对泮宫作解之前，史料中除了鲁国有泮宫以外，其他诸侯国和郡国皆无泮宫的记载，其他泮宫最早出现于三国时期的曹魏，建安二十二年（217）"作泮宫于邺城南"，[2] 张氏推断：曹操在东汉后期兴建泮宫是受汉儒注经的影响，以泮宫作为诸侯之学。

---

1 《礼记正义》卷十二《王制第五》。
2 《宋书》卷十四《志第四·礼一》。

《礼记·明堂位》曰："米廪，有虞氏之庠也。序，夏后氏之序也。瞽宗，殷学也。頖宫，周学也。"[1] 说明鲁城学宫有四处，米廪、序、瞽宗、頖宫，前三者分别仿自虞、夏、商三代，后者为周人所创。[2]《礼记·礼器》又云："故鲁人将有事于上帝，必先有事于頖宫。"[3] 頖宫是具有祭祀和教化功能的礼制建筑，类同辟雍，囿于诸侯身份，等级次之。对于《礼记·王制》的规定，东汉郑玄注为"頖音半"，而非"頖"通"泮"。诸如此般，皆似以"頖宫"为诸侯级礼制建筑的指称。但东汉许慎《说文解字》不载"頖"，只见"泮"，（清）段玉裁的解释为"盖因礼家所制，许不取也"。[4] 以许氏考察古字古法的态度，又似应以"泮宫"为圭臬。

《诗·鲁颂·泮水》赞颂的是鲁僖公率师讨伐淮夷之前，往泮宫"受成"及班师返还之后"告克"的情形，据之，有泮宫、泮水及泮林，生长有芹、藻、茆等水陆植物。[5] 又据《水经注》："（灵光）殿之东南，即泮宫也。在高门直北道西。宫中有台，高八十尺，台南水东西一百步，南北六十步，台西水南北四百步，东西六十步，台池咸结石为之，《诗》所谓思乐泮水也。"[6] 可知，鲁国泮水环泮宫西、南，呈曲尺状。观之宋刻《鲁国图》[7]，此制尤见。今曲阜泮水尚存，只是仅剩原台南水，且规模缩小[2]。[7] 东汉许慎解"泮"字："诸侯飨射之宫；西南为水，东北为墙，从水半。"[8] 是否受鲁国泮水形制的影响，未为可知，但的确与之极为相似。（唐）孔颖达疏《礼记·王制》云："頖是分判之义，故为班。于此学中施化，使人观之，故云'所以班政教也'。按《诗》注云：'土廱水之外圆如璧。'注又云：'頖之言半，以南通水，北无也。'二注不同者，此注解其义，《诗》

1　《礼记正义》卷三十一《明堂位第十四》。

2　傅崇兰等：《曲阜庙城与中国儒学》，第 41 页。

3　《礼记正义》卷二十四《礼器第十》。

4　《说文解字注》十一篇上二《水部》。

5　《诗·鲁颂·泮水》原文：思乐泮水，薄采其芹。鲁侯戾止，言观其旂。其旂茷茷，鸾声哕哕。无小无大，从公于迈。思乐泮水，薄采其藻。鲁侯戾止，其马蹻蹻。其马蹻蹻，其音昭昭。载色载笑，匪怒伊教。思乐泮水，薄采其茆。鲁侯戾止，在泮饮酒。既饮旨酒，永锡难老。顺彼长道，屈此群丑。穆穆鲁侯，敬明其德。敬慎威仪，维民之则。允文允武，昭假烈祖。靡有不孝，自求伊祜。明明鲁侯，克明其德。既作泮宫，淮夷攸服。矫矫虎臣，在泮献馘。淑问如皋陶，在泮献囚。济济多士，克广德心。桓桓于征，狄彼东南。烝烝皇皇，不吴不扬。不告于讻，在泮献功。角弓其觩，束矢其搜。戎车孔博，徒御无斁。既克淮夷，孔淑不逆。式固尔犹，淮夷卒获。翩彼飞鸮，集于泮林。食我桑葚，怀我好音。憬彼淮夷，来献其琛。元龟象齿，大赂南金。

6　（北魏）郦道元：《水经注》卷二十五《泗水》。

7　据傅崇兰等《曲阜庙城与中国儒学》第 42-43 页：依一步为六尺，北魏铜尺一尺合今约 30.9 厘米计，台南水东西约 185.4 米，南北约 111.24 米；台西水南北约 741.6 米，东西约 111.24 米。今曲阜泮水东西长度与原有大致相当，南北已变窄。依今泮水之北沿推之，原台南水之南沿当在鲁城南垣内侧，再依此向北推进，原台西水之西沿当在今棋盘街一线。如此，则今曲阜城南垣以北、棋盘街以东、龙虎街以南、泮水东沿及三皇庙街以西，东西长约 200 米、南北长约 750 米的范围内，正当为鲁泮宫及泮水所在。

8　《说文解字注》十一篇上二《水部》。

20世纪初

现状

航拍

1 《鲁国图》中的泮水
引自：郭黛姮《中国古代建筑史·宋、辽、金、西夏建筑》第143页图4-11

2 曲阜鲁国泮水遗址
引自：上／高树国《此地非常地：曲阜古泮池》配图，《齐鲁晚报·风物版》
（2002 02 12）；中、下／邓巧明《历史地段的整体性保护与可持续发展——以
曲阜古泮池为例》，《华中建筑》2007年第11期第61页图3、第62页图4

注解其形。于此必解其义者，以上云'天子命之教'，是政教治理之事，故以义解之。
《诗》云：'王在灵沼，于牣鱼跃。'又云：'思乐泮水，薄采其芹。'皆论水之形状，故
《诗》注以形言之。"明显是将鲁国泮水的形状比之诸侯级的理水规制，孔氏为唐人，
不出汉儒桎梏，亦不意外。

　　另据曲英杰考证：东汉桓帝永寿间（155—158）鲁相韩敕整修曲阜孔庙，将庙
屋之前的池塘浚深，呈四方形；灵帝建宁二年（169）继任史晨因水池不畅，修通围
墙西侧大沟，使池水西流出庙墙，再折而南，注于护城河（汉鲁城南垣西部与明清曲
阜城南垣重合，其护城河即今曲阜仰圣门外护城河）。[1] 可见，早期曲阜孔庙的水池设
置并无规制约束，乃据实际状况而定；流向虽自西往南，与鲁国泮水相似，恐以巧合
解之更为妥帖。

　　将检录的宋地方孔庙中的所谓"泮池"形象汇总[表1] 发现：

　　（1）北宋约略同于唐时道州文宣王庙借自然水系的"水环以流，有泮宫之制"，[2]
即视基址概况而定，或就原有水系，或引水为之，形态较为自由，非特以某形状规之，
水上常设桥以通达内外。及至南宋，仍多类此。

1　详见：曲英杰. 汉魏鲁城孔庙考. 史学集刊. 1994(1)：49-55.
2　《全唐文新编第10册》，第6685-6686页，柳宗元《道州文宣王庙碑》。

（2）若凿池，则多为平江、泉州府学一类的方形，并主要集中在江浙一带³，而《景定建康志》中的建康府学半璧池却较为少见。且入元后，虽泮池的人工开凿渐多，如汴梁路学"凿池其南，势如半璧，沧汴注之，拟鲁頖水"，[1] 或是建昌路学"戟门之外，凿泮池如半月，跨以石梁"，[2] 但仍以方形为主。[3]

（3）泮池位置不定，庙、学两部分例有，或皆备。若在学，则大多居于讲堂之前，如平江府（苏州）学，至今仍保持旧制，在明伦堂前，池上跨桥曰"七星"，大成门外半圆形泮池则为近日改造环境添建。

（4）常设亭榭于泮池（包括自然水系和人工开凿）中或旁，供儒生游憩或美化景观[4]，多以"采芹""舞雩""思乐"等与鲁国或孔子行止相关的典故记闻或地名呼之。[4] 或取励志，所谓"斯亭也，作成人材之地，非止于娱宾友、馆上官而已耳"，[5] 如庆元府奉化县学池亭名曰"参前"，盖"人之为学，所学何事？亦惟言必有物，行必有常，而忠信笃敬为本。……为此亭，盖欲其优游涵泳，乐其所以学，然虚闲之地，虚则易放，闲则易怠，因摘二字以警。"[6]

3　杭州碑林的方形泮池
自摄，2007.02.23

4　江苏宿迁文庙的泮亭
自摄，2007.02.09

1　《全元文（9）》第 421-425 页，姚燧《汴梁庙学记》（至元二十七年）。
2　《全元文（15）》第 123-124 页，吴澄《建昌路庙学记》。
3　张亚祥，刘磊．泮池考论 [J]．古建园林技术，2001（1）：36-39.
4　如"思乐"，据《全元文（36）》第 234-235 页，黄溍龙《思乐亭记》（大德二年）：亭以思乐名，取《鲁颂》"思乐泮水"之义。诗八章，凡三见，曰芹，曰藻，曰茆，水虽殊而乐之心则同。故夫"敬明""克明"，与夫"克广德心"，此皆思乐处。人莫不有思，此为思之正；莫不有乐，此为乐之正。思出于心，非真知之，则不能思；乐得于心，非真思之，则不能乐。思而后好，好而后乐之，此思乐之名所由立也。
5　《全元文（5）》第 380-381 页，胡祇遹《采芹亭记》。
6　《全宋文（351）》第 93 页，陈著《参前亭记》。

学名	史料
兴仁府学	又裒美材，构亭沼上，沦沼而疏之，艺木以为阴，气象肃远，得闻燕之胜。
房州学	相地于州治之东，中高而外下，可环之以水，有頖宫之制，遂面势而改筑焉。
相州学	穿池潴水以毓芹藻，泮林之盛。
嘉定县学	横疏清泚，植槐于旁；有门棂星，有桥跨水。
钦州学	学之前环水以像泮宫。
华亭县学	大成殿……又东甃泮水，建讲堂一，斋庐八。
青龙镇学	浚清池，植以花竹，缭以周墙。
海盐县学	庙南洼下，就出土以备用，穴之及泉，因成方池。道由中出，池之阳作移风亭以临之。
绍兴府学	平衍高古，敞然一方，乔木淳水，有泮林之像。
青田县学	缭垣植棂星门以限出入，徙趋南之大路，跨涧为桥，以便往来。
浦江县学	重门列戟，外疏两池。疏达缭垣，植柳外环。
江阴县学	因河之故支，旁导而环其流。凡用工二千余，其长千尺，其阔二十尺。
奉化县学	前有墨池，浚而广之，方正清深，冰壶澄澈。南山千尺，倒影其中。池之中可亭，藏修者可游息。……学之南。南有池，池有亭，曰"参前"，衿佩游息以畅。
平阳县学	棂星门者三，筑墙百步以缭之，凿水半璧。
通州学	大葺学宫，拓棂星门，疏泮水，……前仰清池，翼堂为二斋，左曰简谅，右曰谨信。
真州学	迁政和石刻于泮水桥之东南隅，崇饬亭宇，聿严宸翰，甃东西两阶以达于门外。
兴化军学	凿方池，亭其对，复"濯缨"名。……学之中庭，砻石潴水，约诸侯頖宫之度。
安庆府学	列六斋以及学职之位于东西两庑，其南有轩，轩南有池，池上有亭，为游息之地，其外为射圃。
饶州学	远枕城闉，取乎居国之阳；傍睨湖光，象乎雍水之半。
句容县学	殿陛遝严，俨王者之制；堂庑广修，仿侯泮之规。
太平州学	独州治之西，高明宽博，背阻城雉，水流半规，隐然有泮宫之象。
永丰县学	遂于县之南得隙地焉，广袤千尺，厥土平衍，异流清澈。

广德军学	来南山之水而三其门，高水中之堤而来之柳。东引之而口， 桥数十尺以达梯云之门，西引之而口，大路千五百尺以通明伦之坊。 ……群山前罗，泮水外环，扶舆英淑之气，皆萃于此。
瑞昌县学	亢爽疏旷，层峦奇峰周列森耸，瀼溪之流绕出其下。
道州学	今春陵之頖宫也，右溪出其左，营水流其右，而潇水贯其前，浩浩乎朝宗之势也。
建宁府学	合于頖水之规，次于辟雍之制。
仙游县学	浚泮水，甃石为堤，植佳木于岸，又手植岸桂于殿阶之四维，面势轩豁，坐挹前山之爽气。
汀州学	浚藻池，架石梁，一准学制。
潼川府学	乃辟户于南以正位，刳池于前以象璜。……前有泮水，湮塞岁久。乾道九年（1173）夏， 禄掌郡文学，太守马公谂以浚复。或谓文明之地，陷缺不宜。按頖水之制，自西而 南而东，三方皆水，直南为奥梁，以道往徕。于是即土为桥，凿渠通水，使东西相承。 上施栏础，以延波光；旁列四趺，以固柏植。视之流贯若一，凹然其垬也。 ……巍桥飞虹，流水印璜，风日凝澜，月星澄莹，儒学气象，顿增爽俹。芹藻青衿， 超然若生于千百载之上，而获游先王之庠序矣。
赤水县学	堂之南饰两庑为斋，凿池疏渠，引水其间，左傍曰采芹，右傍曰采藻，使士游息其中者， 知为之流渐也。……学左右环溪，濒溪筑垣，秋潦至，冲决堤岸则墙败，岁苦之。乃 凿石以浚溪，基岸以厚墙，似不为沟洫之骤盈涸也。辟路以左旋，合于一涂。
安岳县学	惟学居治城南，且山曰龙泉，地望特胜，崛峦蜒蜿，一水环绕，雅有泮宫遗制。
武冈军学	督军湖汇其右，贯湖为堤，径于学湖，裂为东西。西湖在堤北，倚山潴水，植以莲 菱，陷无风涛撼触，故不坏。东湖在其南，瞰湖有亭，曰采芹。夷旷虚明，莎芜弥望， 潦水时至，挟风麑岸，拍拍作声不少息。日朘月圮，阔不能半。寻岁大比，县编竹贮土， 补葺以苟目前，事已辄颓析，如是屡矣。余来分教，每出择地而履。或夜会风雨，寸 跬不前，毛发磔立。因念士与民同出是涂，可拱睨不问？命累石为趾，每五尺捷以石笋。 东为层六，西益一，开级道以便下上者。三覆石甃，以草鬃根，盘结不可动，鳞次而上， 以杀水势。广十有七尺，崇十有五尺，修一千二百尺，植杨护其趾。且为举子系览地， 乌桕合抱，垂荫下接，景益深秀。作门于西，扁以"泮水"。
邵武县学	学前二山正直棂星门，蜿蜒水湄。中峙圆峰，门外有采芹亭，杏坛与棂星门对。

注：本表编制基础为《全宋文》

表 1：宋地方庙学泮池或理水例举

35

垂教于世：孔庙

其实，在古代建筑的景观营造中，水体的运用有悠久历史，且范围极为广泛，古人朴素的理水观在上表的字里行间亦灵光频现。孔庙作为导民向上、引领风气的建筑载体，良质环境自当更益之，利用原有水系或人工凿水皆为创造更为美妙的教化空间使然。倘仅专注于泮池形制的古今延传，反陷入八股考据的窠臼。不仅如此，类似于棂星门在多种类型建筑群中的运用，"泮池"的形象亦在其他建筑中偶或见之。[5]

（宋）何麒如是说："麒窃考辟雍之制，辟者，象璧以法天；雍者，壅以水而环之，象教化之流行也，又泮宫之制，谓其半有水、半有宫也。《鲁颂》僖公之诗曰：'思乐泮水，薄采其芹。思乐泮水，薄采其藻。'而其成功也，至于在泮献功而淮夷服。是王者若诸侯之学皆以水为主也，一以象教化之流行，一以治蛮夷之率服。然则水之为利，顾不大哉！"[1] 以水比之王道，实为上溯极早之古人世界观，所谓"水与道同体，故帝王资以建学"。[2] 以水寓意，无可厚非；孔庙理水，喻示"孔泽流长"。

此外，古之学设水尚有如此释义："古人立学于郊，所以均四方之来观者，必节以水。又思观者不可亵玩焉，故辟雍之制，水润乎学，学临乎水，水济以桥，桥表以门，固自有次第也。"[3] 诸侯级身份的"泮宫"若同样需要节观者以水，就只能"视辟雍之半"了，否则，难免僭越之嫌。比照历代都城孔庙泮池的无置，"泮池"这一构筑物形式，最突出作用在于担责了地方孔庙次于中央的等级表征，即"合于頖水之规，次于辟雍之制"。[4]

而泮池开凿中的风水考量，则是地方孔庙的泮池或泮水逐渐肩负更多隐喻意义的整体趋势的体现。典型者如江阴："有学久矣，应诏取第，岁无几人。说者以为学面城，水旁流而不顾，此其未盛也，欲引注于其前，而东凿于熙春，北接大河。"乡人将科举不振归咎于水，倒是地方官较为清醒："君子修其已，俟其在物，考于昭昭，听于冥冥，岂在山川乎？"乡人"既又请之，乃任其自为。众遂拓地集工，不三日而河就"。[5] 科举与水实无交集，但可反证乡人振兴本地的迫切与渴望。

经两宋的经营，泮池在孔庙中已颇具象征意味，即以之"严学宫、尊庙制"，[6] 已非可有可无之虚设。如韶州府学创于北宋至和间（1054—1056），元丰间（1078—1085）已是"规模显敞，是为一郡之盛"，惟"自殿庭而南，无尺寸之水，殊失泮宫之制，士徒病之久矣"，元至治三年（1323）方"辇土攻石，甃平叠堤，深凡八尺，纵横各三丈有奇，外圆内方，跨桥以便往来。新秋一雨，清漪涟如"，[7] 二百余年所未有。

---

1 《全宋文（177）》第340-341页，何麒《道州学记》（绍兴二十五年）。
2 《全宋文（241）》第453-454页，白禄《潼川府学泮桥记碑》（淳熙元年）。
3 《全元文（36）》第231页，李华《改创泮水记》。
4 《全宋文（304）》第335-337页，王遂《建宁府重建府学记》。
5 《全宋文（93）》第19-20页，黄佖《江阴县学开河记》（元丰二年）。
6 《全元文（26）》第540-542页，虞集《抚州路儒学新建洋池记》。
7 《全元文（47）》第52-53页，董养贤《韶州府学记》（至治三年）。

5　山西稷山稷王庙姜嫄殿水池
自摄．2007 11 13

泮池的表现形式

毋庸置疑，泮池的普及和形制的规范当在明代，清袭明制，自不待言。

（明）王圻、王恩义《三才图会》录有辟雍、泮宫图示，注释亦与《说文解字》无实质性区别⑥。张亚祥指出："此书对泮池平面的规范化起到了一定的作用。明代中期以后，地方官学孔庙在棂星门内外建泮池已成规制，泮池的形状为半圆形或近似半圆形，那些早期设矩形泮池的孔庙纷纷修改。例如泉州府文庙泮池原为方形，至明万历四十年（1612）'改泮池为圆，如古泮宫之制'。"[1]明时类似泉州改作泮池的案例较多，如：弘治间（1488—1505）苏州吴县学的庙与学皆有半圆形泮池，至嘉靖间（1522—1566）则仅余庙前一处；邵武府龙溪县学的半圆形泮池设于学前，另在庙学之前共拥一方形水池，后取消在学者，而将方池按半圆形标准改作，规模盛于旧时，而庙学南的外号舍却出现了半月形的"方塘"，可能是充填原有水塘以扩建号舍，将余下水面改作⑦。张氏并对泮池的表现形式作精彩归纳，概括如下，并增些许：[2]

（1）所在位置有三：棂星门与大成门之间，此种最多；万仞宫墙照壁与棂星门之

1　张亚祥. 泮池考论 [J]. 孔子研究. 1998（1）：122.
2　张亚祥，刘磊. 泮池考论 [J]. 古建园林技术. 2001（1）：38-39.

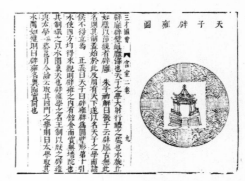

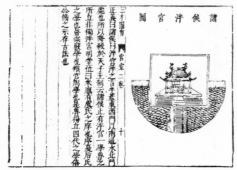

6　明人辟雍、泮宫图示及注解
引自：（明）王圻、王思义《三才图绘·宫室二卷》第 1008–1009 页

间；位于府县学儒学门外。

（2）平面形状有四：标准平面，即半圆形或近似半圆形，大多如此；以棂星门前河流为之，但很少，且多在南方地区；矩形，明以前大多如是，今仅存于苏州府文庙；云南建水文庙泮池亦为仅见，又称"学海"，位于洙泗渊源坊南，是不规则形状的水池，中有小岛与东岸相连，岛上立有清构方形攒尖顶"思乐亭"[8]。

（3）规模：由地方孔庙的级别而定，府文庙泮池一般比州县级标准高且面积大；一般半径在 10 米左右，较大者如元时抚州路学泮池"广八丈八尺（约 28.16 米），深丈有八尺（约 5.76 米）。瓦石以为堤防，如其深，周以栏而朱之，……为亭于其上，凡四楹三间。深丈有五尺（约 4.80 米），广丈有四尺（约 4.48 米）"。[1] 又如今上海嘉定文庙泮池，达东西 44.5 米，南北 12.6 米[9]。

（4）砌筑材料：主要有石材和砖，因砖耐久性差，明清以后较少采用；沿岸多围以石栏或木栏，具装饰性；因木材易燃易腐，明清以后多用石。

1　《全元文《26》》第 540–542 页，虞集《抚州路儒学新建泮池记》。

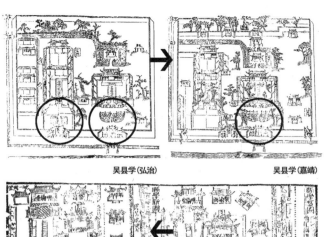

吴县学(弘治)　　　　　　　吴县学(嘉靖)

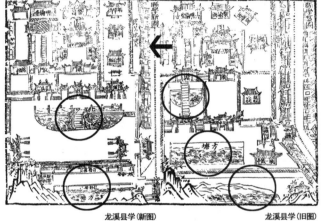

龙溪县学(新图)　　　　　　龙溪县学(旧图)

7　明地方孔庙改作泮池例举

引自:附表8"明孔庙布局实例"

8　云南建水文庙鸟瞰

引自: 胡炜《云南明清文庙建筑实例探析》第
83 页图 4-10,建水文庙管理办公室提供

上海嘉定/2006.03.12

浙江奉化/2007.08.26

山西新绛/2007.07.30

浙江镇海/2007.08.25

浙江慈城/2007.08.25

浙江黄岩/2007.08.27

9　笔者所见泮池规模较大者例举
　　①孔庙名称以地名代之，其后为自摄时间；
　　②亦可参阅本文其他孔庙案例配图

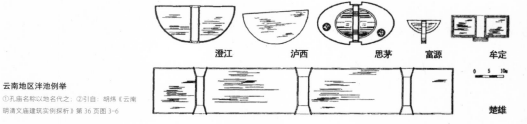

澄江　　　　泸西　　　　思茅　　　富源　　　牟定

0　5　10

楚雄

10　云南地区泮池例举
　　①孔庙名称以地名代之；②引自：胡炜《云南
明清文庙建筑实例探析》第 36 页图 3-6

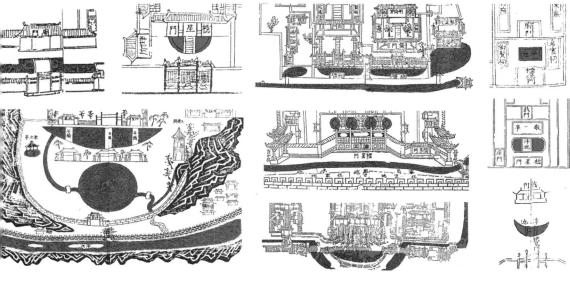

11　明地方孔庙理水及泮池表现形式例举
引自：附表 8 "明孔庙布局实例"

（5）泮桥：往往是泮池最精彩部分，有一座和三座之别。

（6）用水：绝大多数是活水，有进出水口，旱时不枯，涝时不溢。

比照于地方志孔庙图及今日遗存，基本如是，但所谓的孤例却不尽然。如云南、浙江等地区皆有方池遗存[10]；而建水文庙的"学海"亦见之于明时江西临江府学，且有日、月二池。天下之大，不可尽查，亦无可厚非。

明清地方孔庙泮池的位置、形式等皆千变万化，或基于孔庙所在的地理概况，或不同地域的时人认知。前者如：利用基地周边原有水系，或以之为"泮"，或架桥其上，或凿池与整治原水并重，等等[11]；后者如：元时王姓县尹初至新昌县，其人认为"天下郡县，皆有泮水，设于南门之内"，却见"新昌之学，独设于外"，讶其未然，遂"易之于内地"；[1] 明万历二十六年（1598）平遥文庙整修，改凿泮池于棂星门外，竖坊曰"鲲化天池"，又铸龙以通风水，四十五年（1617）又"泮池移之门内而古制复"。[2] 二者皆为时间或人物的变化带来了泮池不同位置的变迁。

1　《全元文（36）》第 231 页，李华《改创泮水记》。
2　引自董培良《平遥文庙》第 7-8 页。

垂教于世·孔庙

12　上海文庙人工水景

右庙左学，水景在学内，名"天光水影池"；自摄

结语

　　泮池的形制渊源颇为迷离，与其纠缠于"頖""泮"或上古"泮宫"理水规制之有无，毋宁将后世孔庙中泮池的设置及表现形式视为向孔子及鲁国传承周礼致敬的表意符号——无论是半圆形泮池与鲁国泮水的相似，抑或采芹亭之类的命名。

　　应该看到，除泮池的规制和象征之外，孔庙理水的传统概念一直相沿，在条件允许的情况下，实践亦颇受重视，地方志的孔庙布局图中频繁出现的泮池以外的水景营造即为有力的证明。或依天然水系，或人工造景[12]，既烘托了孔庙氛围，又便于师生闲暇休憩。

* 基金资助：高等学校博士学科点专项科研基金资助课题（20120092120004）。主持：沈旸。原文刊载：沈旸《唐代的地方孔庙》《建筑史》第27辑。北京：清华大学出版社，2011。

"郡邑皆有孔子庙"？：唐代的地方孔庙*

进入隋统一时代，广土众民的大一统国家政权的运作，更加仰赖地方的稳定和协调，地方学校得到长足发展。文帝开皇三年（620）遣使"巡省风俗，……欲使生人从化，以德代刑，求草莱之善，旌闾里之行"，并诏"天下劝学行礼"。[1]自是，"天下州县皆置博士习礼焉。"[2]炀帝大业元年（605）又诏令天下："君民建国，教学为先，移风易俗，必自兹始。……将欲尊师重道，用阐厥繇，讲信修睦，敦奖名教。"[3]

在中央倡导下，地方学校开始普遍建立。唐魏征赞隋之兴儒立学盛况曰："自正朔不一，将三百年，师说纷纶，无所取正。高祖膺期纂历，平一寰宇，顿天网以掩之，贲旌帛以礼之，设好爵以縻之，于是四海九州强学待问之士靡不毕集焉。天子乃整万乘，率百僚，遵问道之仪，观释奠之礼。……超擢奇隽，厚赏诸儒，京邑达乎四方，皆启黉校。齐、鲁、赵、魏，学者尤多。负笈追师，不远千里，讲诵之声，道路不绝。中州儒雅之感，自汉魏以来，一时而已。"[4]如相州刺史梁彦光"用秩俸之物，招致山东大儒，每乡立学，非圣哲之书不得教授。……于是人皆克励，风俗大改"。时有滏阳人焦通，"性酗酒，事亲礼阙"，彦光"弗之罪，将至州学，令观于孔子庙。于时庙中有韩伯瑜，母杖不痛，哀母力弱，对母悲泣之像，通遂感悟，既悲且愧，若无自容。彦光训谕而遣之。后改过励行，卒为善士"。地方学校、孔庙行教化之责如是，后人评曰："以德化人，皆此类也。"[5]此外，具代表性者尚有潞州刺史柳昂、桂州总管令狐熙、龙川太守柳旦等，皆以庙、学为本，兴礼教化。[1]

1　具体事例见盖金伟《汉唐官学学礼研究》第139页。

入唐，高祖登基当年，即武德元年（618）便诏令"京畿及天下诸县令之职，皆掌导扬风化，抚字黎氓"，[1]"每岁季冬之月，行乡饮酒之礼，六十已上坐堂上，五十已下立侍于堂下，使人知尊卑长幼之节，……博士掌以经术教授诸生。二分之月，释奠于先圣、先师"。[6]大唐开国之初，即明示了地方官员职责之要在于导民向上，并体现在地方学校及礼仪的厘定上。及至太宗贞观四年（630）诏"州、县学皆作孔子庙"，更加凸显了普及地方孔庙的官方意旨。原则上百姓不得任立孔庙，且祀礼位列国家大典，亦反映了孔庙的政治权威性。

非均衡的发展态势及分布

今存有关唐代地方志方面的文献，已极为稀少，若欲建立完整而清晰的唐地方孔庙发展框架，似困难重重。幸有学界贤长（如高明士、盖金伟等）钩沉爬梳，尽可能罗列了唐地方学校与孔庙的可见文献，为该历史时段的数据分析提供了前提条件，惜主要着重于制度及官员政绩等方面。为阐释便，将所得资料重组，并添加若干前贤未录者，按创建的可知至迟时间排序，以明晰大致的大唐版图内的呈现阶段。共检得142例（都城、曲阜未列入），其中，始建于唐以前的19例（指始建于唐以前、仍为唐沿用者），始建于唐的109例，始建于五代十国的14例。

需特别指明的是，此142例并非庙学皆备，尽管有学者言"部分实例文献中只载孔子（文宣王）庙，从唐庙学制的规定来看，除曲阜孔庙外，唐以后在文献上所见有关创立孔庙事，似皆可视为庙学制的一部分，即虽只见孔子（文宣王）庙一所，仍可相信此庙是立于学校之内"，[7]但自太宗诏令地方学校皆设孔庙始，具体实施仍需相当的过程。初时地方上状况参差不齐，或庙学并立，或有庙无学，或有学无庙，高宗总章三年（670）的一份诏书所述甚明："诸州县孔子庙堂及学馆有破坏并先来未造者，遂使生徒无肄业之所，先师阙奠祭之仪，久致飘露，深非敬本。宜令所司速事营造。"[8]（唐）韩愈也表达了如是担忧："郡邑皆有孔子庙，或不能修事；虽设博士弟子，或役于有司，名存实亡，失其所业。"[9]而此时已是宪宗元和间（806—820）的事了。庙

1　《旧唐书》卷四十四《志第二十四·职官三》。据《旧唐书》卷一百八十九上《列传第一百三十九·儒学上》：
　　上郡学置生 60 员，中郡 50 员，下郡 40 员。上县学并 40 员，中县 30 员，下县 20 员。

学并立的普遍当在唐之中后期，尤以玄宗开元二十七年（739）追谥孔子为文宣王、其后代改封嗣文宣王为分水岭。

考察唐版图内地方学校和孔庙的时空分布[1]，建设活动以高祖（在位 9 年，始建 11 处）、太宗（在位 14 年，始建 14 处）、玄宗（在位 45 年，始建 17 处）三朝最盛，尤以唐初二帝时期保持了最高的建设频率。唐时科举，除乡贡、制举之外，尚有学校一途，"进士不由两监者，深以为耻。"[10] 高祖、太宗重学兴儒，官学建设量较大亦属合理。

至高宗（在位 34 年，始建 6 处）时，建设量及频率则明显下滑，特别是武则天临朝后，重科举而轻学校之势愈益严重。因国子、太学生员皆为五品以上官员子弟，武后为排斥、打击士族官僚势力，提拔庶族地主子弟为官，尤重进士科取仕，借以奖拔寒族，学校因之冷落，以至"政教渐衰，薄于儒术，尤重文吏，……二十年间，学校顿时隳废矣"。[11]

后，玄宗为改变此状，曾于天宝十一年（753）罢乡贡，规定举人必由国子学和郡县学。但终因科举之势已成，两年后（755）又恢复乡贡。学校与乡贡的隆替，使唐初至玄宗（712—756）门资入仕仍为朝官主要来源之一[12]的情状得到大幅改观，科举选官制度门槛的降低，虽使广大寒门子弟看到了改变命运的曙光，却强烈地冲击了从中央到地方的官学系统的发展。不过，德宗贞元（785—805）以前"两监之外，亦颇重郡府学生，然其时亦由乡里所升，直补监生而已"。故，玄宗之后至宪宗间（806—820）仍保持着一定规模的发展，频率亦较为平缓。尔后，天下欲从科举入仕的读书人则"率以学校为鄙事"，[13]建设量剧减，仅见武宗（在位 6 年，始建 4 处）时异军突起，惜在位甚短，于事无补。

各地区的建设活动亦呈现出时段性的差异。综合而言，各朝建设活动以江南东道、江南西道最为频繁，剑南道、河东道次之，其他各道再次之。

玄宗（712—756）以前的建设活动主要集中在华中地区（山南东道、山南西道、淮南道）的周围，呈环抱之势，且边地儒光在在有之，与唐初太宗处理边疆少数民族地区问题上持孔子"有教无类"[1]的观点不无干系，其目的仍是为国家一统服务，如贞观十四年（640）灭西陲高昌国（今新疆境内）后，即有官学之设。[14] 程存洁综合前人研究及考古新发现，认为："唐王朝建城礼制深刻地影响着西北边城的建制。从王朝祭礼的影响及子城制度的推行，表明西北边城的建制是追随唐王朝的建城礼制。"[15]209-213 依此推测，学校和孔庙的营建亦应属于边城建设中的重要一环。恐因边关战乱或自然条件恶化等诸多因素导致史料之严重缺乏，就西北边陲仅检得 4 例。

至玄宗时，建设重点则逐渐向华中腹地和东南沿海地区转移。显然，随着时间

1　语出《论语·卫灵公第十五》。

	高祖	太宗	高宗	则天	中宗	殇宗	睿宗	玄宗	肃宗	代宗	德宗	顺宗	宪宗	穆宗	敬宗	文宗	武宗	宣宗	懿宗	僖宗	昭宗	哀帝	朝代不详	总计
京畿道	1									1													1	3
都畿道																								0
河南道	1	3						3					1	1		1	1						1	12
河东道			1	1						2													2	6
河北道		1						2		1									1	1			2	8
山南东道								1								1	1							3
山南西道								3			1													4
淮南道													1			2				1			3	6
江南东道	3			1				4	1	2	1		2				1			1			7	23
江南西道	1	2	1		1			3	1	1								1		1	1		2	15
黔中道																							1	1
陇右道		1																					3	4
剑南道	3	2	4															1					1	13
岭南道	2	4								2														9
总计	11	14	6	1	1	0	0	17	2	5	5	0	5	1	0	2	4	2	4	1	1	0	22	109

唐各朝始建孔庙(学)各道数量统计

唐各朝始建孔庙(学)所在区域
(朝代不详者…

注:
① "各朝始建孔庙(学)所在区域"为…例缩放,与"各朝始建孔庙(学)所在…叠加"比例不统一,未注比例尺;均…一级行政区划为单位制图;朝代不详…计;唐各帝王按在位先后排序。
② "各朝始建孔庙(学)所在区域叠加…色块深浅表示建设活动的频繁程度。

高祖　太宗　高宗　则天　中宗
玄宗　肃宗　代宗　德宗　穆宗
文宗　武宗　宣宗　懿宗　昭宗

唐各朝始建孔庙(学)所在…
(朝代不详者…

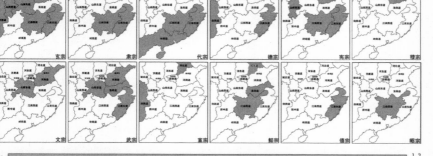

注:帝王名后数字为在位年数
■ 各朝始建庙(学)数
—■— 始建庙(学)数/在位年数

高祖9　太宗13　高宗34　则天21　中宗6　殇宗2　睿宗3　玄宗45　肃宗6　代宗18　德宗26　顺宗1　宪宗15　穆宗4　敬宗3　文宗14　武宗6　宣宗13　懿宗16　僖宗15　昭宗16　哀帝3　朝代不详

唐各朝始建孔庙(学)(共109处)数据…

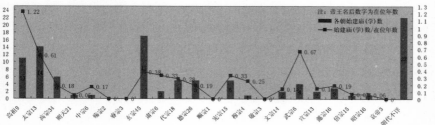

一　唐各朝地方孔庙（学）建设概况

的发展，建设重点逐渐由都城（长安、洛阳）一带的文化重地向版图内其他区域纵深发展，玄宗以后更是趋向于版图的东南部，特别是江南二道，当是受该时政治格局的影响：安史之乱后的北方藩镇势力强盛，拒向中央交纳贡赋，唐王朝失去了北方重要财赋基地，所能倚重的只有东南八道，江淮地区更是位居首要，政府着眼于是处，相关的社会发展、文化兴盛自是如虎添翼。

唐时各道之中，以黔中道最为落后，仅检得珍州1例，相对岭南道而言，黔中道处于内陆腹地，中唐以后随着经济重心的逐渐南移，长江下游、珠江流域后来者居上，逐渐上升为经济发达地区，交通不便的黔中地区文化和经济的滞后则是历史的必然。[1]

从地域分布上看[2]，已知的始建于唐的学校和孔庙主要集中在今天的河北、山东、陕西、四川、江苏、浙江、安徽、江西、湖南、湖北、广西等地，无疑与这些地方的地理位置、经济发展水平、文化传承等因素密不可分。再结合始建于唐以前、仍为唐沿用的实例综合分析，整个大唐版图中形成了最主要的三个密集区[3]：

A 区：以都城长安、洛阳及曲阜为中心辐射范围，且以洛阳周围密度最高。该区自汉始即为政治和文化中心，唐时仍为两京所在，以两京为中心的京畿道、都畿道、关内道、河南道是当仁不让的政治、经济、文化发展重镇，而河北、河东两道则是经济发达地区，其文化传承力亦不容小觑。

B 区：剑南道（今四川一带）虽地处内陆、交通不便，却是西汉文翁兴学的滥觞之地，又具"天府之国"之美誉，该地区的集中反映了尊儒兴学的传统延续，并可能与剑南独特的地理位置及唐政府的兴衰皆有密切关联。安史之乱后，唐政府内忧外患，剑南虽受吐蕃和南诏的威胁，但其易守难攻的地理形势及天府之国得天独厚的自然环境使其成为唐政府避难和撤退时的首选之地，继玄宗（712—756）之后，德宗（780—805）、僖宗（874—888）、昭宗（889—904）皆曾出幸剑南。社会环境的安定和政治集团的眷顾，为学校和孔庙的兴建发展创造了条件。

C 区：江南东道（今江苏、浙江、安徽一带）辖内则无论是数量、密集度均高居榜首，新兴的文化教育中心及辐射圈已然形成。

而三区之间又皆有点状分布，以拓扑的视角考量，这些点状分布恰恰构成了三个密集区之间的线性联系，亦说明高度密集区的向外辐射态势。此外，A 区又往幽州方向的华北地区蔓延，该处（今河北一带）为唐时东北边城的政治、军事、经济重镇。[15]155-158 C 区除与 B 区之间的联系外，尚有两条重要的辐射线，一为往福建沿海方向，一为穿越毗邻的江南西道（今湖南、江西一带）腹地，直抵岭南西部（今广

1　唐中叶以后的黔中道流人数量渐增，亦侧面地反映了该地区的落后程度。见：王雪玲．两《唐书》所见流人的地域分布及其特征．中国历史地理论丛，2002（12）：83．

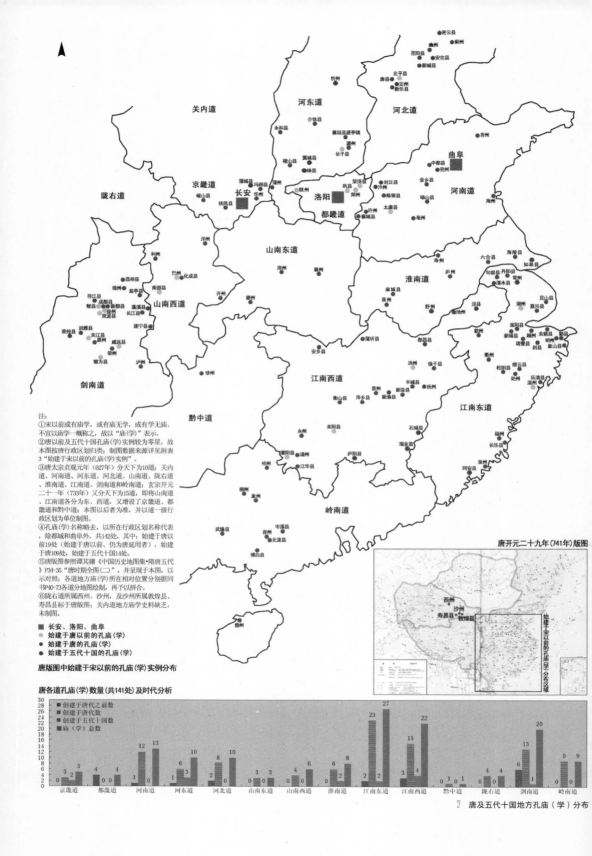

2 唐及五代十国地方孔庙（学）分布

3　唐地方孔庙（学）地域分布态势
底图引自谭其骧：《中国历史地图集·隋唐五代》第34-35页，"唐时期全图（二）"·开元二十九年（741）。

西一带），并越海达于海南。而后者的经济与文化意义尤为重要，自C区至岭南北界的今江苏、浙江、江西等地是唐赋税的主要供应地，岭南地区则是唐时主要的谪宦和流人地区，该辐射线恰似以地理空间为纽带，建立了岭南地区与唐时文化中心的遥相呼应。

　　唐时出现了众多谪宦，主要安置地即在岭南。终唐一世，岭南一直被视为荒蛮之地，如岭南东部的南海地区在唐初还发生了如此陋事："有刺史不知礼，将释奠，即署一胥吏为文宣王、亚圣，鞠躬候于门外，或进止不如仪，即判云：'文宣、亚圣决若干下'。"[1]唐时岭南谪宦整体文化水平较高，[2]具有丰富的中原儒家文化底蕴，他们的到来对岭南来说是一个集政治、文化于一体的官僚士大夫群体的注入。且中央根据岭南谪宦（左降官）之政绩，予以其量移或召回中原的机会，故大多岭南谪宦在贬地或流所能恪尽职守，并积极贯彻大兴文教的国策，特别是不少谪宦在岭南仍担任地方官职，依靠自身掌控的政治力量和行政手段，推动岭南文化教育的发展。

[1]　（宋）李昉：《太平广记》卷二百六十一《南海祭文宣王》，引《岭南异物志》，引自兰美琴《唐代岭南谪宦及其对该地区教育的贡献》第22页。
[2]　据兰美琴论文《唐代岭南谪宦及其对该地区教育的贡献》第13-16页：岭南谪宦达629人，因有谪宦一生被贬岭南多次，故达653人次。岭南谪宦中，从自身文化素养看，来源于科举取士有113人，而进士登第者达103人，一些谪宦虽非进士出身，但自身文化素养颇高，如褚遂良；从贬前官职看，一品官1人、二品官14人、三品官86人，即曾任三品以上官职者达101人。另，岭南谪宦的地域分布亦据兰文第19-20页、第42页整理。关于唐代岭南谪宦人数和地理分布特征的研究，主要有：古永继．唐代岭南地区的贬流之人 [J]．学术研究，1998（8）；唐晓涛．唐代桂管地区贬官人数考析 [J]．学术论坛，2003（2）：108-112；唐晓涛．唐代贬官谪桂问题初探 [J]．广西民族研究，2004（2）：68-76；王雪玲．两《唐书》所见流人的地域分布及其特征 [J]．中国历史地理论，2002（4）：79-85；等等。兰文对上述研究有专门介绍和分析。

岭南地区的学校和孔庙主要集中于以桂州、容州为代表的过渡区域，最著名者当推柳州学。柳州"古为南夷，椎髻卉裳，攻劫斗暴，虽唐、虞之仁不能柔，秦、汉之勇不能威。至于有国（唐），始循法度，置吏奉贡，咸若采卫，冠带宪令，进用文事。学者道尧、舜、孔子，如取诸左右，执经书，引仁义，旋辟唯诺。中州之士，时或病焉。然后知唐之德大以远，孔氏之道尊而明"。[16]"府学创自唐初，元和间（806—820）刺史柳宗元重修，有记。"[17]柳氏到任时"州之庙屋坏，几毁神位"，遂重修府学和孔庙，实施文治教化。据陈伟明《唐五代岭南交通路线述略》，该地区位于安南及岭南西部地区自秦汉以来与中原联系的重要交通干线上，是闭塞的岭西地区屈指可数的交通枢纽，[18]其政治、军事地位不言而喻，行教化为先自在情理之中。

岭南谪宦的地域分布呈两大趋势：①由岭南道东部向岭南道西部呈递减趋势，桂州、容州附近地区是过渡区域；②在岭南道东部，其北部多左降官，南部多流人。那么，岭南东部地区的谪宦兴教当不输西部。以潮州为例，唐时先后有张玄素、唐临、常怀德、卢怡、李皋、常衮、韩愈等中央官员贬谪潮州，大多致力兴学。如张玄素"不鄙夷远民间，闻命即就道，履任抚摩困穷，兴建学校"；[19]常衮"捐资垦田，以供罗浮游士，莅州兴学教士，潮俗为之丕变"。[20]但二人离任后，潮州学又复荒废，韩愈到任时，"此州学废日久。进士明经，百十年间，不闻有业成贡于王庭，试于有司者。人吏目不识乡饮酒之礼，耳未尝闻《鹿鸣》之歌。……刺史县令不躬为之师，里闾后生无所从学。"基于"夫欲用德礼，未有不由学校师弟子者"的卓识，韩氏再兴学校，"出己俸百千，以为举本，收其赢余，以给学生厨馔"。[21]

虽如此，据检出的唐时实例，岭东地区的分布却呈现缺失的状态——或囿于史料之未查？尚待进一步探明。另，唐版图内的广大北方地区亦为唐时主要贬谪之地。从民族关系方面看，北方地区长期与吐蕃、突厥、回纥等少数民族政权相对峙，有唐一代，均不堪其扰。流放是处的刑罪之人主要以实边与戍边为目的，在教化及学校和孔庙建设方面则不会有大的兴举，与岭南地区情境大异。

应该看到，在庙学制度普及的初期阶段，地方学校和孔庙发展的不平均确实存在，除了地方之间的固有资源差异，是否有良吏主政亦为关键因素，如前述岭南地区的发展即可证之。再如福建，虽号称鱼米之乡，但中唐以前文化落后，"在汉如长夜，在唐如昧爽"，[22]至德宗建中（780—783）初常衮出任福建观察使，广施教化，方有改观。[23]与唐以前地方官学建立多归功于地方官员的案例类似，官方虽有诏令明确规定了地方学校的师生和学习内容，但对资金、校舍等办学关键要素却未做任何制度性的规定和保障，主要依靠地方自行解决，[24]53如：巴州化成县令卢沔"因祠宇荒僻，垣墉颓圯，憩聚樵牧，亵渎威灵。公以必葺而未言，……出家财以资匠费，督门吏以勤役工。自甲至癸，不及旬而功已集。郡官毕贺，百姓未知，足见役不及人也"，时人赞"卢方辞满，不以家为，出钟离俸钱，修孔圣遗庙，善政之余地也"；[25] 幽州卢龙节度观察使刘济更是"直以官俸，给以瓦木丹铁之费，匠人作徒之要，又以家财散之。人不知役，庙倏云构"；[26] 福州都督府学的新建也是仰仗"群吏之稍食，与赎刑之余羡，以备经营之费，而不渔于民也"。[27]

虽有地方良吏善政如是，但毕竟各地财政及官员资财不一，若不将学校和孔庙的建立与地方官员政绩直接挂钩，制定相应制度、政策来督促、检查地方官，全面实现的可能性似乎就不容过于乐观了，难免会出现兴学诏令成为一纸空文的结局，如（唐）韦稔《涿州新置文宣王庙碑》、（唐）刘禹锡《奏记丞相府论学事》[28] 均提及地方政府自筹经费兴学和孔庙行礼所带来的的巨大财政负担。因之，地方财政的收入状况也会多少影响其建设或维护；而一旦地方良吏离任，其在职期间的苦心经营则随时可能遭受半途而废的厄运。如（唐）韩愈在潮州刺史任上，举荐当地俊彦赵德"请摄海阳县尉，为衙推官，与勾当州学，以督生徒，兴恺悌之风"，并评价其人"沉雅专静，颇通经、有文章，能知先王之道，论说且排异端而宗孔氏，可以为师矣"，[21] 即体现了韩氏担心潮州地方教育因官吏调动而受影响的良苦用心。直至北宋，政府对地方办学经费及相关法规正式确定后，学校和孔庙的发展才步入正规化的发展阶段。

安史之乱后的藩镇割据、战乱频仍，乃为掣肘唐中后期地方学校和孔庙发展的重要因素。（唐）杜甫于代宗大历五年（770）漂泊至湖南衡山（同年去世），作《题衡山县文宣王庙新学堂呈陆宰》："衡山虽小邑，首唱恢大义。因见县尹心，根源旧宫闼。"盛赞衡山县创办新学堂一事，并以"诗史"的写法表述了对安史之乱以后儒学沦丧的悲切："旄头彗紫微，无复俎豆事。金甲相排荡，青衿一憔悴。鸣呼已十年，儒服弊于地。征夫不遑息，学者沦素志。我行洞庭野，欸得文翁肆。侁侁胄子行，若舞风雩至。周室宜中兴，孔门未应弃。是以资雅才，焕然立新意。"

杜甫通过该诗还表明了复兴根柢在于儒学的严谨态度，唐统治者亦深明此道，所谓："学之制，与政损益：政举则道举，道污则政污。……化民成俗，以学为本。是而不崇，何政之为？"[29] 以安史之乱以后的太湖地区（苏、湖、常 3 州 17 县）为例："江淮田一善熟，则旁资数道。故天下大计，仰于东南……"[30] 因而，牢牢掌控该区，并保持其长期稳定，就成为关系中唐以后国家存亡的战略问题，标榜忠孝义礼的儒家学说重又得到大力推崇和提倡，而物化的表征即是学校和孔庙的兴建，代表人物为李栖筠等[表1]。

"兴学"已不单纯是一项文化教育政策，更是唐王朝稳定江南地区的一项战略性国策。地方官学不仅是培养官吏和人才的储备场所，更是广大城乡地区施行教化、敦厚民风的重要阵地，[25]53 中唐以后的江南已是"民见德而兴行，行于乡党，洽于四境。父笃其子，兄勉其弟，其不被儒服而行，莫不耻焉"。[29]

人物	官职	史实 / 典据
李栖筠	常州刺史	"大起学校，堂上画《孝友传》示诸生，为乡饮酒礼，登歌降饮，人人知劝。"——《新唐书》卷一百四十六《列传第七十一·二李》
	苏州刺史	"增学庐，表宿儒河南褚冲、吴何员等，超拜学官为之师，身执经问义，远迩趋慕，至徒数百人。"——《新唐书》卷一百四十六《列传第七十一·二李》
萧定	湖州刺史	玄宗天宝（742—756）中"减缩师资生员"，仅"备春秋二社岁赋乡饮酒而已"。大历五年（770）"加助教二人、学生二十员。"——《同治湖州府志》卷十八《舆地略·学校》
王纲	苏州昆山县令	昆山县学"兵馑荐臻，堂宇大坏"，王纲"大启室于庙垣之右，聚五经于其间，以邑人沈嗣宗躬履经学，俾为博士。于是遐迩生徒，或童或冠，不召而至，如归市焉"。——《同治苏州府志》卷二十七《学校三》

①本表参照参考文献 [24]：53-54．②唐时苏州文庙是否存在，说法不一，据王謇《宋平江城坊考》第 47 页："庐熊《志》：案《祥符图经》有至圣文宣王庙，在子城西南，未言有学。考之唐史：刺史李栖筠始增学庐，则前此盖有之，未详的在何地。朱长文云吴郡未有学，盖不审也。"

∽∽∽∽∽∽∽∽∽∽∽∽∽∽∽∽∽∽∽∽∽∽∽∽∽∽∽∽∽∽∽∽∽∽∽∽
表 1：唐代宗大历（766—779）间太湖地区地方良吏兴学和立庙实例

　　顾向明对中唐以后太湖地区官学的兴盛做了细致的分析，[24]54-56 可概括为：政治和平稳定，经济大幅发展，文士避乱流寓，儒士担纲治理。因太湖地区在唐后期作为财富重地的关键地位，其个案研究较具典型性；比照上文对于唐地方学校和孔庙的梳理，其发展概况又同样具有普适性。地区身份的特殊，使之建立起与都城之间超越空间地理范围的紧密关联，并且也预示了该地区地方孔庙与国子监孔庙之间的荣辱与共，其在晚唐的衰败轨迹亦大致与之同步。

　　唐以后的五代十国乱世，学校素称废绝，"所谓'天地闭，贤人隐'之时欤！……干戈兴，学校废，而礼义衰，风俗隳坏。"[1] 初步统计仅得 14 例，主要集中在西北和东南地区，分别以后唐和南唐较为突出，无疑是辖内政局较为稳定、经济文化相对昌盛的自然结果；中部的广大地区则呈现真空，与南北双方战乱频仍不无关系 [4]。

----

1 《新五代史》卷三十四《一行传第二十二》。

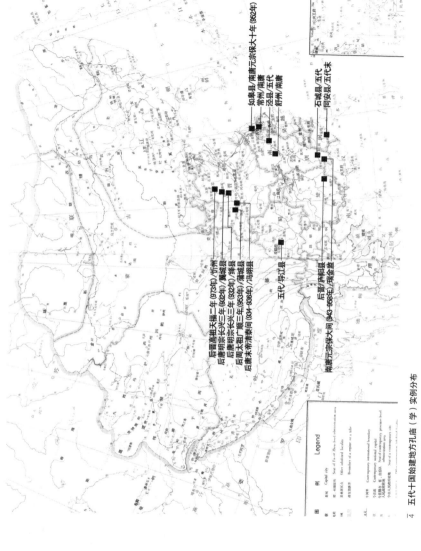

如皋县 南唐 南唐元宗保大十年(952年)

常州 南唐
泾县 五代
舒州 南唐

石城县 五代/五代末
同安县 五代

后晋高祖天福二年(937年)/竹州
后唐明宗长兴三年(932年)/翼城县
后唐明宗长兴三年(932年)/绛县
后周太祖广顺三年(953年)/蒲城县
后唐末帝清泰间(934-936年)/冯翊县

五代/乌江县

后晋/庐邯县
南唐元宗保大间(943-886年)/广陵金堂

图 例 Legend

县治 Capital city Seat of Ya-ch Zhou-level administration area

城镇点 Other subdistrict locality

县级治所点 Boundary of a region or a tribe

今县界 Contemporary international boundary

界线界 今县级政区

今注县界线 县级治所点 Seat of contemporary prouince-level administration area

今市人民政府驻地 Seat of a contemporary city

4 五代十国始建地方孔庙(学)实例分布

底图引自谭其骧《中国历史地图集 隋唐五代》第82-83页 '五代十国时期全图'.

观之唐时地方孔庙的祭殿内设，除处州缙云县学"换夫子之容貌，增侍立者九人"[31]（即十哲之中，独以颜回坐配而闵损等九人为立像，不用开元之诏），大多采玄宗开元八年（720）之新规定，"奉开元之成制，采泮宫之旧章"，[1] 即塑像孔子及十哲，为坐像，图画七十子于墙壁，[32] 如：玄宗天宝十一年（752）陈留郡因祭殿"旧规卑陋，下宇将坏"改文宣王宫，"冬十月丙午，新宫成。……两楹之下，四科以班，兖公东序西向，费侯、鄂侯、薛侯、徐侯、卫侯、齐侯、黎侯、吴侯、魏侯西序东向，其余未入室者，画衣冠于西墉配祭，所以辨等威也。"[33] 其他不符新规者，亦改之，如处州刺史李繁整修孔庙之后，"又令工改为颜子至子夏十人像，其余六十二子，及后大儒公羊高、左丘明、孟轲、荀况、伏生、毛公、韩生、董生、高堂生、扬雄、郑玄等数十人，皆图之壁。"[34] 孔门众人皆局于一室，十哲塑像及七十子画像环绕孔位，呈拱宸之势，众星拱月的内部陈设已基本定型，但后世孔庙专奉从祀者的两庑尚未出现。

祭殿规格则仅知遂州长江县、益州新都县二处祭殿为三间，且后者"庙堂者，奉诏之所立也"，[35] 并在营造之前"考帏帐于西京，访埃尘于东鲁"。[36] 以长安国子监孔庙祭殿七间推想，地方孔庙的祭殿规格当不会逾越五间之制；玄宗开元二十七年（739）敕"两京及兖州旧宅庙像宜改服冕衮"时，允许"其州及县庙宇既小，但移南面，不须改其衣服"，[37] 亦反映了州县孔庙之等级不比都城及曲阜。

外化于孔庙庭院，虽似只见一座孤单的祭殿，但"重门以深之，周垣以缭之"，[38] 如袁州学"垣墉多隙"，为示严肃，更"以板易竹，以粉代坊"。[39] 再辅以精心选择的植栽树种，气氛营造仍是庄重与幽深，凸显了官方信仰的威仪，如：扶风县学"奉圣旨"建，"殿宇岑立，宫墙岛峙，……砌兰有主，院柏分行，徂庭自肃，入室知敬"；[40] 陕州学"梅梁初构……藻贲坛亭，周列槐杏"。[41]

在论及选址及规模时，记录学校和孔庙营建事迹的文献描述中，多有似长江县学"背山临水，掩全蜀之膏腴；望日占星，采公宫之法度。丹墙数仞，吐纳云霞"之类的赞词，[2] 衡山县学更是"讲堂非曩构，大屋加涂墍；下可容百人，墙隅亦深邃"，[3] 规模之巨，令人咋舌。虽有夸大溢美之嫌，却是反映了时人基于尊孔儒化的美好愿望。

且建筑的修缮或迁徙佳址等，一直为官员和乡里所重视。如：舒州学"寝庙卑而将圮，衮冕陋而不度，政之大者，乌得已焉。于是庀工庸，示仪制，堂奥户牖，巍乎大

---

1 徐铉. 宣州泾县文宣王新庙记. 全唐文新编（16）：11072.
2 见杨炯《遂州长江县先圣孔子庙堂碑》（参考文献[35]）。
3 杜甫《题衡山县文宣王庙新学堂呈陆宰》。

壮。山龙藻火，焕乎有章"；[38] 同州冯翊县学经唐时风雨，至五代时已是"后临街而地位穷，前逼城而日光少；羊触藩而来者众，豕负途而去者多；雨信纳污，风知逐臭"，后唐末帝清泰间（934—936）遂"别卜维新之所，乃移于通衢之北，在冯翊县之西。龟筮相从，官吏相合，不烦隧正，不扰里胥，不妨农，不害物。奋锸者、桢干者、斧斤者、藻绘者一无阙，垣墉、栋宇、樌桷、阶序、门屏一无阙"；[42] 袁州学自玄宗天宝五年（746）创建始，至南唐凡四迁其址，最终"永奠陔次，大兴力役。……回廊月照，接武云征。洞户静深，重檐奄蔼。征两楹而正坐，俨四科而列侍。如尝不寝，似谷无言。植以美材，绰以藻泳。……是以袁江之上，袁山之阿，朝为崆峒，夕成洙泗，用此道也"。[1]

（唐）刘禹锡《许州文宣王新庙碑》可能是目前已知的唐时地方孔庙情况描述最全面的个案：初时"陋宇荒阶"，导致"释菜于宣父之室"时"不足回旋"，"旋作文宣王庙暨学舍于兑隅，革故而鼎新也。……溱水之濒，城池在东。"建造时的场面井然有序，令人振奋，"登登其杵，坎坎其斧。绳之墨之，凿枘枝梧。"竣工之后，"寝庙宏敞，轩墀厢庑，俨雅清洁。门庭墙仞，望之生敬。外饰瓟棱，中设黼幄。"庙学内建筑功能齐备，且皆遵规制："向明当宁，用王礼也；尧头禹身，华冠象佩之容，取自邹鲁；及门睹奥，偶形画像之仪，取之自太学；尊彝笾豆、青黄规矩之器，秉周礼也；牺牲制币、荐献升降之节，遵国章也；藏经于重檐，敛器于庋椟；讲筵有位，鼓箧有室；授经有博士，督课有助教；指踪有役夫，洒扫有庙干。……又割隙地为广圃，莳其柔蔬，而常菹旨蓄之御备；舍己俸为子钱，榷其孳赢，而盐酪钉膏之用给。"[39] 记载翔实如兹，已无需赘言，庙与学的各类功能建筑及生活用房皆备，后勤人员各司其职，庙学完备度颇为可观。

但后世孔庙中的棂星门、泮池等标志性构筑物却难觅芳踪，只知道州先圣文宣王之庙"堂庭庳陋，橡栋毁坠，曾不及浮图外说，克壮厥居。水潦仍至，岁加荡沃"，欲迁址，爰得美地为"丰衍端夷，水环以流，有泮宫之制"，[43] 却也只是借自然水系喻之泮宫，非人工凿池。

就孔庙布局方式言，仅得 5 例：福州学"先师寝庙、七十子之像在东序，讲堂书室、函丈之席在西序，齿胄之位，列于廊庑之左右"；[27] 沙州学"其学院内东厢有先圣太师庙堂，……医学在州学院内，于北墙别构房宇安置"，燉煌县学"在州学西，连院。其院中东厢有先圣太师庙堂"，二者共处；[44] 沙州寿昌县"其缺堂，堂内有素先圣及先师缺"；[45] 苏州昆山县学"先是县有文宣王庙，庙堂之后有学室。……（大历九年）

1　据萧定《袁州文宣王庙记》《全唐文新编（8）》第 5035 页、徐锴《先圣庙记》《全唐文新编（16）》第 11128—11129 页及《江西通志》卷十七：唐玄宗天宝五年（746），太守房管始立庙于城北袁山门外；肃宗乾元元年（758），刺史郑审移郡治西；宣宗大中九年（855），刺史温璠复于房管之旧；南唐保大十年（950），刺史李征古移于郡治西南。

大启宇于庙垣之右，聚五经于其间"。[29]

从字面描述看，似乎福州、苏州昆山县是学附于庙，沙州的三处则是庙附于学，古人叙事常混沌不明，故庙、学二者地位孰高孰低不敢妄定。再以修建时间论之，前二者分别为代宗大历七年（772）和九年（774）之事，后三者至迟也是玄宗开元间（713—741）或更前的情况，[1]此种现象是否也暗示了唐中后期孔庙在意识形态方面地位的逐渐上升？

不过，有一点可以确定，前举5例无一例外庙在学东，可视之为"左庙右学"的雏形，且与长安国子监庙学方式配置相同。庙学并立形制是否有相关规定或讲究，尚不得知，但以唐时主要施行"北选制"[2]及玄宗开元五年（717）诏"诸州乡贡、明经、进士，见讫宜令引就国子监谒先师"[46]来看，地方官无论是外调的在京朝官，还是经科举入仕的学子，都是有机会瞻仰都城国子监孔庙的，其在地方孔庙的建设中援引国子监的庙学布局，也是向统治政权的权威信仰致敬的一种方式。

作为树立正统信仰的载体

如前所述，唐玄宗以后，民众求学借以跻身科举的阵地虽逐渐转移（私学的兴盛即为明证），[23]213-214但科举实质仍以儒学为本，故作为儒家先圣的孔子地位并未撼动，且随着科举的平民化，孔儒更是由门阀贵族把持的官学祭祀对象，逐渐转变为天下共崇的偶像。玄宗开元五年（717）诏"诸州乡贡、明经、进士，见讫宜令引就国子监谒先师，学官为之开讲，质问其义。宜令所司优厚设食"。[46]经科举而入仕，必先谒孔庙祀先师，客观上扩大了孔儒的受众范围。

（唐）韩愈《处州孔子庙碑》对自天子而达于地方的孔庙崇拜做了精辟的总结："自天子至郡邑守长，通得祀而遍天下者，唯社稷与孔子为然。而社祭土，稷祭谷，句龙与弃，乃其佐享，非其专主，又其位所，不屋而坛；岂如孔子用王者事，巍然当座，以门人为配。自天子而下，北面跪祭；进退诚敬，礼如亲弟子者。句龙、弃以功，孔

1　据成一农《唐末至明中叶中国地方建制城市形态研究》第69页，注27：王仲荦《敦煌石室地志残卷考释》（上海古籍出版社1993年）认为《沙州都督府图经》成书时间不早于开元四年（716），虽接近玄宗末至代宗（762—779）时期，但可以判断，该时三学已经存在，始建时间当在玄宗朝或以前。

2　即学子至长安参加科举考试。

子以德，固自有次第哉！自古多有以功德得其位者，不得常祀；句龙、弃、孔子，皆不得位，而得常祀；然其祀事，皆不如孔子之盛。所谓生人以来，未有如孔子者。其贤过于尧舜远者，此其效欤！"[9]

该碑虽不记年月日，但载"朝散大夫国子祭酒赐紫金鱼袋韩愈撰"，韩氏为祭酒，在宪宗元和十五年（820）左右，故该碑所论可视为中唐期间情状：学校受到的轻视并未波及孔庙，且在艰难的科举考试选拔中，孔庙作为广大士子和普通百姓寄托理想的场所，神圣地位日隆。对孔庙而言，此时的机遇无疑是一次壮丽的精神日出，"庙"的光环逐渐淹没了"学"的地位，诚如吕思勉先生所论："所谓府、州、县学，寻常人是不知道其为学校，只知其为孔子庙的。……殊不知中国本无所谓孔子庙。孔子乃是学校里所祭的先圣或先师。"[47]

不可否认，一种信仰的广泛树立和规范化，非一蹴而就，早在北魏平城时代，孔庙内的"妇女合杂"现象即为明证。虽然孔庙崇拜渐及于广土众民，但在很大程度上仍然具有一定的盲目随意性。代宗大历九年（774）"七月久旱，京兆尹黎干历祷诸祠，未雨。又请祷文宣庙。"孔子实与求雨风马牛不相及，幸而代宗以"丘之祷久矣"[48]一言以蔽之。欲往孔庙求雨，恐为借孔子登临舞雩台而附会祈愿。雩祭本为古时一种求雨的祭祀，今山东曲阜尚有周时鲁国的舞雩台遗址。[49]其时"沂水北对稷门。……僖公更高大之，今犹不与诸门同，改名高门也。其遗基犹在，地八丈余矣。亦曰雩门。……门南隔水有雩坛，坛高三丈，曾点所欲风舞处也"。[50]今曲阜南门外偏东，沂河北岸，"大豁"（稷门）以南，仍有一东西约 120 米，南北约 115 米，高近 7 米的土台，[5]台上有明嘉靖四十五年（1566）秩署东平州判官陈文信立"舞雩坛"石碑（此碑现移在曲阜孔庙奎文阁前西御碑亭内）。[51]《论语》载孔子与弟子言志，曾点曰："莫春者，春服既成。冠者五六人，童子六七人，浴乎沂，风乎舞雩，咏而归。"孔子赞曰："吾与点也！"[1]世人皆谓舞雩台乃为孔子及弟子在教学之暇登临游憩之所。唐帝都尚且有孔庙求雨之荒诞史实，地方上更是多有目孔子为杂神，往孔庙求雨、求子、求富贵的记载。[2]

诸如此等"一神多专""有神即拜"的现象，一来证之此时的孔儒信仰尚处在懵懂的初级阶段，孔子初始在民间很大程度上是被作为"杂神"看待；二来也说明政府

---

1 《论语·先进第十一》。
2 求雨："化成县令范阳卢沔，……夏大旱，偶有事于文宣。公焚香至诚，雷出自庙，指观倏忽，霈然滂沱。自下车数月，有感辄应。"见参考文献 [25]。
（以下记载转引自成一农：《唐末至明中叶中国地方建制城市形态研究》第 69 页，注 28、29。）
求子："夫子吴兴沈氏，梦一人状甚伟，捧一婴儿曰：'予为孔丘，以是与尔。'及期而生君，因名曰天授。"/
（唐）杜牧《樊川文集》卷六《唐故平卢军节度巡官陇西李府君墓志铭》。
求富贵："黔南军校姓謇者，不记其初名，性鲠直，贫而乐，所居邻宣父庙，家每食，必先荐之。如是累年。咸通二年（861年）蛮寇侵境，使阅兵，择将未获。謇忽梦一人，冠服若王者，谓曰：吾则仲尼也。媿君每倾必于吾，吾当助若，仍更名宗儒，自此富贵矣。"/《太平广记》卷三百一十二《謇宗儒》。

5　曲阜舞雩台遗址
　引自：乐寿．舞雩台．孔子研究．1986（2）：0119.

的确在切实地推行孔庙崇拜，甚而至于夸大孔子的力量，究其原因，恐为树立官方推崇的正统信仰铺垫社会基础。

　　中国民间信仰五花八门，具有广泛的社会基础，强制性地遏制"淫祀"滋生和蔓延，可能会在短期内有效，但难以从根本上杜绝，反而有可能使信仰群体聚合成一股反抗国家政府的政治力量，如汉时五斗米道、太平道的暴乱等。犹如大禹治水，对待民间淫祀与其堵，不如疏导，具体方法则是树立和推行一种具有官方性格的信仰形式，有助于政府有效地引导社会朝着处在控制范围内的方向前行，这也正是孔子被推上圣坛，孔庙走出阙里，进入中央和地方官学，成为儒家礼乐文化象征的原因所在。[52]如：陕州刺史姜师度上任"爱初下车"，即顾谓儒林郎守博士宁修本"夫化人成俗者，其必由学乎！若函丈之义不崇，则子衿之咏攸作。彼楹宇之毁，当修葺之"；[41]幽州卢龙节度观察使刘济亦有"彼刘昆创祭器为礼，范宁养生徒兴化，皆所以达万类而朝宗至礼也。吾宰三百里，作人父母，必权舆斯庙，以为人纪"的豪言，并"视县前近里之爽垲，心规其制，口划其地，度广狭之量，平庐舍之区，发其居人。……圣贤之像备，馈尊之器具，庭除肃然，黎元翕如，皆不待施而悦，不待教而变"。[26]

　　地方官吏身体力行，推行教化的同时，逐步树立起孔圣之崇，地方上还出现了益州成都县"县学庙堂者，乡人之所建"的案例，[53] 且镇设孔庙亦现端倪，[1] 可见孔儒所受之关注度。也正因此，中唐以后，尤其唐末五代的长期战乱，虽导致学校日渐衰微且多遭战火损毁，孔庙却因日渐深入民心，特别是已成为众多普通读书人的崇拜对象而得以保留，[54] 且孔庙建设一直未曾停止。故入宋后很多地方庙学仅以孔庙独存，"庙事孔子而无学"。[55]

结语

唐代是孔庙发展史上的重要阶段，概括而言：

在制度方面，早在东汉光和元年（178）已有宫城鸿都门学共祀孔子与群弟子于一堂的先例，以孔子为代表的儒贤群祭初露端倪，但仅为一时之制，唐时从祀制的确定，则构建了一个庞大且可以不断生长的文化权威信仰体系；《大唐开元礼》的颁布，对整个汉文化圈的礼乐律令皆影响深远，而其中有关孔庙和学校诸礼仪（尤其释奠礼）的制定，更为后世诸朝孔庙行礼的延传或变化提供了最为基本的参照坐标。

在功能方面，孔庙建筑于学校，明确了庙学并立的不可分割，即所谓"庙学制"的真正确定和推行，如《唐六典》载国子监"庙干"职责为"掌洒扫学庙"，[56] 刘禹锡《许州文宣王新庙碑》载"洒扫有庙干"，[57] 韩愈《处州孔子庙碑》载"惟此庙学"，[9] 等等，均将庙学相提并论。

在发展方面，除了孔庙相关制度的确立，更为可贵的是逐步确立了孔庙作为正统信仰的载体，并在中国历史上第一次切实可行地推动了地方孔庙的建设。

1　据《全宋文（84）》第172-173页，张安仁《襄垣县祇亭镇重修至圣文宣王庙堂记》（熙宁八年）：镇西有石□孔子，其所从来久矣。垣宇崩坏……塑十哲，其余诸子及后大儒，皆图之于壁。……祇亭镇为雄藩之冲路也，而其庙又在驿舍之侧。又，据《全元文》（22）第380-381页张□《重修宣圣庙记》祇亭，自有唐立素王庙，丁五季兵火焚毁，惟余石像露，处城西榛中。宋兴至熙宁间（1068—1077），乡耋向庆等闵圣像暴炙，牲币久绝不修，遂一力相似居像，庙貌如克建，并像奕、邹二公及十哲与享，仍绘七十子诸大儒于壁，春秋释奠礼仪，始可观仰。……当五季及宋，在晋阳昭义之冲，民物繁夥，邑里廛肆，寔如县都。金季，天兵至，庙像复为丘墟。皇元建国，崇尚吾道尤至，凡国都郡邑以至闾巷，莫不建学立师，俾主祀事，以不忘报本之意。然自郡邑外，聚落中克具庙貌者，亦无几焉。祇亭人虽钝，昔故镇之盛，人民市肆之盛，虽不五代及宋，若古庙基石刻并存，怀兴复者不无其人，而事卒不克举。

丛问集

[1] 魏征, 等. 高祖上 [M/OL]// 隋书: 卷一·帝纪第一. (2019-01-16) [2011-02-01]. http://www.guoxue.com/shibu/24shi/suisu/sui_001.htm

[2] 魏征, 等. 韦世康 [M/OL]// 隋书: 卷四十七·列传第十二. (2019-01-16) [2011-02-01]. http://www.guoxue.com/shibu/24shi/suisu/sui_047.htm

[3] 魏征, 等. 炀帝上 [M/OL]// 隋书: 卷三·帝纪第三. (2019-01-16) [2011-02-01]. http://www.guoxue.com/shibu/24shi/suisu/sui_003.htm

[4] 魏征, 等. 儒林 [M/OL]// 隋书: 卷七十五·列传第四十. (2019-01-16) [2011-02-01]. http://www.guoxue.com/shibu/24shi/suisu/sui_075.htm

[5] 魏征, 等. 梁彦光 [M/OL]// 隋书: 卷七十三·列传第三十八. (2019-01-16) [2011-02-01]. http://www.guoxue.com/shibu/24shi/suisu/sui_073.htm

[6] 张九龄, 李林甫. 三府督护州县官吏 [M/OL]// 唐六典: 卷三十. (2019-01-16) [2011-02-01]. http://www.guoxue123.com/shibu/0401/01tld/029.htm

[7] 高明士. 东亚教育圈形成史论 [M]. 上海: 上海古籍出版社, 2003: 87.

[8] 刘昫, 等. 高宗下 [M/OL]// 旧唐书: 卷五·本纪第五. (2019-01-16) [2011-02-01]. http://www.guoxue.com/shibu/24shi/oldtangsu/jts_005.htm

[9] 韩愈. 处州孔子庙碑 [M/OL]// 韩愈集: 卷三十一·碑志八. (2019-01-16) [2011-02-01]. http://www.eywedu.com/Ts8/html01/mydoc01034.html

[10] 王定保. 两监 [M]// 钦定四库全书荟要 子部: 唐摭言 卷一.

[11] 刘昫, 等. 儒学上 [M/OL]// 旧唐书: 卷一百八十九上·列传第一百三十九. (2019-01-16) [2011-02-01]. http://www.guoxue.com/shibu/24shi/oldtangsu/jts_196.htm.

[12] 李尚英. 科举史话 [M]. 北京: 社会科学文献出版社, 2011: 14.

[13] 王定保. 乡贡 [M]// 钦定四库全书荟要 子部: 唐摭言 卷一.

[14] 姚崇新. 唐代西州的官学——唐代西州的教育（之一）[J]. 新疆师范大学学报, 2004（3）: 62.

[15] 程存洁. 唐代城市史研究初篇 [M]. 北京: 中华书局, 2002.

[16] 柳宗元. 柳州文宣王新修庙碑 [M/OL]// 柳宗元集: 卷五·古圣贤碑. (2019-01-16) [2011-02-01]. http://guoxue.shufaji.com/%E5%9B%BD%E5%AD%A6/%E6%9F%B3%E5%AE%97%E5%85%83%E9%9B%86/4.html

[17] 学校·柳州府 [M]// 钦定四库全书 史部: 卷三十八·广西通志.

[18] 唐晓涛. 唐代贬官与流人分布地区差异探究——以岭西地区为例 [J]. 玉林师范学院学报（哲学社会科学）, 2002（2）: 45.

[19] 郭棐. 张玄素传 [M]// 粤大记: 卷十一·宦绩类. 广州: 广东人民出版社, 2014.

[20] 郭棐. 常衮传 [M]// 粤大记: 卷十一·宦绩类.

[21] 韩愈. 潮州请置乡校牒 [M]// 周绍良. 全唐文新编 (10). 吉林文史出版社, 1999: 6393.

[22] 陈让. 嗣修欧阳詹书室记 [M]// 陈笃彬, 苏黎明. 泉州古代书院. 齐鲁书社, 2003: 10.

[23] 杨波. 长安的春天——唐代科举与进士生活 [M]. 北京: 中华书局, 2007: 6.

[24] 顾向明. 唐代太湖地区官学考析 [J]. 临沂师范学院学报, 2003（2）.

[25] 乔琳. 巴州化成县新移文宣王庙颂并序 [M]// 全唐文新编

（7）. 吉林文史出版社, 1999: 4075-4076.

[26] 韦稔. 涿州新置文宣王庙碑 [M]// 全唐文新编（9）. 5652-5652.

[27] 独孤及. 福州都督府新学碑铭并序 [M]// 全唐文新编（7）. 4473-4474.

[28] 刘禹锡. 奏记丞相府论学事 [M/OL]// 全唐文: 第07部 卷六百三·刘禹锡（五）. (2019-01-16) [2011-02-01]. http://www.guoxuedashi.com/a/754zgkc/16948c.html

[29] 梁肃. 昆山县学记 [M]// 全唐文新编（9）. 吉林文史出版社, 1999: 6061-6012.

[30] 欧阳修, 宋祁. 三郑高权崔 [M/OL]// 新唐书: 卷一百七十八·列传第九十. (2019-01-16) [2011-02-01]. http://www.guoxue.com/shibu/24shi/newtangsu/xts_178.htm

[31] 李阳冰. 唐缙云孔子庙记 [J]// 石刻史料新编第一辑（24）: 集古录跋尾（卷七）. 台湾: 新文丰出版公司, 1982.

[32] 徐铉. 宣州泾县文宣王新庙记 [M]// 全唐文新编（16）. 11072.

[33] 陈兼. 陈留郡文宣王庙碑并序 [M]// 全唐文新编（7）. 4306.

[34] 韩愈. 处州孔子庙碑 [M]// 全唐文新编（10）. 6452-6453.

[35] 杨炯. 遂州长江县先圣孔子庙堂碑 [M]// 全唐文新编（4）. 2201-2204.

[36] 杨炯. 大唐益州大都督府新都县学先圣庙堂碑文并序 [M]// 全唐文新编（4）. 2205-2207.

[37] 王溥. 襄崇先圣 [M/OL]// 唐会要: 卷三十五·学校. (2019-01-16) [2011-02-01]. http://www.guoxue123.com/shibu/0401/01thy/037.htm

[38] 徐铉. 舒州新建文宣王庙碑文 [M]// 全唐文新编（16）. 11085-11086.

[39] 萧定. 袁州文宣王庙 [M]// 全唐文新编（8）. 5035.

[40] 程浩. 凤翔府扶风县文宣王新庙记 [M]// 全唐文新编（8）. 5173.

[41] 田义晅. 先圣庙堂碑并序 [M]// 全唐文新编（6）. 3715-3717.

[42] 冯道. 移文宣王庙记 [M]// 全唐文新编（16）. 10821.

[43] 柳宗元. 道州文宣王庙碑 [M]// 全唐文新编（10）. 6685-6686.

[44] 沙州都督府图经 [M]// 全唐文新编（17）. 11768.

[45] 沙州地志 [M]// 全唐文新编（17）. 11777.

[46] 王定保. 谒先师 [M]// 钦定四库全书荟要 子部: 唐摭言: 卷一.

[47] 吕思勉. 吕著中国通史. 当代世界出版社, 2009: 132.

[48] 刘昫, 等. 代宗 [M/OL]// 旧唐书: 卷十一·本纪第十一. (2019-01-16) [2011-02-01]. http://www.guoxue.com/shibu/24shi/oldtangsu/jts_011.htm

[49] 杨宽. 中国古代都城制度史 [M]. 上海人民出版社, 2006: 51.

[50] 郦道元. 泗水·沂水·洙水 [M/OL]// 水经注: 卷二十五. (2019-01-16) [2011-02-01]. http://www.guoxuedashi.com/a/238pssc/4842r.html

[51] 乐寿. 舞雩台 [J]. 孔子研究, 1986（2）: 119.

[52] 盖金伟. 汉唐官学学礼研究 [D]. 华东师范大学博士学位论文, 2007: 132.

[53] 王勃. 益州夫子庙碑 [M]// 全唐文新编（4）. 2116-2119.

[54] 成一农. 唐末至明中叶中国地方建制城市形态研究 [D]. 北京大学博士学位论文, 2003: 70.

[55] 王安石. 繁昌县学记 [M]// 曾枣庄, 刘琳. 全宋文（65）. 上海辞书出版社, 2006: 43.

[56] 张九龄, 李林甫. 国子监 [M/OL]// 唐六典: 卷二十一. (2019-01-16) [2011-02-01]. http://www.guoxue123.com/shibu/0401/01tld/020.htm

[57] 刘禹锡. 许州文宣王新庙碑 [M]// 全唐文新编（10）. 6886-6887.

* 基金资助：高等学校博士学科点专项科研基金资助课题（20120921 20004），主持：沈旸。原文刊载：沈旸、宝璐《明代庙学建制的"变"与"不变"：兼及国家权威的呈现方式》，《建筑学报》2018年第5期（总第596期）。

明代庙学建制的"变"与"不变"：兼及国家权威的呈现方式 *

　　所谓"庙学"，即中国古代传授儒家经义的官方学校与祭祀孔子及其他儒家杰出代表的礼制性庙宇相结合的场所。唐贞观四年（630）诏"州、县学皆作孔子庙"，[1] 凸显了普及孔庙的官方意旨，原则上百姓不得任立孔庙，且祀礼位列国家大典，亦反映了孔庙的政治权威性。孔庙建筑于学校，明确了二者并立的不可分割，即所谓"庙学制"的真正确定和推行。1 宋时"庙学"的使用频率已颇高，入元后更出现了收录窝阔台至成宗大德间（1297—1307）与之相关的奏章专辑——《庙学典礼》，证之已明确制度化。诚如北宋大中祥符三年（1010）真宗所言："讲学道义，贵近庙庭。"[2] 孔庙是学校的信仰中心，学校是孔庙的存在依据。

　　明初立国的施政纲领中最为重视两件事，一为农业生产，二为学校教育。2 表之于庙学建设，相得益彰。十年不到，即制定了从中央到地方直至乡村的各级各类建设规章，其后又屡有重大举措。3 太祖以后的继统诸君皆兴学崇儒有加，4 延至世宗嘉靖九年（1530）改制，有破（谥号变；大成殿改称孔子庙；毁塑像，用木主，5 去章服；

1　如（唐）张九龄、李林甫：《唐六典》卷二十一《国子监》：国子监 "庙干" 职责为 "掌洒扫学庙"；《全唐文新编（10）》第 6886-6887 页，刘禹锡：《许州文宣王新庙碑》："洒扫有庙干"；（唐）韩愈：《韩愈集》卷三十一《碑志八·处州孔子庙碑》："惟此庙学"；等等。均将庙、学相提并论。

2　详见《明太祖实录》卷二十六。

3　明太祖洪武间（1368—1398）的一系列举措详见《明史》卷一《本纪第一 太祖本纪一》、卷二百八十四《列传第一百七十二·儒林三》，《明太祖实录》卷四十六、卷九十六，《洪武御制全书》卷一《农桑学校诏》，（明）俞汝楫：《礼部志稿》卷二十九《先师孔子》，（明）余继登：《典故纪闻》卷四，等等。

4　详见《明史》卷五十《志第二十六·礼四·至圣先师孔子庙祀》。

5　其实，改木主之议，世宗嘉靖（1522）前已多有之。参见：（明）余继登《典故纪闻》卷十五，（明）陆容《菽园杂记》卷十二，（明）沈德府《万历野获编》卷十四《礼部·孔庙废塑像》等。

减祀仪）有立（圣师之祭；立启圣祠；立敬一亭），[1]明确了国家权威凌驾于儒学道统之上，庙学的空间格局亦随之变化。

正如孟森所言："明祖有国，当元尽紊法度之后，一切准古酌今，扫除更始，所定制度，遂奠二百数十年之国基……清无制作，尽守明之制作，而国祚亦与明相等，故于明一代，当措意其制作。"[2]有明一代庙学空间格局的变化，实基于建制之变化，且更加规范了国家权威在作为树立正统信仰的载体——庙学上的象征性呈现。

并未普及的庙学地位荣替

明初立国，旋即将学校教育的社会功能提到了同国家命运息息相关的高度，基于对治国人才的渴求，不断扩大招生，并在南京鸡鸣山下新建国子监（南雍）。其规模之巨，建造速度之快，超乎想象，诏建至落成未有二年，且建设顺序是先"学"后"庙"。

虽然无论从位置、建筑高度来比较，南京国子监的孔庙都比太学为尊、为高，[3] [4]但实际的空间构成却是以学为中心展开的。整个建筑群的主轴线起于南侧的成贤街坊，街两侧是槐、榆、冬青、椿、杨等树三百余株，北上抵国子监坊，再北即学之所在。虽然庙学空间均沿纵深方向展开，且庙居学左之尊位，却是偏于一侧；而学经由成贤街轴线及街上二坊的空间元素强调，赫然处于整个建筑群的扛鼎位置。庙前有栅栏拒人于千里之外，其肃杀和幽深不言而喻，孔庙作为"精神空间"的中心地位似乎更加崇高，但作为建筑群的统领和控制却一朝丧失。由是观之，学的空间地位已逐渐上升[1]。

迁都北京后，国子监沿用元之旧基[2]，此后又历嘉靖改制，其主要变动为：[5]孔庙东西廊庑向内收进，大成殿前空地面积相应减少，其后建启圣祠；太学前院空间扩大，监西又辟空地作射圃；敬一亭位置在元用地范围以外，太学之北垣已向外拓展。至少从占地规模上看，"庙"已难以与"学"比肩。

1 具体举措详见：《明史》卷五十《志第二十六·礼四·至圣先师子孔庙祀》，（明）黄佐《南雍志》卷十一《礼仪考》，赵克生《试论明代孔庙祀典的升降》，《江西社会科学》2004 年 6 月，第 108-109 页。
2 孟森. 明史讲义 [M]. 北京：中华书局，2006：16.
3 据徐泓：（1）庙在学左，而明代尚左，以左为尊。（2）洪武三十年（1397 年）将大成殿从三间两搂、台高一丈二尺九寸、阔十丈一尺六寸，改建成六楹，高四丈三尺余、深四丈七尺，堰宽二十丈、深三十七丈的宏壮建筑，比太学彝伦堂（高度为三丈三尺三寸）高了一丈左右，可以说是国子监中最高的建筑。

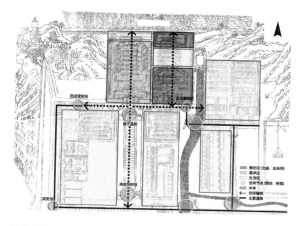

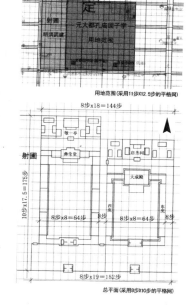

1 明南京国子监空间结构
　　底图引自（明）黄佐《南雍志》卷七《规制考上》。

2 明北京国子监占地规模
　　引自姜东成《元大都孔庙、国子学的建筑模式与基址规模探析》图七、图八。

　　嘉靖改制，将孔子及从祀者的塑像撤除，转而改置木主。但毁像的社会反响，却仅止于朝廷士大夫的愤愤难平，并未波及下层民众，特别是孔庙塑像替换为书写圣贤姓名的木主，对于不识字的庶民，道统的形象愈形玄远莫测了。[1] 不过，此举必然节余出大量空间，直接导致了孔庙从祀人物的居处空间——两庑建筑纵向的缩短。

　　两庑是在宋以后大量涌现的，但建筑规模（主要指间数、长度）并无定制，直至清末，一直是以足够容纳从祀人物的空间为准。自唐代始，从祀制的确立构建了一个庞大且可不断生长的文化权威信仰体系，后世历朝皆不断增之，目的为尊儒和激励当代。孔庙祭祀有分祭从祀者一环，不仅位序严格，祭器供奉亦须与之对位，如是，祀主不可能按行列式层叠，只能一字排开。因从祀人物众多，倘局于大成殿，空间甚为逼仄，而两庑建筑特有的纵向生长性，恰符合了这一功能需要。若将大成殿比之帝王，庭院中绵深的两庑则恰似文武列班；大成殿居中立于月台之上，在空间构图中的统领地位亦为两庑的水平延展直接导向和强调，俗世的等级观念在孔庙大成殿

1　详见黄进兴《圣贤与圣徒》书（北京大学出版社，2005年）第144-187页"儒教从祀制与基督教封圣制的比较"及第205-233页"武庙的崛起与衰微（7—14世纪）：一个政治文化的考察"。

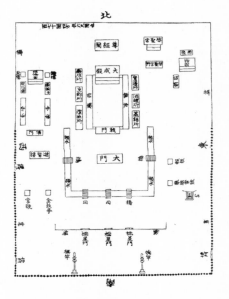

图 3　（明）朱舜水 "孔庙总图"

引自（明）朱之瑜《朱氏舜水谈绮》
卷之中 "孔庙总图"。

院落得到最为具象的体现。

以儒家思想主旨及皇权统治需要综目之，儒学作为立国之本，教化之源，纲常有序表之于建筑空间是必然的。[1] 由于廊庑的设立，庭院相对独立于外界，而殿堂遂形成这一 "闭合空间" 之焦点，其作用是 "控制客体间的相互关系及提供视觉以尺度和标准"。[2] 明以后，廊庑式的院落布局已鲜见，唯孔庙殿庭千余年来始终保持这一遗制，但并非拘泥或致敬于古，而是遵从了实际需要 无论使用功能抑或精神象征。两庑建筑纵向的缩短，使得孔庙大成殿前的空间广阔度明显屈于学之讲堂之下，实际上仍是以此降杀作为道统象征的孔庙地位。

然而，与受到帝都权威直接影响的最高学府国子监不同，地方庙学并未呈现出 "庙" "学" 二者明显的地位荣替。

明儒朱之瑜（号舜水）曾作 "学官图说"，[3] 其叙事结构依序为：大成殿、尊经阁、两庑、戟门、大门、明伦堂、钟楼、鼓楼、中军厅、旗鼓厅、学舍、仪门、进贤楼、金鼓亭、射圃、监箭、报鼓、举旗掌号、馔房（实笾所、酒醴所、蒸馔所、鼎俎所、烹饪所、

1　儒家思想对孔庙建筑的影响，参阅：潘谷西. 从曲阜看儒家思想对建筑的影响 [J]. 孔子研究，1986（2）：67-70；李炳南. 儒家学说对中国古代建筑的影响 [J]. 云南社会科学，1999（3）：88-94.

2　引自巫鸿《礼仪中的美术》（下卷）第 553 页。鲁道夫·阿恩海姆称这种空间概念为 "人为空间体系"（extrinsic space）。

3　朱舜水于 1659 年（南明永历十三年、清顺治十六年、日本万治二年）东渡日本，初在长崎；后，水户藩主德川光国聘其移居江户（今东京），待以宾师之礼，舜水学说影响广大。其并允日人之请，绘图制型，传授中国工程设计、农艺知识等，汤岛 "圣堂" 即按其 "学宫图说" 建造而成。

洁牲所）、頖水（泮池）、棂星门、牌位、孔庙总图、礼器图、启圣宫图、改定释奠仪注。[1] [3] 很明显，庙学布局分别以大成殿和讲堂[2]为统领，亦即功能与空间两个层面的范围界定标准。以先论各部分重要建筑再及于次要建筑和空间转换节点（门）的表述方式观之，泮池与棂星门的逻辑顺序在后，恰说明了此二者并非专属于"庙"或"学"，而是整个庙学系统的表征元素。舜水先生生活在明末清初，此时的庙学建制已基本定型，"学官图说"基本明示了这种内在结构。[6, 7][8]45-49

唐时法律文书定为四类：律（正刑定罪）、令（设范立制）、格（禁违止邪）、式（轨物程事），并影响后世，如宋《营造法式》即为"式"的代表。据之，有学者通过明地方志记载中"一遵颁降成式"用词的多次出现，判断："明初对建筑群的范本规定亦包括儒学，但具体规定未见记载。"[9] 其实，"颁降成式"确有其事，为洪武二年（1369）十月二十五日颁布的《学校格式》，[10] 但皆集中在学制、俸禄、考核等方面，除"学内设空阔地一所以为射圃"一则，对于庙学布局及建筑规模等却只字未提。

仅就明地方庙学的建筑开间及屋顶形式看：大成殿以五间居多，大成门或启圣祠偏重三间，三间的讲堂数量亦多于五间[表1]。而礼制的约束也是存在的：比照于其他建筑，始终未有突破大成殿规制者，等级有别亦蕴涵于建筑之间。[8]37 总之，明地方庙学中"庙"的建筑等级高于"学"的现象颇为明显。

65

建筑名称	一间		三间		五间		七间		实例数
大成殿			73	37%	120	60%	6	3%	199
大成门	7	4%	122	75%	29	18%	5	3%	163
启圣祠	1	3%	33	92%	2	6%			36
明伦堂			128	59%	88	41%			216

注：编制基础为《天一阁藏明代方志选刊》及《续编》；建筑开间分为二栏，左为数量，右为占已知实例数的百分比。

表1：明地方庙学重要建筑开间统计

1 （明）朱之瑜《朱氏舜水谈绮》卷之中。
2 据《全宋记（50）》第225-226页陈襄《天台县孔子庙记》（皇祐元年），讲堂是讲习经典和教育学生明人伦的礼堂，是学中最重要的建筑，且"图古之儒服、礼器于其两壁"。可见其教化之功用。明伦是儒学的基础，因此，明代以后，讲堂大多以明伦堂呼老。也有他称，如明南京和明清北京国子监的彝伦堂，又或南京夫子庙的明德堂，坊间传闻乃（宋）天文天祥题写"明德堂"匾额之故，句容县学如是，据《全宋文（300）》第147-149页刘宰《句容县重建县学记》，"古之学者必至大学而后成，大学之道在明德……以'明德'名堂而手书以揭之。"

垂教于世：孔庙

嘉靖改制后，庙与学轴线上"尊经阁"幕落与"敬一亭"、"启圣祠"幕启的现象，并不仅限于折射了不同时期统治者的政治意图那么简单，更隐含了庙以大成殿、学以讲堂为空间主导因素之外的一大变化。

尊经阁之于庙学

藏书建筑本为学校必备，唐以前即已常见。虽建筑功能较为单纯，但经书典籍乃为求学之根本，"尊经""六经"之类的阁名即为尊崇之意，不过，表意方式仍颇为朴素，而两宋时期则赋予其愈来愈多的象征意义，如东京、临安孔庙。[1] 都城如是，地方自当群起而效之，更何况有徽宗之诏令布于天下。

其中最甚者莫过于曲阜孔庙的奎文阁。宋时其上即为藏书，其下作为中路殿门之一，且位在大成殿之前，兼为祭孔祀典的演习场所。今阁为明时重建，规制宏伟，赫然于主轴。而在极为有限的涉及庙学建筑规模数据的宋、元《学记》中，尊经阁备受关注，不输大成殿、讲堂，其地位不容小觑。经整理归类，尊经阁所在位置约有 8 种[4]，

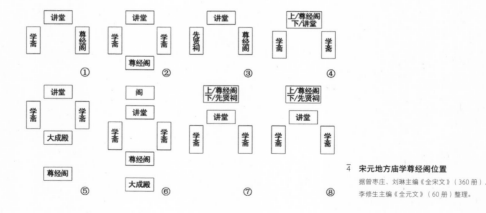

$\overline{4}$　宋元地方庙学尊经阁位置

据曾枣庄、刘琳主编《全宋文》（360 册）、李修生主编《全元文》（60 册）整理。

1　真宗景德五年（1009），于东京国子监"文宣殿北建阁，藏太宗御书"。/《宋史》卷一百五《志第五十八·礼八·文宣王庙》；徽宗大观三年（1109），赐天下州学藏书阁名"稽古"，阁亦更名。/《宋史》卷二十《本纪第二十·徽宗二》；高宗绍兴十二年（1142），临安太学正门内中有首善阁，悬高宗御书"首善之阁"额，内藏南宋历朝皇帝幸学诏书等。/《咸淳临安志》卷八；孝宗淳熙四年（1177），在孔庙后建光尧石经阁，置高宗及吴皇后手书《周易》《尚书》《诗经》《礼记》《左氏春秋》《论语》《孟子》等墨本于上堂，刻石碑立于阁下，供太学生观学。同时，"议者以旧像无福厚气象，合改塑。…… 其（孔庙）旧像经两朝祭奠，宜奉安首善阁，诸公以为然，议遂定，自是绘像一变，与古不同矣。"/（宋）赵彦卫《云麓漫钞》卷六。

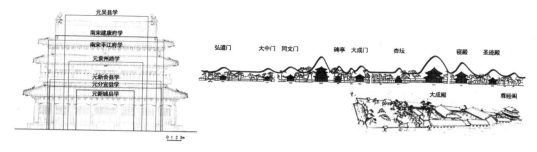

5　宋元地方庙学尊经阁规模与曲阜孔庙奎文阁比较

①吴县学"凡三间，两翼，三檐，二十八楹，为高八十尺，东西一百尺，南北五十六尺"。规模基巨，是否史料记载有误，抑或包括基座高度，不详；东西向虽为正面，但包括两翼，故面宽据南北向。③分宜县学、袁州路学包括基座高度。③数据据郭黛姮《中国古代建筑史·宋、辽、金、西夏建筑》，李修生主编《全元文》(60册)整理。④底图引自《曲阜孔庙建筑》第328页，图版二九九。

6　尊经阁位置的变化对空间轴线的影响

引自：上／《曲阜孔庙建筑》第316-313页，图版二七〇"孔庙纵剖面"；下／李轶夫：《韩城文庙建筑研究》第50页，图5.3"韩城文庙鸟瞰图"。

其中可见讲堂和尊经阁的组合现象。

再综合元至清时曲阜孔庙及国子监藏书类楼阁的规模数据，[1] 宋元时期地方庙学中的尊经阁，[2] 无论象征意义，亦或建筑规模及群体空间的统领作用，皆不言而喻；阁，或在大成殿前，或在讲堂正前或东南，于空间轴线之末，对空间氛围的烘托强调、序列轴线的高扬收束，皆其义自见。

但同样是在宋元时期，尊经阁的空间位置与象征意义也在悄悄地发生着变化。[3] 无论是迫于地势移址，还是对阁之命名意义的不同理解，尊经阁位置移向庙学轴线终端的趋势[5]及规模缩小的现象是存在的[6]。虽然有元大都国子监崇文阁这般的庞然大物出现，但明北京国子监因其已毁旧址建彝伦堂即证：藏书之楼阁历有元一代，已落下殿堂之前的显赫位置，并明朗为明以后扮演庙学空间主轴的收束或形成次轴的角色，否则明地方庙学布局中无一例位于殿堂之前的事实，如何解释？

1　元至清曲阜孔庙与国子监藏书楼规模数据参见(明)黄佐：《南雍志》卷七《规制考上》，《钦定国子监志》卷九《学志一　学制图说》；南京工学院：《曲阜孔庙建筑》；参考文献[5]。

2　宋、元一些地方孔庙尊经阁的规模数据，南宋的平江府学、建康府学参见：郭黛姮《中国古代建筑史·宋、辽、金、西夏建筑》第583页；元的吴县学参见：《全元文(25)》第570-571页，杨载《尊经阁记》；新城县学参见：《全元文(26)》第474-476页，虞集《建昌路新城县重修宣圣庙学记》；分宜县学参见：《全元文(26)》第512-515页，虞集《袁州路分宜县学明伦堂记》；袁州路学参见：《全元文(26)》第516-518页，虞集《袁州路儒学新建尊经阁记》；新会县学参见《全元文(26)》第521-522页，虞集《新会县学观海阁记》。

3　据《全元文(25)》第570-571页，杨载《尊经阁记》，如宋时吴县学尊经阁位在讲堂前，"前距大池仅半步，后迫明伦堂"，入元后移之，"倚槛而望，郡郭之内，浮屠老子之宫，虽楼观相连，凌虚特起，其势皆诎伏在下，无敢与之争，其创制之奇伟如此。"又据《全元文(9)》第425-427页，姚燧《澧州庙学记》(大德三年)，再如澧州学，为阁在大成殿南的案例，初名"六经阁"，元大德三年(1299)因语校官张公绶言："《易》《书》《诗》《春秋》，其系定制作，实出夫子之手。《周官》虽云周公之书，《冬官》篇亡，当以《考工记》与《小戴记》。礼者皆汉儒，岂可与是四经班而为六？且今四海礼殿，皆名大成。"遂改书"金声玉振之阁"。

敬一亭与启圣祠

至明中叶，自上而下，几乎所有庙学都设立了敬一亭、启圣祠（清改称崇圣祠）。

刘章泽认为《礼记·祭法》"天下有王，分地建国，置都立邑，设庙、祧、坛、墠而祭之，……远庙为祧"，乃为启圣祠选址的理论依据，并有如是推论，[11]概括为三：

（1）魏晋以来的太庙制度为庙内两厢别立夹室安置已祧神主，曲阜孔庙的启圣殿、崇圣祠（清雍正元年 [1723] 改孔子家庙为之）分别位于孔庙东西两路，基本是源于早期太庙制度；

（2）明清另立祧庙制，将庙置于殿后，如北京太庙寝宫以北隔出一区为祧庙，明万历间（1573—1620）北京国子监孔庙殿后建祠即为新制的影响；

（3）地方孔庙中启圣祠的位置变化有一个缓慢的过程，初期受太庙或曲阜孔庙影响较大，多在殿东，四川德阳孔庙即为自殿后改作东的案例；但最终，祠位殿后则成为各地文庙的基本形制。

征诸今人基于不同地域的庙学研究，[1]上述后二点皆得以印证，即清中后期祠多居殿后，且建筑规模较之明时为甚。皇帝诏建启圣祠，地方不敢不从，但庙学基址已定，添建工程受制于原有用地，初期祠在孔庙中的定位模糊是常见的，且是必然的。

宋时尊经阁常与讲堂合为一体，位居堂上，入明后此现象已颇为少见；但启圣祠的诏建及其逐步向大成殿后移位的趋势，却带来了新的建筑组合方式，即祠阁一体，下为启圣祠，上则藏书，[2]并再次高扬起主轴线的结束，空间构成方式的轮回耐人寻味。

敬一亭之建虽稍早于嘉靖改制，但各地的建造基本与启圣祠同步。其设置只是为了安放嘉靖五年（1526）御制的《敬一箴》碑，建筑形式较为随意，选址亦四处游弋[7]。

68

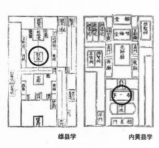

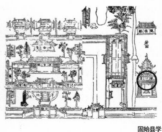

雄县学　　　内黄县学　　　归德州学　　　固始县学

7　明地方庙学敬一亭位置例举

散见《天一阁藏明代方志选刊》《天一阁藏明代方志选刊续编》。

1　主要根据：四川省文物考古研究院《四川文庙》；邹律姿《湖南文庙与书院》；胡炜《云南明清文庙建筑实例探析》；李轶夫《韩城文庙建筑研究》；魏星《广东孔庙建筑文化研究》，等等。

2　如云南楚雄文庙、宾川文庙、山西静升文庙等。启（崇）圣祠供奉孔子先祖，当肃穆有加，但堆放儒家典籍于上，可以接受。通常阁之下层各柱等高，用料工整，典型的"殿堂"结构；其上则较近于"厅堂"类，亦为不同功能影响下的建筑等级表现。

嘉靖帝本欲通过敬一亭之立来重建道统象征，从而否定儒士所构，对孔庙祀典的降杀亦为突出其地位，即权威对孔庙象征性的操纵。[12]

基于理想状态，敬一亭当建在明伦堂之后，强调学的空间轴线，明两京国子监皆然，但地方上敬一亭选址的随意，却证之全国性的、学对庙的有效对峙和抗衡并未形成。

崇祀近贤：从学向庙移动

时人崇祀近贤，目的很单纯，无外乎"善风俗、表忠孝，所以厚纲常"；[13] 或"为祠，使此邦之为士者有以兴于其学，为吏者有以法于其治，为民者有以不忘于其德"[14]等，此传统极为久远。1 从本质上看，所谓先贤、乡贤、名宦，其实并无泾渭分明的界限，试问宦若不贤，何以为名？如宋时地方庙学中虽无名宦祠，但先（乡）贤祠的崇祀对象实已纷杂，主要包括：乡之名德为后进尊慕者，如建宁府学二公祠之游酢、胡寅；有惠政于地方者，如韶州学濂溪先生祠之周敦颐；有功于州县学者，如湖州学林公祠之林公，惟名讳不详；学问道术足堪师法者，如南雄州学四先生祠之周敦颐、二程及朱子。[15]

问题在于，由宋元入明，地方庙学普遍设祠的社会意义及其空间表征方式如何？

祠先贤于城市或学

从古制的延传方面考量，学中"乡贤有祠"，其"权舆于古，先生殁而祭于社，与今天下学庙先圣祠先贤，有自来矣"。[16] 不过，这并不能解释地方庙学的普遍设祠现象。检阅宋元之际的史料记载，地方城市及庙学设祠的概况约为：城市及庙学设祠多处；城市中已设有专祠，庙学再添建之；多祠散处于城市，且祀者不一，遂合祠于

1　据《全元文（18）》第 574-583 页，熊禾《三山郡泮五贤祀记》，若问："所在郡国学校，各祀乡之先贤，或郡之良牧，于礼亦有稽乎？"答案是肯定的："《礼》有祀先贤于东序、及祭乡先生于社之文。……若以一国一乡论之，各有先贤、乡先生，其节行足以师表后进、轨范薄俗者，固在乡国之所当祀矣。"又据《全元文（9）》第 249-250 页阎复《乡贤祠记》，如董仲舒之于广川、东方曼倩之于平原，羊叔子之于泰安、马宾王之于荏平，或孔明之在南阳、宣公之在吴江、管幼安之在东海、阳城之在晋鄙，又或蜀之常翁、闽之常衮，"在在莫不有祠"。

庙学；尤其是庙学祠祀对象或建筑数量时有增加，但绝大多数围绕"学"部分展开，昭彰对于"庙"的敬而远之。

孔子、四公、十哲、七十子及先儒，"盖天下通祀也。"[17] 先（乡）贤则仅止于地方，与当地接近，更为诸生熟识。但两者又存有密不可分的联系：被列入孔庙从祀班序者，先须具备被尊为先（乡）贤的荣耀，如宋代九儒自逝后至被列从祀的时段内，在其生前讲学之所，或仕任之地，或过往之途，或影响所及，皆普遍被当地先（乡）贤祠供奉。1 皇帝下诏从祀近代九儒，其实是对其影响广大这一现实的承认，地方上亦随之纷纷改作。2

入元，仁宗重申此诏，则加速了程朱理学对北方社会的渗透，许衡的从祀即为代表。从凡人到先贤再从祀，表明在儒学的膜拜世界中依然为世人架设了等级的阶梯，庙学对时人亡灵的接纳，实乃现实社会法则的演绎。3 [18、19] 而这种演绎的受众首先就是接受儒学教育的人群，虽然儒化的方式及载体皆繁多，如民间书院、书塾等，但最能代表官方权威的则非庙学莫属。

城市中先（乡）贤祠向庙学合拢的态势或庙学自身的纷建行为，实际出于其空间磁场的吸引，此处为城市中儒学的最高精神代表，是所有读书人梦想进入的殿堂，所谓祠"不于庠序，非所以风励学者"。[20] 若祠置于庙学以外的城市空间中，懵懂的下层百姓虽可仰感其名，被泽其贤，但绝不会看到官方刻意设置却又隐含不见的"等级的阶梯"，如此，政治意图的理解和体现就大打折扣了。

此外，先（乡）贤祠的空间位置不仅与孔庙大成殿庭院拉开距离，且祭祀规格亦有异。一者等级有别；二者孔庙除了祭祀，平时严闭，儒生日常活动皆集中于学，祠设于学中，可使"学者游是学，拜是祠，庶几想像诸贤之为人，以无负国家之倚赖"，[16] 起见贤思齐之功。如元时兴国县学"旧有二程祠，伯子、叔子立侍，仿先师位改侍坐焉"，[21] 一方面是模仿孔庙的尊崇，另一方面也是让儒生时时熏染不得轻易入其内的大成殿陈设的庄严。

同样，人物地位的抬升，虽会带来使用空间的属性替换，如安庆府"郡之先贤与周、程三先生，旧祠学门外"，南宋嘉定六年（1213）"迁之以亚从祀"，[22] 但空置的祠室也会迅速补充新鲜血液，如此，又兼具了榜样的时效性。

1　据《全宋文（310）》第259-261页，魏了翁《成都府学三先生祠堂记》，三先生（周敦颐、程颐、程颢）之祠迟至南宋开禧间（1205-1207）就已"遍天下"。又据《全宋文（301）》第36-38页，于柔《新城县增置学粮记》（嘉熙元年），更有如新城县学设四先生祠（濂溪、明道、伊川、晦庵），乃因"汉唐经生犹登祀列，四公挺出，道接洙泗，而不班焉，可乎？为之祠以次群祀，示当升而未升也"这般的预言。
2　如安庆府学，据《全宋文（288）》第382-383页黄榦《安庆府新建庙学记》（嘉定六年），"以侍讲朱文公先生所定新仪悉厘正之，郡之先贤与周、程三先生，旧祠学门外，至是迁之以亚从祀。"
3　宋、元时期的社会背景，方家皆论及，且观点颇为一致。参阅参考文献 [15]14-15；[18]7-10；[19]243-244。

乡贤名宦二祠分立

明代不仅继承并发展了前代庙学祠贤的传统，且将其制度化，如（清）毛奇龄曰："惟明制，建学自成均以下遍及州县，较前代之建置无常格者最为周悉，于是哲配递降，由廊庑以外特设名宦、乡贤二祠于宫门左右。"（清）宋荦曰："前明之制，凡郡邑乡贤名宦，各附祀于学宫，守令岁以春秋二仲率官属行礼，（礼）典纂重矣。"[1] [23] 事在洪武二年（1369）朱元璋下诏附祭乡贤名宦。[2]

不过，乡贤、名宦二祠是经过洪武（1368—1398）至弘治（1488—1505）的长时间推广才逐步普及，赵克生对此作了精要的厘清：[3] 明初，天下学校建先贤祠，左祀贤牧，右祀乡贤，春秋仲月附祭孔庙后；先贤祠后更名为名宦祠和乡贤祠；弘治间（1488—1505）再次推广，令郡县"各建乡贤祠，以祀邑之先贤有行义者"，令郡邑"各建名宦乡贤祠以为世劝"，[4] 虽未全面付诸实施，但为正德（1506—1521）、嘉靖（1522—1566）以后地方兴建二祠提供了依据。

就空间表现而言，正德、嘉靖前后也有显著不同。赵氏亦有论，且与笔者检出的明地方庙学中祠室的分布状况甚为契合，仍援引之。[5] 其前，多承旧制，采用"同堂合祀"的方式，通常将一祠划为左右二室，左祀名宦，右祀乡贤，名宦、乡贤各以时代先后序列；其后，"二祠分祀"成为主要形式，由合到分，各地时间亦不一，但趋势极为明显。

分祀制下，二祠分布位置多变，无特定规律可循。常制是庙之戟门（大成门）"左（东）名宦，右（西）为乡贤"；或在庙之侧分立；或附于启圣祠，前后不定，通常仍是左宦右贤；也会出现在学之侧，或学之后的前名宦、后乡贤分立；……不一而足。

出现以上多样性的原因在于：孔庙之建在先，而二祠附祀在后，可建设用地的大小、位置皆有不同，建筑选址也就差异颇大。笔者本拟将各种布局方式汇总，但实际困难重重，盖因随地置宜在处有之，更有如广平县学的名宦、乡贤二祠建于城隍庙侧的案例。

二祠分立的空间意义体现在东西并列，主要是对孔庙主轴线的拱宸；而尊卑等级则表之于孔庙殿庭之前的位置选择，或大成门两侧，或棂星、大成二门之间，或棂星门两侧[8]，甚至殿庭高垣之外。

不过，至少可以提炼出两点现象：其一，明时的二祠分立制带有浓厚的"官本位"

1　出自：（清）毛奇龄：《西河集》卷六十六《五贤崇祀乡贤祠记》；（清）宋荦：《西陂类稿》卷二十九《与邵子昆学使论乡贤名宦从祀书》。皆转引自参考文献 [23]：118。
2　《四川通志》卷七十六《学校》。
3　详见参考文献 [23]。发展阶段的顺序为笔者所加。另，该文对祠室的管理，祀主的选择，祭祀的规格，教化的意义等方面，皆有详论，兹不具论。
4　《嘉靖威县志》卷五《文事志》，（明）蒋冕：《湘皋集》卷二十一《全州名宦乡贤祠碑》。
5　参见参考文献 [23]：119，笔者对行文有改动，且赵氏援引史料略去。

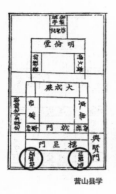
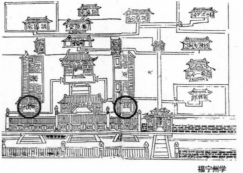

莒山县学　　　　　　　　　　　　　　　　　　　　　　　　　福宁州学

8　明地方庙学名宦乡贤二祠例举

散见《天一阁藏明代方志选刊》《天一阁藏明代方志选刊续编》。

色彩，名宦位在乡贤之东或之前的高出现率即为明证。其二，新建、重建，或在已有条件允许的情况下，二祠向"庙"空间的移动趋势是极为明显的，较之前代对"学"的青睐，该现象可能暗示了先贤名宦榜样意义的时效性已被官方意旨的权威性取代。

射圃：象征性的匡正汉典

依《礼记·射义》，[1] 以射圃为之射仪，当为取法三代，借射弓观德行而选士耳，亦为射亭常以"观德"名之的来由，诚如《孟子》所云："仁者如射，射者正己而后发。"[2]

　　早在西汉太学即有射宫之设，唐长安国子监亦有射堂。及至北宋神宗熙宁间（1068—1077）行"三舍法"，武学附选，庙学纷建射圃，又似以熙宁十年（1077）东京太学"西门修筑射圃，听诸王遇假日习射"[3] 为滥觞。后"三舍法"罢，武学废，射圃亦渐荒颓。再至南宋孝宗淳熙间（1174—1189）又见射圃之重振，[4] 然皆为临安太

1　据《礼记正义》卷六十二《射义第四十六》，"射者，进退周还必中礼。内志正，外体直，然后持弓矢审固。持弓矢审固，然后可以言'中'。此可以观德行矣。……射者所以观盛德也。是故古者天子以射选诸侯卿大夫士。射者，男子之事也，因而饰之以礼乐也。故事之尽礼乐，而可数为。以立德行者，莫若射，故圣王务焉。……天子将祭，必先习射于泽，泽者，所以择士也。已射于泽，而后射于射宫，中者得与于祭，不中者不得与于祭。不得与于祭者有让，削以地；得与于祭者，益以地；进爵绌地是也。"
2　《孟子》卷三《公孙丑上》。
3　出自：《玉海》卷一百七十五。转引自：(清) 宋继郊：《东京志略》第 320 页。
4　据周愚文《宋代的州县学》第 24 页注 107，《宋会要·崇儒》载：淳熙元年（1174 年）诏"太学置射圃"；先是知道州楼源上言："乞依旧法许太学诸生遇旬假日，过武学习射"。国子监以"太学生员数多，欲早晚习射，以武学射圃狭，兼太学生过武学与告假人混杂，乞就太学自置射圃"。又据《宋史》卷一百五十七《志第一百十·选举三》，"命诸生暇日习射，以斗力为等差，比类公、私试，别理分数。"

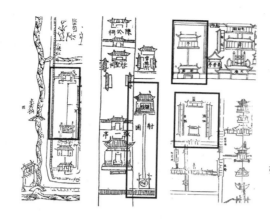

6 明地方庙学射圃例举
散见《天一阁藏明代方志选刊》
《天一阁藏明代方志选刊续编》。

学事，未必及于地方。

元时的重要变化是：射圃完全荒废，挪作他用。此为擅长骑马射箭的蒙古人在天下尽入彀中之后，对汉人习射讳莫如深的必然反映。原南宋辖内，偌大如城墙，尚遭蒙古人摧枯拉朽的毁城政策，[1] 庙学中小小的射圃，更是难逃厄运。射圃的废弛势所难免，也折射出蒙古人对儒家繁文缛节的反感，"凡近世学官，一切无用之虚文，悉以罢去。学问必见践履，文章必施之政事，使圣人全体大用之道，复行于世。"[17] 故延祐间（1314—1320）有识者云："饮射礼废久矣，朝廷之礼又非远民得瞻，其可见者学校释奠耳。"[2] 反观前代"以武功定天下"[24] 的少数民族辽、金，庙学的射圃记载亦为寥寥。

明初立，朱元璋致力匡正汉典，射圃再受重视 [9]。洪武二年（1369）颁学校射圃规，[3] 此前，朱元璋与国子生曾有一段对话，其意昭然：

帝曰："尔等读书之余，习骑射否？"对曰："皆习。"曰："习熟否？"对曰："未也。"乃谕之曰："古之学者，文足以经邦，武足以戡乱，故能出入将相，安定社稷。今天下承平，尔等虽务文学，亦岂可忘武事？诗曰'文武吉甫，万邦为宪'，惟有文武之材，则万邦自以为法矣。尔等宜勉之。"[4]

地方上的响应较为迅捷。以苏州府为例，据胡务统计：苏州府、长洲县、吴县、吴江县、震泽镇、昆山县、常熟县、嘉定县等地方学的射圃均在洪武三年至八年（1370—1375）间创建。[18][17]

1　详见成一农：《唐末至明中叶中国地方建制城市形态研究》第 30-36 页，"元代的毁城政策"一节。
2　《延祐四明志》卷十三《学校》，《宋元方志丛刊（6）》第 6308 页。元代庙学射圃的荒废，详见 18：16-17
3　据（民国）张林：《平山县志料集·学校格式碑》，《石刻史料新编第三辑（24）》："学内设空阔地一所以为射圃，……教学生习射，但遇朔望的日子要试演过，其有司官办事闲时也与官一体习射，若与有司官，学宫不肯用心教学生习射的，定问他要罪过。"
4　（明）黄佐：《南雍志》卷七《规制考上》。

自学有射圃始，其位置皆不定，随地之宜，庙学之前、后、左、右皆有案例；圃中一般设观德亭，或曰射亭、观射亭等，一间、三间、五间例有，以前者为数众多，朝向亦不定。洪武二十五年（1392）又颁射仪，射圃的空间使用亦明："射，凡府州县儒学生员，遇朔望于射圃先立射鹄，置射位，初三十步，自后累至于九十步，射用四矢，二人为耦，各以次相继，长官为主射，中的赏酒三爵，中采赏二爵，司射射毕，自下而上。其间，暇日习射，不拘此礼。"[10] 1

虽有制度之厘定，但取士多恃科举，读经书写八股为首要，习射自然备受冷落，射圃颓态难挽。至嘉靖改制，恢宏习射又提上日程，但仍是上行而下不效。胡务的论断切中肯綮："'每遇朔望，邑长贰率厥师生习射于其中，射必以耦而进，胜者赏，负者罚，周旋进退于威仪礼让之间，观者莫不赞之。'这样的景象只有在皇帝刻意强调，或地方官雅兴所致的时候方可看见；礼、乐、射这些上古就有的礼制，只是儒家的理想境界，距离尘世毕竟太远。随着时间的推移，许多射圃亦都逃脱不了废弃的覆辙。"[18]17-18

所谓"诸生合射，非籍于学、非齿于乡而徒以艺进者不与"，[25] 射圃的象征性不言而喻。但虽有物质空间的存设，却徒为一个虚荡的躯壳，习弓射箭的健身本意绝少见到，偶尔的心血来潮也仅限于对古时礼仪的遥指怀念而已。

丰位 堂西位之北 **三耦士众宾堂西位** 堂西北上，南面		**遵位** 堂中东，南面	**赞者** 主后少南，西面 **唱序** 主人先立本位	**钟鼓瑟笙笙琴瑟** 俱陈堂东空处
布侯、乏之弓矢、旌、丰、楅、鹿中筹 俱待司射命纳射器，然后各以次第纳于堂西空处	**士位** 众宾之东少北，南面并宾面立 **众宾位** 继序于西，南面		**主位** 遵位之南少东，西面	**堂**
	宾位 堂中西，南面 **樽位** 宾席之东 两壶斯禁左玄酒皆加勺 篚在其南 **射物位** 堂中少南，南面 左右相去容一弓			
		通赞 立堂东楯下		
司射之弓矢与朴 倚于西阶之西 **司射位** 继序鹿中位南少西，东面 **司马位** 继之，东面 **射位** 司马之南少西，东面 谓之物，爲十字，长三尺 **司射、三耦、扬觯、设楅、设丰、司中、释获、执旌、执楅、执觯器、约矢** 俱于众宾射位西南与东班乐正等相对序立	**鹿中位** 西阶之西南，去阶五尺许，东面	**楅位** 两阶中少南	**乐生、歌生位** 阶下之东南，西面 去楅五尺许 **乐正位** 乐生之南少西，北面 **洗位** 乐之南，西面 洗东，篚西 **乐正、歌生 乐生、司尊 洗觯** 俱于洗篚之南， 西面序立 相去四五尺许	**主、宾、遵、司马、士、众宾、三耦之弓矢、旌、丰、楅、鹿中之筹** 序陈堂外东空处
	乏位 布侯位之西北 **布侯位** 去射位五十号，北面 **布侯、乏** 俱陈前所设之位		**磬位** 洗盆东北，西面	**阶及堂外**

注：
①本图依照明《南雍志》文字绘制，方位只为概指。站位和说明以不同字体表②打礼者以灰面出现在位所在。③阶及赞外站位未可细分，故归为一区。

10 明《南雍志》"合射仪"站位
　　据（明）黄佐《南雍志》卷十二《礼仪考·下篇》绘制。

---

1 详见（明）黄佐：《南雍志》卷七《规制考上》之"射仪""合射仪"。

结语

明代是庙学增制和规范化时期，其后的清只是在明的基础上缓慢地升级。本文所论明代庙学建制的几个变化，在丰富空间、扩大规模和加强轴线的同时，完成了一个主次分明、井然有序的建筑系统的营构。如此诸般，皆表明庙学是一个可以不断生长的建筑系统，但变化之中亦有不变之主线：变主要指庙学建筑系统在纵向时间维度上的生长，随着时代荣替，应统治需要或官方旨趣，在形制、规模、内容上的变化，落脚点在之物质形态，总的趋势是象征意味愈发叠加和复杂；不变的则是对以孔子为代表的儒家文化和思想的推崇，在乎精神的传承，始终保持学人之祖的本色。

专制皇权出于帝国统治的需要，将庙学塑造为"素王"孔子身后存在于现实世界的理想系统。这种儒家文化体系下的国家机构化行为，将儒学道统外化为官方的意识形态，使得庙与学二者的受关注度恰恰是由适时性的统治策略所决定的。不过，有明一代，虽曾有诸般手段试图在庙与学之间取得一定程度的平衡，但真正意义上的等同视之并未实现。

75

参考文献

[1] 刘昫, 等. 太宗下 [M/OL]// 旧唐书：卷三·本纪第三. （2019-01-16）[2018-02-01]. http://www.guoxue.com/shibu/24shi/oldtangsu/jts_003.htm

[2] 张须. 曲阜县庙学记 [M]// 全元文（9）. 213-214.

[3] 孟森. 明史讲义 [M]. 北京：中华书局, 2006：16.

[4] 徐泓. 明南京国子监的校园规划 [M]// 赵毅、林凤萍. 第七届明史国际学术讨论会论文集. 长春：东北师范大学出版社, 1999：569.

[5] 姜东成. 元大都孔庙、国子学的建筑模式与基址规模探析 [J]. 故宫博物院院刊, 2007（2）：23-27.

[6] 孔祥林. 中国和海外近邻文庙制度之比较 [J]. 孔子研究, 2006（3）：47.

[7] 彭蓉. 中国孔庙研究初探 [D]. 北京林业大学, 2008：69-75.

[8] 张亚祥. 江南文庙 [M]. 上海交通大学出版社, 2009.

[9] 白颖. 明洪武朝建筑群规模等级制度体系浅析 [J]. 建筑师, 2007（6）：79-86.

[10] 张林. 学校格式碑 [M]// 石刻史料新编 第三辑（24）：平山县志料集. 台湾：新文丰出版公司, 1986.

[11] 刘章泽. 德阳孔庙布局及其与各地孔庙形制的比较研究——关于孔庙形制演变的探讨 [M]// 隗瀛涛. 孔学孔庙研. 成都：巴蜀书社, 1991：398.

[12] 赵克生. 试论明代孔庙祀典的升降 [J]. 江西社会科学, 2004（6）：108-109.

[13] 胡炳文. 句容县学乡贤祠记 [M]// 全元文（17）. 160-161.

[14] 朱熹. 建康府学明道先生祠记（淳熙三年）[M]// 全宋文（252）. 61-63.

[15] 周愚文. 宋代的州县学 [M]. 南京：国立编译馆, 1996：14.

[16] 徐观. 厘正乡贤祠记（至正十六年）[M]// 全元文（56）. 69-70.

[17] 熊禾. 三山郡泮五贤祀记 [M]// 全元文（18）. 574-583.

[18] 胡务. 元代庙学——无法割舍的儒学教育链 [M]. 成都：巴蜀书社, 2005.

[19] 高明士. 东亚教育圈形成史论 [M]. 上海古籍出版社, 2003.

[20] 杨万里. 韶州州学两公祠堂记（淳熙八年）[M]// 全宋文（239）. 293-294.

[21] 陈谟. 兴国重修孔子庙碑 [M]// 全元文（47）. 110-112.

[22] 黄干. 安庆府新建庙学记（嘉定六年）[M]// 全宋文（288）. 382-383.

[23] 赵克生. 明代地方庙学中的乡贤祠与名宦祠 [J]. 中国社会科学院研究生院学报, 2005（1）：118-123.

[24] 何梦桂. 淳安县学魁星楼记（大德三年）[M]// 全元文（8）. 169-171.

[25] 陈元晋. 广州州学序贤亭记（嘉定十六年）[M]// 全宋文（325）. 64-65.

垂教于世：孔庙

会馆

地缘乡愁

会馆三看：历史·城市·建筑 *

* 基金资助：国家自然科学基金项目（50278014）。主持：陈薇。原文刊载：沈晓会馆三看：历史·城市·建筑》。《世界建筑导报》2013年第4期（总第152期第28卷）。录入本书有增删。

　　会馆是一种地方性的同乡群体利益整合组织，以敦乡谊、叙桑梓、答神庥、互助互济为宗旨。外籍人士在客地的自身发展中有着殊途同归的心理需求："政治上的维护心理需求、市场上的赢利心理需求、客地上的相依心理需求、权益上的捍卫心理需求、文化上的交融心理需求、管理上的自治心理需求、风险上的避害心理需求和前景上的开拓心理需求"。[1] 趋利共享是会馆整合的驱动力，避祸共存、权益分担是群体的心理依托。

　　会馆的形成和内容随时空不断嬗变，因于其创建者的身份，大体可划分为商业会馆（商馆）、移民会馆、士绅会馆（试馆）三大类。三者非机械分割，而是常有互相渗透，如移民会馆固然主要是工匠等下层乡人参加，但其发起者却往往是有声望的官绅，并充任会首；试馆虽是官绅们为同乡子弟应试而设，但亦有不少商人参加其中，并提供资助。实际情况经常是，主要服务于科举的会馆有商业资本渗入其中，主要服务于商人的会馆有时是由官绅来掌权，在移民区域的会馆既可以是农民会馆，也可能是商业会馆，而且设置者的划分也很复杂。

　　即便是不同区域的会馆，也因以地缘作为纽带而存在共同点。历史本来就是复杂的，不可能就某一因素单独进行讨论，会馆亦如此，诚如威廉·罗（William T.Rowe）所说，"中国会馆兼有同行同业组合的双重特征"，是一种"复合结构"。

会馆因其动态性发展和具有扩散性而呈现出明显的阶段性特征。

明初到明中叶，可以看作会馆的形成阶段。随着旅居京城的各地官绅不断增多，在先人与世气的基础上，以官绅为主的会馆继续发展，并呈群星璀璨之势。

明清两朝是科举制度的极盛时期，每有考试，全国各地的士子纷纷进京，各省居京之官绅在京所设会馆由自用逐渐转向服务于"公车谒选"，会馆服务于科举一时蔚然成风。为了解决住处不足或容纳不下的现实局面，一些寓京官绅便开始在城外购置基地，创建专门服务于科举士子的会馆，以便更充分、更方便地服务于同乡士子。

自明中叶以来，一些同籍商人在异地为了联络乡情、寄托乡思、沟通商情、便利自己，开始集资筹建专门服务于商业的会馆，以满足同乡人之间的交往需求，共同对抗牙行，实施自我管理和约束，表达了商人们自觉实行管理的要求。商业性会馆也随着商业的繁荣不断涌现，并呈现出勃勃生机。

随着政府一系列鼓励移民的徙富政策及自然灾害的影响，四川、台湾、东北等都成为吸引移民开垦的新兴经济区域。为了加强移民的自我管理，在乡土观念的旗帜下形成一种自我保护机制，并营造移民们重温故土，联络乡俗、乡情、乡音的一方乐土，移民会馆应运而生。会馆多以宫、庙、寺、观等为表现形式，多设乡土神庙和戏台，节庆礼神，演唱地方戏剧，以此来汇聚众人、教育众人，从而发挥联乡梓、固乡谊、祀神明、敬祖先、资贫困、助病弱、葬逝者、祭亡灵、相互保护、协同竞争等作用。

在会馆大发展时期，与会馆并存的公所也逐渐增多。随着业务的发展，商人们已不满足于同乡之间的聚会了，而是从商贸业务的角度来谋求发展，于是商人们打破地域上的界限，以相同的行业为主而建立起公所。但也有的同业组织称会馆，如上海的丝业会馆、汉口的金箔会馆、佛山的轩辕会馆等。也有的会馆与公所相互换称，如同业的上海茶业会馆，于 1855 年与丝业合组，称丝茶公所，苏州的南枣公所由南枣会馆演变而来。也有的从公所改称会馆，如同乡组织上海的潮惠公所、山东公所分别改称为潮惠会馆、山东会馆等。因此，会馆与公所在很多地方往往不宜区分，"或称会馆，或称公所，名虽异而义则不甚相悬，故不强为区分。"[1]

鸦片战争改变了中国历史的进程，外国资本主义的侵入摧残了中国的经济。商会的出现，科举制度的彻底废弃，使中国会馆繁荣璀璨的景象开始走向衰微。工商会馆为继续保存并得以发展，深改旧制，以适应新的形势。如创于 20 世纪初的上

1　民国《上海县续志》卷二《建置》。

海山东会馆，《创建山东会馆碑》记中指出：往昔山东旅沪商民"商于斯者"，"犹循旧规，力与为敌，以朴为经，以勤为纬，尚能矗立于中外互市之秋"，而在新的商战形势下则必须通过"会馆之成合，群策群力，共谋恢张，揽利权之要，而驰域外之观"。[2] 在这种情况下，有些会馆不但没有衰微，反而更加壮大，有些工商会馆则随着社会的不断变迁，逐步融入商会组织。

1905 年科举制度废除后，诸多科举会馆演变成同乡会，或演变成各省籍同乡在异地的各种团体。如北京的福建会馆于 1902 年通过向全省同乡官绅募捐、福建地方财政补助、中央拨款等途径扩建为"京师闽学堂"；北京上斜街曾作为龚自珍故居的番禺会馆；位于米市胡同、曾作为 1918 年创刊的《每周评论》编辑部的泾县会馆。

城市的会馆：以大运河沿线城市观之

在人工和自然力的互动过程中，中国明清城市发展虽不能最终摆脱上层建筑的压制，形成现代意义的工商城市，但在城市边界的一些特殊地段，如城门和水运交通集中的区域，城市还是挣脱了原有边界线的束缚。研究城市边界的变迁，其落脚点是要关注人的活动。民间自发的商业活动、交通发展、聚落形成等是影响城市边界的关键因素，其中外来人口在异地城市的活动是不容忽视的重要方面。以此为突破口，更加有助于认清明清以后中国城市的发展变迁，而会馆恰是一个合适的切入点。这里，以大运河沿线城市观之。

明清时期商品流通大大加强，漕运、大运河、商品流通、国内市场便构成了一个有机整体，在其良性的联动中，大批沿线城市兴起并繁荣，如通州、直沽（天津）、沧州、德州、临清、东昌（今聊城）、济宁、徐州（明万历后已不在运河航线上）、淮安、扬州、镇江、常州、苏州、嘉兴、杭州等[1 2]。只有人的流动才能带动商品流通，因此大运河城市的繁盛与大量外籍人口的进入是相辅相成的。人口流动意味着走向陌生的环境，向外发展则标志着分占别人的资源，其间势必导致诸多矛盾，如何保存自己，如何协调矛盾，如何求得长久的彼此相安、相助、相利乃至相长，都要求有一种务实的解决途径。由此，会馆这种民间的自发性的社会组织应运而生，漕运—大运河—商品流通、人口流动—沿线城市—会馆，也构成了一个整体。

就商帮言，如山西商在清乾（1736—1795）嘉（1796—1820）间开始沿运河城

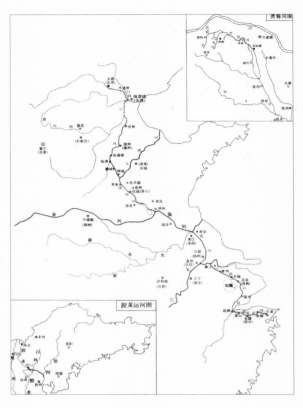

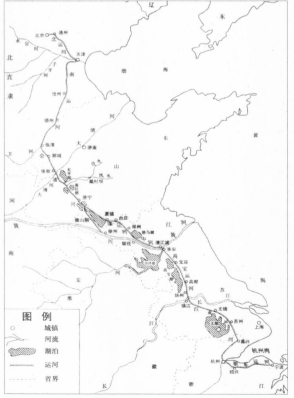

1 元代运河图

资料来源：安作璋．中国
运河文化史［M］．山东教
育出版社，2001

2 明清京杭运河图

资料来源：安作璋，2001

市建立会馆，至清中叶，聊城、临清、东阿、张秋、馆陶、恩县、武城、东平、德州、冠县、阳谷等地，先后设立了大小十几处山西会馆，与此同时，济南、长清、济阳、菏泽、临朐、诸城、费县等地也都有晋商设立的山西会馆。山西商的雄厚实力，通过会馆规模的恢宏和气势的磅礴得以展示。如冠县山西会馆"院宇宏敞"，每当"佳节丽晨，晋商云集"；张秋山西会馆，楼屋栉比，为当地建筑之冠。

就城市言，如苏州48所会馆中有27所为商人专门出资兴建，其他21所为官商合建。作为商业城市，"姑苏为东南一大都会，五方商贾，辐辏云集，百货充盈，交易得所，故各省郡邑贸易于斯者莫不建立会馆。"[3] 苏州南来北往的官绅也很多，因而即使是商人建立的会馆，也经常容纳官绅。如潮州会馆规定"凡吾郡士商往来吴下，懋迁交易者，群萃而憩游燕息其中"；[4] 金华会馆碑"吴郡金闾，为四方士商辐辏之所，故建立会馆，备于他省。吾乡金华郡治，实统有数邑人士，或从懋迁之术，或挟仕进之思，莫不往来于吴会。乾隆初年始倡议募资于金阊门外南濠地，创构会馆，供奉关圣帝君，春秋祭祀，于是吾郡通商之事，咸于会馆中是议。距乾隆年来，逮今已有百祀"；[5] 八旗奉直会馆则主要服务于往来于苏州的游宦，"吴趋东南一大都会也。吾乡官斯土者代有名贤，故游宦之人日萃集焉。八旗奉直会馆之设，为游宦者群集之所，亦以协寅恭敦乡谊也"；[6] 吴兴会馆"虽为绸绸业集事之所，而湖人官于苏者，亦就会馆团拜，以叙乡情，故不曰公所而曰会馆也"。[7] 这些都不同程度地反映了商与官的结合。而商人设置的会馆和专为商业服务的会馆占绝大多数，"会馆之设，肇于京师，遍及都会，而吴阊为盛，京师群萃州处，远宦无家累者，或依凭焉。诸计偕以是为发隔鸾鞍之地，利其便也，他都会则不然，通商易贿，计有无，权损益，征贵征贱，讲求三之五之之术，无一区托足，则其群涣矣。"[8] 这里揭示了京师与工商业城市会馆的差异性。

会馆是地缘性的乡土关系在异地的维系纽带，外籍身份使得会馆在城市中也是以外来者的形象出现。其初创时的所在地大多在城市边界，随着外籍人口的不断壮大，会馆在城市中所扮演的角色也越来越重要，并且代表了一种弱势群体向主流靠拢和融入的过程。会馆在城市中的起起落落，除科举引起的人员流动之缘由外，主要反映了商业经济活动的发展变动。会馆是城市中一种动态的、富有活力的构成因素，在城市的不断发展中寻求机遇，获取发展空间；而会馆建立并走上正轨时，又表现出一种相对静态、稳定的特质，其自成一格的空间形态起到磁铁和容器的作用，为本籍人员的集聚提供了一种可能的场所。

"自愿团体"（Volutary association）在中国社会中素来缺乏，但主要源自民间的会馆、公所以及同乡会等却是最接近此类"自愿团体"的组织，亦是民众自发的"制度创新"组织，借以解决面临的现实问题。[9] 所以，通过对大运河城市与会馆的考察，可以窥见一定时空背景下特定人群的生存状态及其周遭社会经济环境、城市发展变迁实况。更重要的是明晰会馆一类"准自愿团体"自身的演化，更有助于了解中国古代（特别是明、清两代）城市中外来人口（弱势群体、边缘人群）土著化的过程，及因此所带来的建设活动与城市发展的相互影响。

会馆建筑：面向特定人群的公共场所

会馆建筑既不同于一般性的民居，又与官僚缙绅的豪宅巨院迥异，是明清以来一种满足社会需求的建筑类型，是地域文化在异地展示的窗口和物化标志，就其使用性质及管理方式而言，属于一种特定人群活动的场所，并不是向全社会完全开放的公共建筑[3]。

功能布局

会馆是乡里乡亲的，注重情义交往；热烈、甚至是喧闹的；地缘特征极强。当然，不应否认，从整体上看，无论建置者来自江南，还是西北诸省，北京的会馆建筑形式大多遵循最流行的四合院房屋配置结构，而不是照搬本乡民居形式，应是为适应北京气候条件和文化传统的一种选择。其他地方城市的会馆多为商人兴办，某些功能有别于京师会馆。一般包括供行业组织、同乡会常设机构办事、聚会、议事及娱乐的场所，同时设有接待同行商旅、同乡会旅客的住宿用房，而且大多数会馆由于行业性质或地缘文化关系信奉某种神灵、崇拜某种偶像而设有特定的拜祭空间，也常被作为婚丧祭事、假日聚会的场所。

会馆建筑在空间构成上相对其他古代公共建筑（宫殿、神庙等）特点显著。一般沿两至三条平行轴线展开，形成多进院落，对外封闭、对内开敞，且多采取民居的建筑尺度。其空间构成及布局方式，除满足必要的使用要求之外，也受到社会观念及习俗的影响。为了炫耀本帮势力及在行业中的权威作用，会馆大多沿主轴线布置大门、牌楼、戏台及殿堂，以便供祭行业崇拜的神灵或宗师，借以建立精神支柱。通常主轴线上殿堂高大，庭院宽敞，两侧再连接厢楼、廊庑等形成封闭院落，暗示外籍人士的自我保护格局。这种空间布局方式有别于一般民居，带有宫殿、庙宇的色彩。

但会馆的其他部分则兼收民居建筑的精华,办公议事及住宿部分布局自由,尺度宜人,构造多样,又明显区别于官式建筑,显示出会馆建筑特有的空间环境氛围及文化格调,如天津的广东会馆仅辅房、住房就有300多间,并且在会馆东南面修建了南园,栽花种树,设立医药局,供广东同乡休息养病。

戏楼(台)的设置在会馆建筑中十分普遍,反映了其公共活动及娱乐的功能特点。一般利用大门上层楼面作为戏台,殿前内院作为观众厅。而举行祭祀仪式时,内院也是聚会场所。会馆的前院一般都是在两侧用廊庑或厢楼把戏台与前殿连接起来,两侧厢楼可作小型聚会之用,外廊则为看戏时的看台,使用方便。规模较大的会馆会在两侧厢楼上建钟鼓楼或亭阁,而后殿则常建楼阁,较多是从后殿两侧伸出厢楼与前殿相接,形成较小后院,前殿、后殿及厢楼围合出一个共享空间供内部使用,环境相对安静。

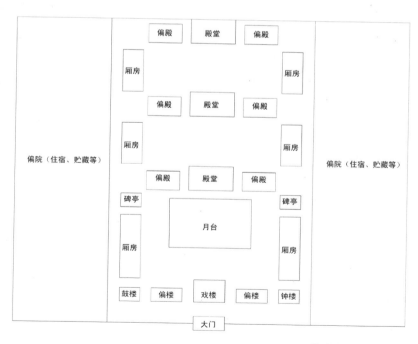

3 会馆建筑设置功能示意

风格兼容

无论来自城镇的商人还是来自乡村的工匠，都会给会馆建筑带来许多民间的世俗文化以及强烈的乡土观念，不同的信仰、不同的生活习俗，加上行业之间的自我保护与竞争，促成了会馆独特的建筑文化的形成。同时，会馆主人也会把故乡的建筑文化理念及表现手法特征带到旅居地，从而促发了建筑文化交流。

在建设过程中，虽然主要使用当地的材料，聘请当地的工匠，参照当地的建筑形制，但会馆建筑因为是地方行业集团社会势力的一种体现，因此必然注入原籍地方传统文化观念，全部或部分采用原籍传统的技术及工艺。为了显示行帮的力量，追求宏伟华丽的效果，以新异的形式达到超越他人的目的，往往在建筑形式和装饰手段上兼容并蓄乃至混合使用各种技术及工艺，这是会馆建筑与其他民间建筑有很大区别的地方。这也使得会馆建筑形式及装饰手法更加丰富、更加世俗化，并具有商业气息。在现存的会馆建筑中，这种兼容性、混合性仍然明显可见。

会馆属于民间建筑，即使商贾、行帮有足够的财力也不能把建筑的规模等级做得过大过高，因而多在形式上追求丰富、多姿和奇特，并表现雍容华贵、绚丽精巧，借以显示其实力与财富，尤其是门楼、屋顶、戏台等部位做得十分复杂而精巧。建筑装饰更是常常不拘一格、尽其所能，调动各种手段及材料来达到目的，油漆彩画、石雕、砖雕、泥塑、木雕、琉璃、铜、铁饰件乃至彩色瓷片等都可用于装饰，题材内容则是神话人物、历史故事、戏曲场景、花草鱼虫、珍禽异兽、山水风景，无所不包。装饰重点一般集中在门楼、戏台、正殿及两侧廊庑，规模较大的会馆聘请名匠主持，做工精巧，手法多样，追求华丽而繁琐，使人眼花缭乱，世俗气息浓厚。

特殊功用

祀神

在会馆的建筑设置中，神灵设置是保证其完整性的首要条件和重要部件，是会馆赖以生存的精神支柱，它凝聚了社会环境的熔冶，也规范了会馆的发展方向。在会馆设置的最初阶段，乡土神是最基本的崇祀对象，如江西人奉许逊为许真君，福建人奉林默娘为天后圣母，山西人奉关羽为关圣大帝，江南人祀准提，浙江人奉伍员、钱镠为列圣，云贵人奉南霁云为黑神，广东人奉慧能为南华六祖，湖北麻城人奉帝王，长沙人奉李真人等。

同乡籍神灵是寓外同乡人最易认同的旗帜，但是，实际上并非乡乡都有自己的乡土神，而且就说乡土，本身就难断界域，乡土的范围总是相对的，可大可小。因此，乡土神作为会馆的一部分，其意义并不仅仅在于乡土神本身，而关键在于神灵的设置为会馆这一社会组织树立了集体象征。

考寻各地寄籍同乡会馆，其祠祀神灵存在互有异同的现象。如湖广会馆亦有祠祀关羽的；徽州人在苏州兴建的大兴会馆、徽宁会馆都造殿阁以"祀关帝"；[10] 设在苏州的浙江金华会馆亦祀关帝；广东会馆也有祠祀林妃的，等等。像关帝、天妃本属全国通祀之神，却也可以成为人们联络乡土关系的精神纽带。

正像民间普遍供奉多神一样，许多会馆也并非以仅供一神为满足。如徽州商人所建会馆大多最初奉祀乡土神朱熹，而设在吴江盛泽镇的徽宁会馆则亦把拜祭烈王汪公大帝（即汪华，当隋季保有歙、宣、杭、睦、婺、饶六州，称吴王，封越国公）、张公神（即张巡，唐代的忠臣良士）[1] 放到同等重要的地位；山西商人在北京的会馆也不仅单祀关帝，雍正时（1723—1735）的晋翼会馆"中厅，关夫子像，左间，金龙大王，右间，玄坛财神"，[11] 光绪时（1875—1908）的临襄会馆内供"协天大帝、增福财神、玄坛老爷、火德真君、酒仙尊神、菩萨尊神、马王老爷诸尊神像"。[12]

祀神在会馆功用中占有如此重要的地位，其神灵所居大殿在会馆中也处在主导建筑的地位。如山东聊城山陕会馆，中间复殿为关公殿，北大殿为财神殿，南大殿为文昌火神殿，正殿后为春秋阁院。

合乐

会馆在祀神之际或在节庆之余，"一堂谈笑，皆作乡音，雍雍如也"[2] 的合乐为流寓人士提供了聚会与娱乐的空间，而合乐必备的设施——戏楼（台）等也成为会馆必有的建筑。如：

北京湖广会馆戏楼：建于道光十年（1830），为方形开放式，正中挂有"霓裳同咏"的匾额，两侧对联是："魏阙共朝宗，气象万千，宛在洞庭云梦；康衢偕舞蹈，宫商一片，依然白雪阳春。"台沿有矮栏，坐南朝北，台前为露天平地（后改为室内戏楼），三面各有两层看台，可容千人。

天津广东会馆戏楼：坐南朝北，是会馆的主体建筑。舞台伸出式，三面敞开，深10米，宽11米。顶上有两层，每层正面用12块隔板封闭。舞台正中悬一横匾，上书：熏风南来。其下为一大木雕隔扇，雕仙女采荷图。隔扇两边是上下场门。舞台顶部有弯曲的木条构成"鸡笼式"，使戏楼具有很好的视听效果。舞台前三面为看楼，楼上设包厢可容200余人。池内设散座。整个戏楼结构精巧，造型典雅，为典型的

1　嘉庆《黟县志》卷七《尚义》。
2　光绪《漳郡会馆录》卷首《祭祀事宜》。

4　北京湖广会馆戏楼外观
5　北京湖广会馆戏楼内景

民族风格的室内剧场。

聊城山陕会馆戏楼：与山门结合为三洞重楼式，屋顶盖黄绿二色琉璃瓦。山门与戏楼后墙架一座小过楼，两旁有钟鼓楼。

苏州全晋会馆戏楼：清乾隆间（1736—1795）由山西钱行商人集资创建。戏台呈"凸"字形伸出，演出人员上下楼都在后台，其面积是前台的 5 倍。

凡此种种，会馆之戏楼建筑多在会馆中占有重要地位。从中亦不难看出其荣耀乡里的浓郁意味。而会馆聚集乡人观戏与缅怀先贤，亦包含了传统文化美德的教化意义。

义举

崇义而善举也。会馆在完成其"祀神明，联桑梓"的功能外，义举便成了会馆会员共同之心愿。于是，他们广结善缘，集思广益，同倾囊资，共谋同乡之义事，为同乡人提供全方位服务。如《重修正乙祠整饬义园记》载："自是善过相规劝，患难疾病相维持。生者安矣，又恐没者无以瘗。乃捐金购地，以厝同人之没而无所归者，使不暴露。初有地一区，曰土地祠义园，广六十亩有奇。雍正间，于祠旁增之二：北曰二郎庙，广百亩；南曰回香亭，广四十亩。道光中，别增地曰葛家庙，广七十亩。继复于二郎庙西南购地三十余亩，曰东庄，则尚未剪茨建宇者。年值暮春，集同人遍察一周，孟秋祭之以楮皮及食，使无鬼馁。岁签制同人执其事，立规甚严。"[13]

会馆之设义园、义冢以救济贫乏，安葬无资之死者，以达"答神庥，笃乡谊"的目的。除此之外，会馆还可以为同乡人租用，举办婚礼喜寿等宴会，或在省级馆内接待本省来的达官显宦。

兴办义学，亦是会馆义举之一。他们整修院舍，开辟学堂，重视教育，服务社会，不过大多是清末民初的事了。北京各省会馆在满足其"奉神明，联乡谊，助游燕"的情况下，就开辟了规模不一的学堂，如光绪二十一年（1895），康有为在河南会馆成立"北京强学会"，孙家鼐将安徽会馆一部分给"北京强学会"作会所；三十二年（1906）江苏江震会馆设立江苏公立学堂，直隶京官在畿辅先哲祠设立畿辅学堂，在安徽会馆设立皖学堂。

87

　　由于会馆以寓外商人为主发起建立,因此与城市商业经济密切相关。会馆数量的多寡,以及规模的大小,是与所在地市场贸易成正比的。越是发达的地区,会馆建立的也就越多。没有了商品经济的繁荣,没有了商人作为主体,会馆也就失去了其物质基础。从某种意义上说,会馆的有无,以及数量的多寡是一个城市商业盛衰的标志。反过来,城市商业败落,会馆也就衰亡了。

　　作为民间自律、自卫、自治的组织形式与商业性、联谊性的活动场所,会馆自明初开始登上历史舞台后,传承至今,如今仍在海外华人社会中继续沿袭、演化,且勃兴不衰,以至现在国内也有会馆再度复兴的趋势。从这一层面看,对会馆的关注也有意无意地含有现实关怀的因子。

参考文献

[1] 中国会馆志编纂委员会. 中国会馆志 [M]. 北京:方志出版社,2002:1.

[2] 上海博物馆图书资料室. 上海碑刻资料选辑 [M]. 上海人民出版社,1980:195-196.

[3] 嘉应会馆碑记 [M]// 苏州历史博物馆. 明清苏州工商业碑刻集. 南京:江苏人民出版社,1981:350.

[4] 潮州会馆碑记 [M]// 明清苏州工商业碑刻集. 340.

[5] 重修金华会馆碑记 [M]// 明清苏州工商业碑刻集. 359.

[6] 八旗奉直会馆名宦题名碑 [M]// 明清苏州工商业碑刻集. 365.

[7] 吴兴会馆房产新旧契照碑 [M]// 明清苏州工商业碑刻集. 48.

[8] 吴阊钱江会馆碑记 [M]// 明清苏州工商业碑刻集. 19.

[9] 冯筱才. 中国大陆最近之会馆史研究 [J]. 近代中国史研究通讯,2000,30(9).

[10] 徽宁会馆碑记 [M]// 明清苏州工商业碑刻集. 356.

[11] 重建晋冀会馆碑序 [M]// 李华. 明清以来北京工商会馆碑刻选编. 文物出版社,1980:37.

[12] 修建临襄会馆碑记 [M]// 明清以来北京工商会馆碑刻选编. 23.

[13] 重修正乙祠整饬义园记 [M]// 明清以来北京工商会馆碑刻选编. 14.

明清大运河城市的会馆与城市：七个案例*

基金资助：国家自然科学基金项目（50278014）。主持：陈薇。本文来源于七篇文章的合辑，录入本书有增删。沈旸《明清苏州的会馆与苏州城》，《建筑史》第21辑，北京：清华大学出版社，2005；沈旸、王卫清《大运河兴衰与清代淮安的会馆建设》，《南方建筑》2006年第9期总第（113）；沈旸《明清时期天津的会馆与天津城》，《建筑师》2007年第2期（总第128期）；沈旸《明清聊城的会馆与聊城》，《华中建筑》2007年8月（总第116期）；沈旸《明清南京的会馆与南京城》，《华中建筑》第25卷2007年第2期（总第113期）第二期；沈旸《扬州会馆录》，《文物建筑》第2辑，河南省古代建筑保护研究所编，北京：科学技术出版社，2008；沈旸《北京会馆分布特征及缘由》，《文物建筑》第3辑，河南省古代建筑保护研究所编，北京：科学技术出版社，2009。

会馆是外来人口的民间组织，是地缘性的乡土关系在异地的维系纽带。会馆使用主体的外籍身份使得会馆在城市中也是以外来者的形象出现。其所在地大多在城市飞地中，即城市边界。但随着外籍人口的不断壮大，会馆在城市中所扮演的角色亦越来越重要，并且代表了一种弱势群体向主体靠拢和融入的过程。

所以，基于建筑史的会馆研究，不能仅限于其建筑本身，而是应当通过对上述过程的描述，从另一个角度去看待古代城市，特别是地方性城市的发展过程。本文即从城市会馆在历史发展过程中的横截面出发，以大运河沿线的部分明清城市中的会馆为实例，探讨其在明清时期城市中的形态和作用，通过对会馆选址和分布的考察，论述会馆与城市的互动关系。在具体实例的选择上，有以下几方面的考虑：

（1）大运河对城市选址、发展的影响。明清时期大运河南北畅通，使得运河的经济作用空前增强，再加上明清时期商品经济的发展，大运河沿岸的经济逐渐繁荣起来，这是大运河城市位置选择的历史前提。没有大运河的畅通和商品经济的发展，就无所谓大运河沿线的商业城市。

（2）城市的规模、地位和地域性的差别。大运河贯通南北，经浙江、江苏、山东三省，过天津，终于北京，沿线城市形态各异，数量众多。总体上分为都城和地方城市两部分。地方城市中选取了有代表性的府、县治所在的地区中心城市，和典型的因大运河而兴的商业城市。

（3）会馆资料的搜集。关于会馆的资料并不多见，各地对会馆的研究亦有多有少。在考虑城市代表性的前提下，尽量选择有会馆遗存、历史资料较多，并已有一定研究的城市进行分析，有助于将个案研究做得深入，而不致陷入单纯的资料查找和信息罗列。所选七座城市为：北京、天津、聊城、淮安、扬州、苏州，以及与大运河毗邻的南京。

　　北京乃明清都城，"朝廷尊而后成其为邦畿，可为民止。故曰：商邑翼翼，四方之极。会极会此，归极归此。此谓之'首善'，非他之通都大邑所得而比也。"[1] 其社会人口流动性远胜于一般的省城、府城，"京师居北辰之所，惟人文之薮，观其山川。览其形势，四境九衢，甲于省郡"，"都城之中，京兆之民十得一二，营卫之兵十得四五，四方之民十得六七"。[2] "四方之民"即流动的人群，包括官员、求学士子、工匠、军队、商人、僧道方士、艺人、外国人、流民等不一而足。

　　都城社会流动人员除官员外，合法而人众又流动频繁的，当推商人和士子。社会流动性刺激了会馆的发展。"京师五方所聚，其乡各有会馆，为初至居停，相沿甚便。"[3] "或省设一所，或府设一所，或县设一所，大都视各地京官之多寡贫富而建造之。"[4]

　　胡春焕、白鹤群的《北京的会馆》[1] 对北京会馆的形成和作用、规模和构成、形式和种类、名称和管理、活动和义举、兴衰及原因等方面有详细的论述，此不赘言，以下仅从城市角度略论。概括而言，北京的会馆分布特征是大量集中于外城，并由于各籍会馆数量悬殊颇大，分布区域和范围亦各不相同，但同籍会馆基本上体现了就近的原则，这与同乡之间互助扶持的精神有关。当然，分析的前提是需将据《北京的会馆》[5] 和《宣南鸿雪图志》[2] 检出的 542 家会馆进行分布分类，再予以制图。[6] 1-1

1　孙承则：《天府广记》。

2　朱彝尊：《〈天府广记〉序》。

3　沈德符：《野获编》卷 24。

4　徐珂：《清稗类抄》。

5　见参考文献 [1]：28-36. 其资料来源为：①清光绪 11 年（1885）《顺天府志》《京师坊巷志稿》；②民国 34 年（1945）绘制的《北平市区详图》《最新北平指南》；③《中国县市政资料手册》《中国地名词典》；④ 1964 年、1979 年、1991 年 3 次实地普查记录。

6　城市分区以《2003 年北京交通旅游图》（学苑出版社）为准；行业性会馆、会馆附产（如义园等）未分析；会馆省籍以清代为准；清雍正间取消湖广省，设立湖北、湖南省，故湖广会馆未指明省籍。检出的会馆包括：江西籍会馆，共计 74 家，其中宣武区 45 家、崇文区 29 家；浙江籍会馆，共计 52 家，其中宣武区 34 家、崇文区 15 家、东城区 3 家；广东籍会馆，共计 45 家，其中宣武区 37 家、崇文区 7 家、西城区 1 家；山西籍会馆，共计 44 家，其中宣武区 32 家、崇文区 12 家；安徽籍会馆，共计 39 家，其中宣武区 25 家、崇文区 12 家、东城区 1 家、西城区 1 家；湖北籍会馆，共计 37 家，其中宣武区 19 家、崇文区 17 家、东城区 1 家；江苏籍会馆，共计 37 家，其中宣武区 30 家、崇文区 6 家、东城区 1 家；陕西籍会馆，共计 33 家，其中宣武区 33 家；福建籍会馆，共计 32 家，其中宣武区 24 家、崇文区 8 家；湖南籍会馆，共计 29 家，其中宣武区 17 家、崇文区 12 家；四川籍会馆，共计 27 家，其中宣武区 24 家、崇文区 3 家；河南籍会馆，共计 23 家，其中宣武区 23 家；河北籍会馆，共计 15 家，其中宣武区 13 家、崇文区 2 家；云南籍会馆，共计 10 家，其中宣武区 8 家、崇文区 1 家、东城区 1 家；山东籍会馆，共计 9 家，其中宣武区 5 家、崇文区 3 家、东城区 1 家；广西籍会馆，共计 8 家，其中宣武区 7 家、崇文区 1 家；甘肃籍会馆，共计 8 家，其中宣武区 8 家；贵州籍会馆，共计 8 家，其中宣武区 7 家、崇文区 1 家；吉林籍会馆，共计 3 家，其中宣武区 1 家、西城区 2 家；天津籍会馆，共计 3 家，其中宣武区 2 家、崇文区 1 家；台湾籍会馆，共计 2 家，其中宣武区 1 家、崇文区 1 家；内蒙古籍会馆，共计 2 家，其中宣武区 1 家、西城区 1 家；辽宁籍会馆，共计 1 家，其中宣武区 1 家。

政治与科举因素

清王朝于顺治元年（1644）定都北京，并议准"（燕京城内）分置八旗，拱卫皇居"，[1]驻军全部占据了内城。五年（1648）根据清廷颁布的谕旨，京师实行"满、汉分城居住"，[2]除"寺院庙宇中居住僧道勿动"，"八旗投充汉人不令迁移外，凡汉官及商民人等，尽徙南城居住"。[3]于是，明代在内城兴建的会馆逐渐废除，而改迁、兴建于外城，而前门、崇文门、宣武门这些商业繁华地区，因距明清科考的场所——贡院较近和交通较为方便，则成了各省在京兴建会馆最为集中的地方。

至清末，满汉分治的政策已名存实亡，内城又见会馆建设，但数量寥寥。如奉天会馆、吉林会馆均在内城，而与奉天会馆隔街相对的是广东蕉岭会馆后门。奉天会试馆在东城区东观音寺路北，建于光绪二十六年（1900），原为东北在京同乡京官聚会和举子科考习书之地，1906年，东北同乡在此成立了东三省公立中学堂。

清时内城街区为八旗所圈占，致使城市结构发生重大变化，外城不但成为全城的商业和娱乐业中心，而且在它的西部，形成了汉族士人聚居的独特城市景观。士人聚居于宣南，一方面是由旗、民分城居住所致，另一方面又与外城的社会结构和明代以来的士人居住特点密切相关。外城的中部和东部主要为商业聚集区，商人的聚居和商业活动的兴旺抑制了士人的居住，遂出现士人聚居于宣武门外的景象。"旧日，汉官非大臣有赐第或值枢廷者皆居外城，多在宣武门外，土著富室则多在崇文门外，故有东富西贵之说。士人题咏率署'宣南'，以此也。"[4]宣南成为全国士人和汉人官宦的最大聚集地。

除此之外，士人聚集于宣南，还有其他历史的和现实的原因：

（1）继承了明代后期城市结构的特征，明代内城"勋戚邸第在东华门外，中官在西安门外，其余卿、寺、台、省诸郎曹在宣武门"，宣武门内的铁匠、手帕等胡同"皆诸曹邸寓"。[3]由于官员们集中在宣武门内居住，于是宣武门外也就成了他们常去游乐、燕集的场所，"独入都之税驾，与出都之饯别，莫便于宣武门外"。[4]1365 早在明代，宣外就有了不少官宦人家的宅院。当清朝颁令不许汉人在内城居住后，士人们聚居于宣武门外也就成为顺理成章之事。

（2）清代进京应试的举子多来自北京以南的地区，进京路径多经卢沟桥入广安门，落脚宣南自然最为便利。

1　《大清会典事例》卷 1112。
2　《大清会典事例》卷 1120。
3　《清实录》，顺治五年 8 月。
4　夏仁虎：《旧京琐记》卷 8，《城厢》。

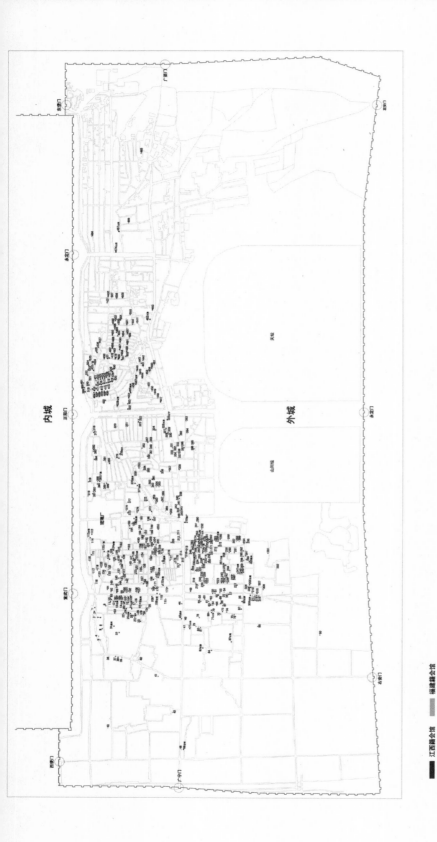

内城

外城

天坛

山川坛

江西籍会馆　　福建籍会馆
浙江籍会馆　　湖南籍会馆
广东籍会馆　　河南籍会馆
山西籍会馆　　四川籍会馆
安徽籍会馆
湖北籍会馆　　云南、广西、甘肃、
江苏籍会馆　　贵州、吉林、天津、台湾、
陕西籍会馆　　辽宁、内蒙籍会馆

● 会馆位置确定
■ 会馆所处街巷确定

广渠门
东便门
左安门
永定门
右安门
广宁门
西便门
宣武门
正阳门
崇文门

1-1　北京外城会馆分布

①内城会馆数量寥寥，且分布较散，故研究范围限定在外城。②位置无从考证者未标出；③外城西部（宣武区）会馆分布参照《宣南鸿雪图志》；
④外城东部（崇文区）会馆资料参照明清春帐，白郡群合著《北京的会馆》。底图来源：中国社会科学院考古研究所编辑，徐苹芳编著，《清乾
隆北京城图》，地图出版社，1986年版。⑥图中数字为会馆名称索引

（3）住在外城的官员若去海淀御园朝见皇帝或去西山郊游，也以住在宣南最为方便。[5]483

宣南士人是一个庞大的、人员不断变动的群体，其主体是在京任职的官员和在京入幕的士人，同时包括进京应试的举子、科举落选后在京准备再次应试的士人、来京述职和等待外放的官员，以及处于士人群体边缘的大量书吏等。这其中，应试举子是流动性较强的部分，主要包括参加顺天乡试和全国会试的士人。顺天乡试和全国会试一般每三年分别在京举行一次，参加人数各在数千至一万数千人之间，这些士人涌入京师，大多居住于宣南，因此每三年中宣南就有两次士人的大规模聚集。除常规的考试之外，有时还要开恩科考试，或制科考试，如康熙十八年（1679）、乾隆元年（1736）的博学鸿词科等，此时也有数量不等的士人入居宣南，或有自己的寓所，或居于科举会馆。

但会馆和士人宅院的分布并不完全吻合。

在宣南，士人寓所几乎分布于各条胡同之中，但宣南士人的分布并不均衡，有的区域由于士人居住相对集中，形成核心街区。这样的核心街区主要有三个：以丞相胡同、半截胡同为中心的街区；以孙公园、琉璃厂为中心的街区；以上斜街为中心的街区。[5]485

明代京师会馆在分布上与清代不同，从现有资料看，明代会馆在内外城都有分布，而且分布于东部的多于西部，尤其是见诸记载的明初会馆，主要在东部。这种分布特征与明代漕运有关，明代士人赴京，运河是一条重要路径。清代会馆的分布发生重大变化，内城被旗人圈占后，会馆几乎都集中于外城，而且随着士人向宣南的集中，会馆的分布重心也由东部向西部转移。如清初同安会馆在选址上仍沿袭明代习惯，建于外城东部，但由于士人多住于西城，崇文门外反显偏僻，至乾隆间（1736—1795），新建会馆已选址于宣外地区。[4]1335 这一趋势和士人宅院的变化是一致的，都表现为向宣南集聚的特征。

宣南的会馆分布十分密集。光绪三十二年（1906）北京外城巡警右厅对该地区的会馆进行了调查，共查得254家，分布于宣南108条胡同、街道之中，其中有5座以上会馆的有11条胡同或街道，最多的是宣武门大街，有11座会馆，依次为：米市胡同、潘家胡同、粉房琉璃街各有8座会馆；虎坊桥大街、骡马市大街、贾家胡同各有7座会馆；烂缦胡同、保安寺街各有6座会馆；丞相胡同、西柳树井胡同各有5座会馆；其他胡同、街道多为1至4座会馆。

只有少数街道胡同没有会馆分布。但由于胡同的长短不一，还很难从这些数字中看出分布密度。但通过分析《宣南鸿雪图志》所标注的377所会馆位置，可知宣南会馆的主要分布区域集中在宣南的中部，即南新华街至粉房琉璃街以西、校场五条至烂缦胡同以东的区域。其中，又以骡马市大街为界，分成南北两大区域，南部以潘家胡同和粉房琉璃街一带最为集中，北部以校场五条至宣外大街两侧及椿树周边地区最为集中。

交通便利与市场

北京内城辟 9 门，分别为正阳门（俗称前门）、崇文门、宣武门、德胜门、安定门、东直门、朝阳门、西直门、阜成门。外城辟 7 门，分别为永定门、左安门、右安门、广渠门、东便门、广宁（安）门、西便门。这 16 座城门是进出北京城内外的通道。[1-2]

明建都北京后，为促进工商业的恢复，于"永乐初，北京四门钟鼓楼等处，各盖铺房、店房，召民居住，召商居货，总谓之廊房。视冲僻分三等，纳钞若干贯，洪武钱若干文，选廊房居民之有力者一人，签为廊头。……今正阳门外廊房胡同，犹仍此名。"[6] 同时，随着元末以来淤塞的大运河重新开浚，常年有运粮军丁、漕船往来于运河之上，大量的民间商贩行船把南方的丰富物货运至通州或张家湾后，再陆运至京，加速了北京地区的经济恢复。到弘治年间（1488—1505），北京城已是"生齿益繁，物货益满，坊市人迹，殆无所容"[1]。嘉靖间（1522—1566）修筑外城之前，前三门（正阳门、宣武门、崇文门）无疑是进出北京城最重要的孔道，"正阳门前搭盖棚房，居之为肆，其来久矣"，[2] 前门外大街两侧的商店市肆也随着交通的繁忙迅速发展。后由于"城外之民，殆倍城中"，[3] 结果导致了外城的修筑，进出北京城的主要通道转移到了朝阳门和广宁（安）门。

清时北京出城道路中，有三条平整坚固的石道。西直门外石道为皇家所用，自然要修整完备。另两条则为广宁（安）门和朝阳门外石道。"京师为四方会归、万国朝宗之地。我国家幅员广大，文轨所同，廓于无外。梯山航海者，联镳接轸，络绎而交驰，广宁门其必由之路。"[4] 而"自朝阳门至通州四十里，为国东门孔道。凡正供输将，匪颁诏糈，由通州达京师者，悉遵是路。潞河为万国朝宗之地，四海九州岁致百货，千樯万艘，辐辏云集。商贾行旅，梯山航海而至者；车毂织络，相望于道。盖仓庾至都会，而水陆之冲逵也"。[5] 由于其重要性，清政府对这两条路给予了充分的重视，雍正（1723—1735）和乾隆（1736—1795）间均对其进行了大规模的改造。[6]

广宁（安）门外大道，从中原到江南，从东南沿海到西南边疆，由陆路来京者，几

1　吴宽：《匏翁家藏集》卷 45。
2　朱彝尊：《日下旧闻考》卷 55，引《鸿一亭笔记》。
3　孙承泽：《春明梦余录》卷 3。
4　雍正：《广宁门新修石道碑文》，《日下旧闻考》卷 91。
5　雍正：《御制朝阳门至直通州石道碑文》，《日下旧闻考》卷 88。
6　参见《清史稿》第 3 册，卷 9《世宗本纪》及《日下旧闻考》卷 88、91。

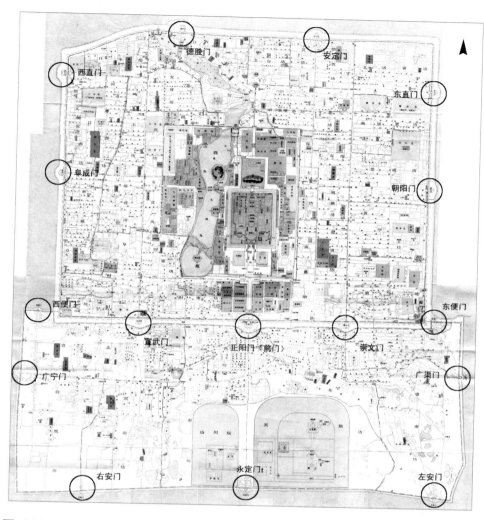

德胜门 安定门 西直门 东直门 阜成门 朝阳门 西便门 东便门 宣武门 正阳门（前门） 崇文门 广宁门 广渠门 右安门 永定门 左安门

1-2　北京内、外城城门方位图

底图来源：中国社会科学院考古研究所编辑、徐苹芳编著：
《明北京城复原图》，地图出版社，1986 年版乎无不取道卢沟桥，经广宁（安）门进京。反之，由陆路自京南下者，也大都走广宁（安）门外大道。"广宁门在京城西南隅，为外郭七门之一。然天下十八所隶以朝觐、谒选、计偕、工贾来者，莫不遵路于兹。又当国家戎索益恢，悉荒徼别部数万里辐辏内属，其北路则径达安定、德胜诸门，而迤西接轫联镳，率由缘边腹地会涿郡渡卢沟而来，则是门为中外孔道，尤不与他等。"[1]

朝阳门至通州的道路是陆路转运漕粮的必经之路，也是由水路进京、离京人员的必经之路，"直省漕艘估舶，帆樯数千里，经天津北上，至潞城而止，是为外河。引玉泉之水，由京师汇大通桥，东流以达于潞，用以转运者，是为内河。然外阔而内狭，故自太仓官廪兵糈暨廛市南北货，或舍舟遵陆，径趋朝阳门。以舟缓而车便，南北之用有不同也。其间轮蹄络织，曳挽邪许，喧声彻昕夕不休，故常以四十里之道备水陆要冲。"[2]

东西横穿外城的广安门至广渠门的主干道也形成了，沿线的菜市口、虎坊桥、珠市口、三里河、蒜市口等皆成了商业集中地区。沿太行山东路进京的陆路大道，进广安门，入宣武门，因此宣外形成重要的商业区，同时进京赶考的举子多停居于此地，因而宣武门外会馆也不在少数。清代由水路大运河运来的货物、粮食多在通州南的张家湾上岸，沿大通河可至蒜市口，转由崇文门进城，故崇文门设税关及户部税课司。同时还可经由东三里河至正阳门外大街，所以外城的崇外大街、前门大街及宣外大街"天下士民工贾各以牒至，云集于斯"[3]，迅速成为店铺栉比、百货云集、摩肩接踵、交易喧嚣的闹市区。

清代北京内外城市场有不同的发展特点。外城由于为汉官商民所居住，又是各地商人来京的汇聚之区，故其市场在明代已有的基础上稳步发展，出现了"前三门外货连行，茶市金珠集巨商"的盛况。[4]"正阳门前棚房比栉，百货云集，较前代尤盛"。[5]在明代"朝前市"基础上发展起来的前门商业区，范围广大，北起大清门前棋盘街左右，南达珠市口，东抵长巷二条，西尽煤市街，"前后左右计二三里，皆殷商巨贾，列肆开廛。凡金绮珠玉以及食货，如山积；酒榭歌楼，欢呼酣饮，恒日暮不休，京师之最繁华处也"。[6]这里店铺资本巨厚，门面华丽，"银楼、缎号，以及茶叶铺、靴铺皆雕梁画栋，金碧辉煌，令人目迷五色"。[7]"凡天下各国，中华各省，金银珠宝、古玩玉器、绸缎估衣、钟表玩物、饭庄饭馆、烟馆戏园，无不毕集其中。京师之精华，尽在于此；热闹繁华，

1　乾隆：《御制重修广宁门石道碑文》，《日下旧闻考》卷 91。
2　乾隆：《御制重修朝阳门石道碑文》，载《日下旧闻考》卷 88。
3　《长安客话》。
4　前因居士：《日下新讴》，载于《文献》第 11 辑。
5　朱彝尊：《日下旧闻考》卷 55。
6　俞蛟：《梦厂杂著》卷 2。
7　杨静亭：《都门记略》卷 1。

亦莫过于此"。[1]

由于商品生产的发展，城内交通的畅通，北京城"商贾行旅，梯山航海而至者，车毂织路，相望于道"。[2] 各地来京商人，为保护同行、同乡的商业利益，以及来京会试文人与官宦居留需要，于是"各省争建会馆，甚至大县亦建一馆，以致外城房屋基地价值腾贵"。[3]

作为城市的构成

本节主要据胡春焕、白鹤群《北京的会馆》之《三、各省在京会馆简述》提供的资料 [1]42-278 分述会馆与城市的互动关系。

在北京历史上，并非所有的街道都有命名。只有当这些道路基本布满店铺和住宅，或有比较重要的建筑出现时，才需要一个统一的名称。北京的许多街巷就是因为会馆的出现，才开始具名。

如：浙江姚江会馆原是道光十二年（1832）进士、漕运总督邵灿的私邸，传至其子邵维埏时，又集资购得南院和西院，始具当时之规模。过去该处无名，胡同又窄又短，只有几户人家，自姚江会馆建成后，始有姚江胡同一名，民国时期称之为姚家馆夹道（实为姚江会馆夹道），《最新北平指南》一书中有记。

如：山西平阳太平会馆因置高庙一所，固又名晋太高庙会馆。但由于地处偏僻，四周多为各省义地，故太平乡人又购茔田数亩，做为义园，每年设祭享，笃乡谊。实际上该馆成了太平在京人的仪馆。值得太平人骄傲的是原来此地并无地名，统称南下洼子或四平园，时值乱草蓬蒿一片，自从山西平阳府太平会馆建成后，始称晋太高庙，民国期间地图有记，解放后定名为晋太胡同。

如：福建福州老馆坐落于旧时虎坊桥南下洼子，与同籍的福清会馆一墙之隔。福州会馆《闽中会馆志》中记："老馆本在东城某巷，建于明末，后为八旗没收，乃另购（南）下洼地。"会馆大门外旧时为空地，闽籍人每逢过年在此燃放烟火，这一点是在诸省各郡州县会馆中独有的。届时外城西部的官民、市人多来观看，喧阗街巷，直到天明。随着时间的推移，福州老馆与北京的其他会馆一样，统一交给了北京房管部门，正因为福州会馆的声望，原来没有地名的空地从此有了名字，它联同崇兴寺胡同，被命名为福州馆街。

而会馆基址的选择亦不是恒久不变的，变动的原因也多种多样：

1　仲芳氏：《庚子记事》。
2　朱彝尊：《日下旧闻考》卷88。
3　汪启淑：《水曹清暇录》卷10。

（1）最初所选基址位置较偏，对外交通不便，故在会馆逐渐成熟时，会考虑迁移。如：福建建宁会馆原在粉房琉璃街南下洼南头，因入城较远，故于康熙年间将旧馆出售，购得今日此馆之地；台湾会馆兴建较晚，据说是因为后铁厂的全台会馆地势偏僻，卖旧置新。

（2）会馆所在位置名声不雅，有碍会馆的声誉，这样的情况下，也要易位。如：福建龙岩会馆旧馆因在石头胡同，地势不雅，故馆之人多要变卖旧馆，别择新址而建新馆。究其原因，原来北京的妓院地区称为"八大胡同"，而石头胡同即为其中之一。

（3）会馆实力悬殊，会出现会馆相互吞并的现象，实力强大的会馆会在原有基址上得到扩充与壮大，而实力微弱的会馆由于馆产被吞，则不得不另择他址或倒闭消失。如：福建福清会馆前原有空地，为福建义园和泉郡义园。民国初（1912— ）因义园无人管理，荒草丛生，被北侧湖广会馆侵占。福清人郑凯臣特地从家乡到京与湖广会馆交涉，但苦于无契据，无证可凭，案两年未决。一日，福州会馆修理坟墓园墙，湖广会馆也来人在一旁观看。活计之间，在墙基下得一碑，系乾隆五年（1740）游绍安所撰石碑。双馆人争看内容，读罢，湖广会馆人员自知理亏，遂作出让步，圣地仍归福清会馆，以后二馆合好如初。再如：甘肃肃州会馆在南柳巷路东，在陕西华州会馆里面。华州会馆原来并不大，因咸丰（1850—1861）后赶考举子日益增多，华州会馆便不断将附近的房产购下，随之，肃州会馆被华州会馆从南、东、北三面合围在里面。光绪（1875—1908）初，肃州会馆售与华州会馆，成为华州会馆中的天、地、玄、黄、宇5院中的"地"院，而肃州会馆迁至南城官菜园路西，称为甘肃南馆。

（4）会馆入口大门的变动，对会馆兴旺亦起到一定作用。如：清《光绪顺天府志》载"四川营，有延安、四川诸会馆"。延安会馆于光绪二十五年（1899）高价购得馆东侧的一私宅后，将延安会馆馆门从棉花上四条路南，改到四川营路西。馆门的这一改动，大大提高了延安籍的文人士气，他们每次到会馆，再也不用进西草厂，经裘家街，穿小巷，过坟园，而是直接从骡马市大街进入宽阔的四川营胡同，顺利地到达延安会馆。

天津不仅是明清京师的重要门户，畿辅的军事重镇，更是北方的特大商业都会。这都得利于其优越的地理及交通条件。"天津府，古渤海渔阳二郡地。海在府东一百二十里，城北有三汊口直通大海，即古津门。南则卫河受南路之水；北则白河受北路并会丁字沽三角淀之水；至此合流东注。旧名小直沽。其东南十里地势平衍，每遇霖潦水泛茫无涯涘，曰大直沽。又东南流百余里，为大沽口，众水由此入海，即通典所谓三会海口也。"[1]

由于津门乃是"畿辅喉襟之地，人杂五方，繁华奢侈，习俗使然……漕运盐务盛时，生意勃勃，异常热闹"。[2] 故清朝津门举人杨一崑在其著名的《天津论》中开篇即赞："天津卫，好地方，繁华热闹胜两江"，"各省宦商晋京者，四方人士来游者，接踵而至，咸善留连"，[3] 流动人口数量甚巨，这是天津会馆兴盛的最基本条件。

因海河之利而兴

天津"地当九河津要，路通七省舟车，……江淮赋税由此达，燕赵渔盐由此给。当河海之冲，为畿辅之门户"。[4] 这就是天津位置选择的基本条件。2-1 没有这些条件——特别是河、海漕运，明代是没有条件在此建城的。明永乐二年（1404）"文皇命工部尚书黄福，平江伯陈瑄、都指挥佥事凌云、指挥同知黄纲，筑城浚池，民有赛淮安城之说，都指挥陈迁在镇，用砖包砌，递年始完"。[5] 其位置在三岔河口西南。2-2

在这之前，天津本为"海滨荒地"，[6] 原名直沽。由于"元都于燕，去江南极远，百司庶府之繁，卫士编氓之众，无不仰给于江南"，[7] 江南漕粮北运，不论从内河，或者由海上漕运粮米，都要直抵直沽，然后转运张家湾、通州，再送大都。元初运河尚未南北打通，河运不比海运便利。"运浙西粮，涉江入淮，达于黄河，逆水至中滦旱站，搬至淇门，入御河接运，以达京师。后用总管姚焕议，开济州泗河，自淮入泗，自泗入大清河，由利津河口入海。因河口壅沙，又从东阿旱站运至临清，入御河，并开胶莱河，通直沽之海运，……河运劳费不资，而无成效"，因此元代运粮改河运为海运。

---

1 洪友兰：《鸿雪因缘图记》第3集上册，《津门竞渡》。
2 张焘：《〈津门杂记〉自序》。
3 同上。
4 《畿辅通志》。
5 康熙《天津卫志》卷1。
6 李东阳：《创造天津卫城碑记》，见康熙《天津卫志》。
7 《元史》《食货志》。

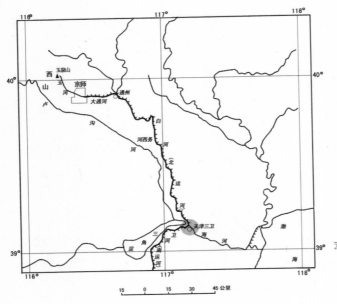

2-1 （明）天津周边水系

资料来源：刘捷摹自《明代京师附近各运河图》，见史念海《中国的运河》，陕西人民出版社，1988年版

2-2 天津县境城舆图

资料来源：张焘《津门杂记》

2-3 元代大运河直沽至大都段

资料来源：岳国芳《中国大运河》，山东友谊出版社，1989年版

直沽作为海运终点，[2-3] 也因此繁华起来。"东南贡赋，……由海道上直沽，……舟车攸会，聚落始繁，有宫观，有接运厅，有临清万户府，皆在大直沽。"[1]

明初，山东会通河未通，漕运仍仰仗海运，终点仍为天津。永乐十三年（1415）"海陆二运皆罢"，[2] 漕运为运河代替。但山东至天津间仍有海运，并于天顺元年（1457），"由水套、新开二沽开浚新河一道，计四十里，通接潮水，以便海运。"[3]

入清，政府对漕运愈发重视，天津在河运方面的经济职能随之加强，这种情况直至道光五年（1825）都很稳定。"以前岁运南漕粮米，俱由运河抵津达通至京"，"是年高家堰决口，河道阻滞"。[4] 六年（1826）又开始"试行海运"了。[5] 但天津以南的部分河道和天津以北至通州的河道，始终是通航的，来往漕船不断。[7]244

明清两代，天津的主要经济职能包括漕运的转输基地、盐业中心、粮食商业中心、北方商业中心等四个方面。[7]239 其实后两者均是因漕运而起，而盐业中心一项尽管是源于天津地区长芦盐业的发展，但天津主要还是盐产推销的中心，自然与其发达的漕运密切相关。

城市交通及商业

明清天津城在海河东岸，东西长，南北短，呈长方形，但实际上在城外东北沿河地区分布着近半数城市居民，"清朝中叶，天津全部居民 20 万人左右，城里占 10 万多，东门外与北门外沿河地区占 8、9 万"。[8] 同时由于由运河和海上来津的众多船只大多集中在三岔河口，为交通方便，明万历十六年（1538）又在这一区域设置了众多渡口："真武庙渡，在城东北隅。北马头渡，在城北河下。晏公庙渡，在河北。冠家口渡，在城东南十里余。宝船渡口，在城东南五里余。西沽渡，在城北三里。大直沽渡，在城东南十里。"[6] 海河联系海上交通，南北运河联系南北水路交通，这是天津城市形成和发展的基本条件。所以，清道光（1821—1850）以前[7]的天津城市范围应当包括三岔河口及其上下的沿河两岸及城内。[2-4]

天津地处海河水系注入渤海的总汇，境内河道纵横，加之又有南北运河交汇于此，其水运交通之便利自不必多言。由于天津在漕运中既承担着转输，又承担着储粮的

1 《胡文壁与伦彦式书》，见康熙《天津卫志》。
2 《明史》、《河渠志》。
3 康熙《天津卫志》卷1。
4 同治《续天津县志》卷6。
5 同治《续天津县志》卷6。
6 《新校天津卫志》卷1。
7 道光二十年（1840）后，天津逐渐沦为半殖民地半封建城市，其殖民性对城市格局产生了很大的影响，不属本书论述范围。

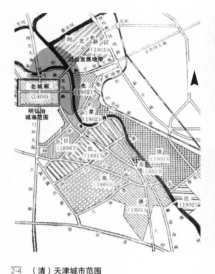

2-4 　（清）天津城市范围
资料来源：刘捷绘制，底图据岳国芳《中国
大运河》，山东友谊出版社，1989 年版

2-5 　鼓楼今昔
上图资料来源：林希：《老天津·津门旧事》
第 12 页，江苏美术出版社，1998 年版

繁巨事务，常年有大批的船只进出天津，大批的理漕、管河、验收漕粮的官吏，护漕的士兵，成千上万的舵工、水手、搬运工络绎不绝地进出天津，吃住消费，购销货物，积数相当巨大，这也是促使明清天津城市商业迅速发展的重要因素。[7]245

就陆路交通而言，城内有南北主干道和东西主干道交汇，以鼓楼为中心，²⁻⁵呈十字交叉的干道出四门，向四面延伸。东门大道过浮桥，直联东门外商业区，北门大道迳与北门外商业区相联，渡过南运河与京津驿道衔接。对外交通亦十分发达，至北京、济南、保定、遵化、临榆及塘沽港口均有干道。[9]660

庞大的水陆交通体系，为天津商业的繁荣提供了有力保证。明弘治（1488—1505）以前天津城厢有五集，到弘治六年（1493）又添 5 集 1 市，共 10 集 1 市。"宝泉集在鼓楼，仁厚集在东门内，货泉集在南门内，富有集在西门内，大道集在北门内，通济集在东门外，丰乐集在北门外，恒足集在北门外，永丰集在张官屯，官前集、安西市在西门外。"[1] 这些集和市是当时天津城市商业集中的场所，一直延续到清末和

1 　康熙《天津卫志》卷 1。

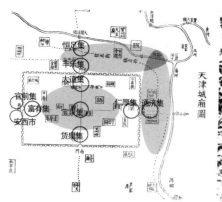

2-6 天津明清两代商业分布

底图来源：张焘《津门杂记》，《天津城厢图》

2-7 漕运转卫

天津版画，资料来源：《畿辅通志》

2-8 自运河至天后宫序列

津门竞渡

2-9 津门竞渡

资料来源：麟庆《鸿雪因缘图记》第3集上册

民国初年，几乎都演变成了天津较大的商业中心。[7]255 概括起来，天津城市商业的总体布局是由 3 个主要基层商业网所构成。[9]661 东城外及北城外 2 个综合商业区，内城亦为 1 个，而南城外和西城外商市，因未形成规模，只能依附于内城。$\overline{\text{2-6}}$

其中繁华尤以三岔河口为最。元代实行海运，海船到三岔口要换成平底船，驶往通州、京城。$\overline{\text{2-7}}$ 漕船频频经过的三岔口形成居民聚落。漕运耗费甚大，为维持运输，漕船搭运商货，回程的漕船也不空返，将北方特产载往南方。南来北往的漕粮和客货船只，在三岔口装卸各种货物，运往京师及其他地方。元代诗人张翥有诗曰："晓日三岔口，连檣集万艘。"而且船上人员都要到此处的天后宫$\overline{\text{2-8}}$焚香许愿、祈求平安，客观上也带动了这里的繁华。三岔口逐渐从航运枢纽发展为南北交通和物资交流的中心，使天津成为京师的水上门户。三岔河口船只往来、运输繁忙。岸上房舍相连，街巷宽绰，店铺林立。$\overline{\text{2-9}}$

商业会馆的特点

每年夏秋两季漕船、商船集中停泊于天津三岔河口一带，将江浙闽粤的蔗糖、茶叶、布匹、绸缎、纸张、柑橘、鱼翅等源源运抵津门；然后再将北方的药材、杂粮、豆类、核桃、山货等运往江南。各地商贾云集，外地货栈林立。客居天津的商界人士为联络感情、协调关系、议定策略、维护权益，也为解决诸如存放货物、临时住宿等实际问题设立馆舍。会馆由于经济实力雄厚，还大兴义举。如浙江会馆就办有浙江学校，[8] 广东会馆先后建立了旅津广东小学（今山西路小学）和中学（今 58 中）。[1]

天津曾陆续建立起近 20 家会馆。[2] $\overline{\text{2-10}}$ 其中，最早出现的是闽粤会馆。[3] $\overline{\text{2-11}}$ 早在三百年前，由广东、福建、潮州商家组成的商船队就驶入天津经商。他们的商船，船头油成红色，上面画有大眼鸡，被称做"大眼鸡船"。每年春天，当季风刮起的时候，他们便满载货物，浩浩荡荡，沿海北上，顺海河进入天津，人称"广东帮""潮州帮"和"福建帮"。他们分别建立了类似同乡会的组织：广东帮名为"常丰盛公所"，潮州帮名为"万世盛公所"，福建帮名为"苏万利公所"。由于地缘接近，语言相通，同时为了营业、团聚方便，三方同乡帮会于清乾隆四年（1739）联合建立了闽粤会馆，三帮轮流值年管理会馆。道光（1821—1850）末正赶上"广东帮"值年，因为一个经手人亏欠公款造成矛盾，"潮州帮"和"福建帮"拒绝"广东帮"值年，并且不许其查看

1　天津戏曲博物馆编：《天津戏曲博物馆·广东会馆》。
2　天津会馆统计见：沈旸. 明清时期天津的会馆与天津城. 华中建筑. 2006, 24（11）：102-107.
3　浙江旅津同乡于康熙七年（1668）将已废的明代镇仓关帝庙改建成乡祠，尽管已有会馆之实，但至光绪八年（1882）始称浙江会馆。

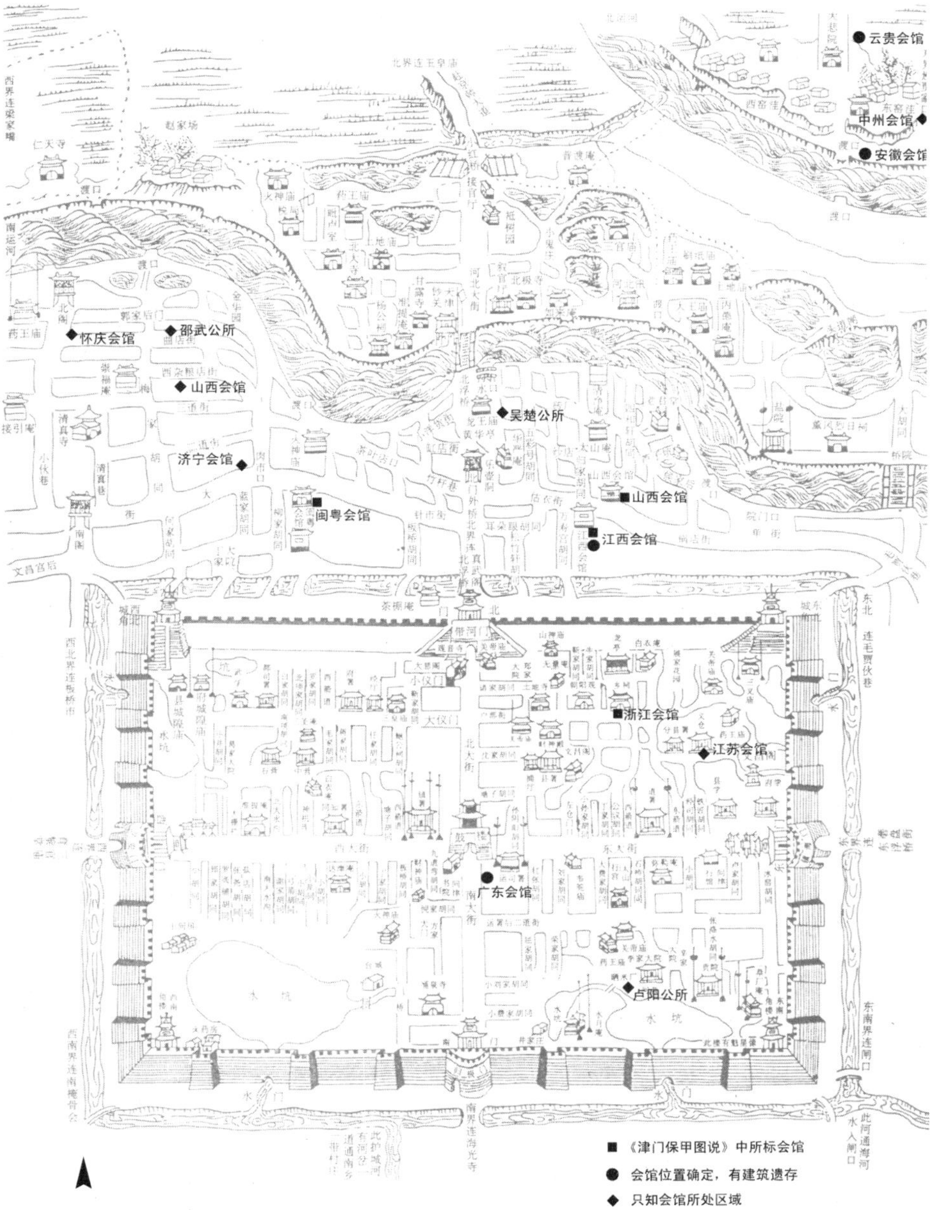
云贵会馆
中州会馆
安徽会馆
怀庆会馆
邵武公所
山西会馆
吴楚公所
济宁会馆
闽粤会馆
山西会馆
江西会馆
浙江会馆
江苏会馆
广东会馆
卢阳公所
■《津门保甲图说》中所标会馆
● 会馆位置确定，有建筑遗存
◆ 只知会馆所处区域

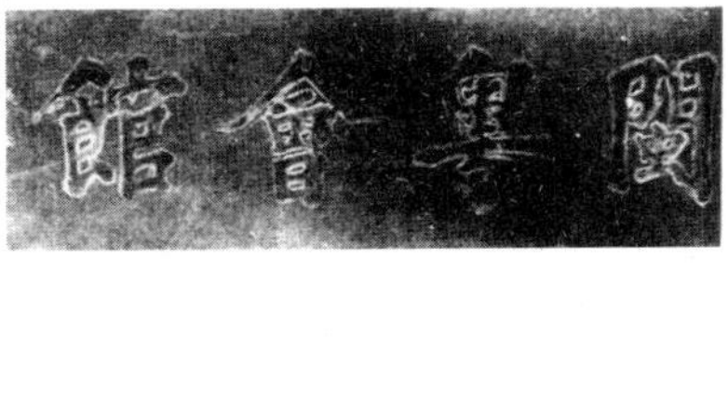
閩粵會館

2-10 **天津会馆分布**

①底图来源：由《清代天津北门外图》和《清代天津城概貌图》拼合。两图均出自《津门保甲图说》，见贺业钜：《中国古代城市规划史》第662-663页，中国建筑工业出版社，1996年版；②山东会馆成立于1933年，其所在位置大沽南路已属民国时城市扩充地带，不属本书论述范围，故未于图中标出

2-11 **“闽粤会馆”匾**

乾隆四十四年(1779年)张岳崧书，资料来源：《天津600年·图志卷·城埠风貌》，http://tianjin600.enorth.com.cn/tzj/cbfm

帐目，"广东帮"在闽粤会馆陷入被排斥的境地。光绪（1875—1908）末天津海关道广东人唐绍仪，为了发展巩固广帮势力，倡议集资修建广东会馆，并且带头捐献白银4千两。广帮商人热烈响应，很短时间内就集资9万多两白银，在天津城内鼓楼南大街购置了原盐运使署旧址的土地兴建新会馆，并于光绪三十三年（1907）落成。[2-12]

广东会馆的砖瓦木料大多从广东购买，瓦顶与墙体为北方做法，而石柱、曲枋、六角窗、内檐装修、五花山墙及精美的雕刻，又都很有岭南特色，是建筑艺术交流糅合的产物。[2-13]会馆周围还建造了铺房、住房300多间，并且在会馆东南面修建了"南园"，栽花种树，设立医药房，供广东同乡休息养病。戏楼为主体建筑，前面有悬挂着"岭渤凝和"巨匾[2-14]的宽阔的四合院，穿过夹道，是一座可容纳七八百人的木结构室内剧场，楼上观众席为包厢，楼下是散座。戏楼舞台深10米，宽11米，顶部是用细木构件榫接而成的螺旋式藻井，雕花工艺精美，音响效果良好。[1] [2-15] [2-16] [2-17]

天津会馆的性质及选址与北京的会馆大不相同。北京各会馆的主要功能是接待赴京赶考的各地生员，而天津会馆偏重于商业性能。因此天津会馆在分布上体现出对城市交通及商业布局的充分考虑。表2-1

[2-12] 广东会馆体现了南北建筑做法的融合

1 以上文字根据以下资料整理：①谭汝为：《会馆》《闽粤会馆与广东会馆》，见 http://www.sina.com.cn《天津建卫600周年纪念文集》；②天津戏曲博物馆编：《天津戏曲博物馆·广东会馆》；③孙大章：《清代建筑》第27页，《中国古代建筑史》卷5，中国建筑工业出版社，2000年版。

地名	简介
针市街	为闽、粤商聚居之地。
估衣街	地处海河及五大支流的汇合之处，漕粮、盐运的大批货船都在南运河靠岸停泊。这里是水陆交通的交汇点，也是本地与外地人口流动的聚合处，因而迅速发展。
锅店街	按该处聚集行业命名。
曲店街	
粮店街	原地处旧三岔河口，为漕粮集散地。至清道光间（1821—1850）始，此处粮商聚集，粮店林立，后形成街道，名"粮店街"，后为便于漕粮的储存转运，改称"粮店前街"和"粮店后街"。
北阁	西南城角以北，小伙巷北端，因此地原有一座过街的观音阁而得名。
晒米厂	明宣德间（1426—1435）在天津城内东北隅建造仓廒，漕粮运抵之后，在入仓前必须平铺于场地通风晾晒，于是仓廒前的大片空地就派上了用场。后仓廒被焚，晾晒场地建房成巷，故以"晒米厂"作为巷名，由此又派生出"晒米厂小马路""晒米厂东胡同"等街巷名。
北门外	北门外是通往京师的必经之路；东门外濒临海河，驾舟东下可达大沽海口，饱览日出壮丽景象；西门外一片绿树烟霭；南门外则是千顷稻田。明代"津门八景"的前四景，就是对卫城四门风光的概括："拱北遥岭"（北门）、"镇东晴旭"（东门）、"安西烟树"（西门）、"定南禾风"（南门）。清康熙十三年（1674），天津总兵赵良栋重修天津城池，重题四门匾额："东连沧海""西引太行""南达江淮""北拱神京"。历经沧桑的四座城门，已不复存在，但已成为地名"东门""西门""南门""北门"的由来。由四座城门又派生出不少街名，如"南门外""北门里""东门里"等。
东门里	

注：制表所需资料参照《天津地名考》，见"天津建卫600周年"丛书。

✦✦✦✦✦✦✦✦✦✦✦✦✦✦✦✦✦✦✦✦✦✦

表 2-1 部分会馆所在地情况

2-13　广东会馆与鼓楼的关系

　　资料来源：天津戏曲博物馆编《天津戏曲博物馆·广东会馆》

2-14　广东会馆三块原始木匾

2-15　广东会馆戏楼及其藻井

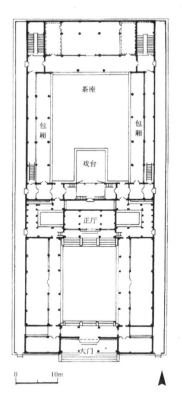

2-16　广东会馆平面

资料来源：孙大章《清代建筑》第27页，

《中国古代建筑史》（第5卷），中国建筑工业

出版社，2000年版

2-17　广东会馆原砖砌照壁

资料来源：天津戏曲博物馆编

《天津戏曲博物馆　广东会馆》

地缘乡愁：会馆

早期建立的会馆多集中于三岔河口一带，如闽粤会馆、江西会馆、山西会馆（两家）、济宁会馆、怀庆会馆、邵武公所、吴楚公所等均位于天津城以北、南运河以南的城厢地带，[1] 这也是天津最繁华的沿运地带。

位于海河以北的中州会馆、安徽会馆、云贵会馆等则建于同治（1862—1874）后，从另一侧面反映了天津沿运地带范围的扩大。而城内的浙江会馆、卢阳公所、江苏会馆、广东会馆等建立也较晚，体现了会馆分布由城市非地逐渐向城市主体靠拢和进入的过程，表明了会馆在城市中的地位是逐渐提高的。但这些城内的会馆都基本上位于城市的东部。究其原因，运河乃绕城东而过，会馆选址还是应充分考虑到与运河的就近原则，从而方便来往。

城市具有生长性，街道及其命名都是逐步形成的，只有当这些道路布满或基本布满店铺和住宅时，才需要产生一个统一的名称，而这也是商品经济的发展所致，会馆在这一过程中也起到一定的作用。如河北区老地名中有安徽会馆后街；浙江会馆于光绪十九年（1893）在会馆西侧建房成巷，以浙江会馆西箭道为巷名；江苏会馆位于东门里，南起仓廒街，向北转东至小药王庙北，建于光绪十八年（1892），后附近形成里巷，遂以江苏会馆为巷名。

凤凰水城：聊城

聊城 [3-1] 又名凤凰城，因明代所筑城池，北门为重叠门似凤头，东、西二门的扭头门向南似凤翅，南门的扭头门向东似凤尾而得名。[3-2] 古城尽管历史悠久，却是一个随着元代会通河的开挖，入清以后才真正兴盛起来的商业都市。

"聊摄为漕运通衢，南来客舶，络绎不绝"，"自国初至康熙间，来者踵相接。"[2] 大运河的畅通，交通的便利，使得聊城的商业迅速崛起，"嘉道年间，仅山陕商人在聊城开设的商号即有三四百家，其经营范围已扩大到棉布、皮货、粮食、茶叶、纸张、西货、蜡烛、烟、炭、食盐、海味、铁货、板材等"，[3] 据山陕会馆所保留的碑记统计估算，

1　城门是进出城内外的通道，而城门外的附近地区，则谓之"关厢"。《说文》云："厢，廊也"。人们沿着城门外的道路进出城内外，久之便在城门外附近及道路两侧形成店肆民居，并沿着道路延伸，如同走廊，故称关厢。

2　碑刻《旧米市街太汾公所碑记》，现存于聊城山陕会馆。

3　许檀：《明清时期山东运河沿线的商业城市》，全国运河经济与商业文化研讨会交流文章。

3-1 聊城古城鸟瞰

资料来源：中共聊城市委宣传部、聊城市政府办公室编《中
国历史文化名城·聊城》，山东友谊出版社，1995年版

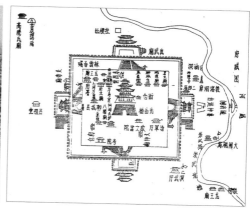

3-2 东昌府城图

资料来源：嘉庆《东昌府志》

清代中叶聊城的商业店铺作坊大约500~600家，其年经营额从低估计约为二三百万两，从高估计则几近千万两。[10]63 整个城市"廛市烟火之相望，不下万户"，成为"商业发达，水陆云集，车樯如织，富商林立，百货山积"的"东省之大都会"。[1]

由于"通都大邑、商贾云集之处，莫不各建会馆，以时宴会聚集于其中。客旅见乡人，联桑梓、通款洽，情倍亲也"。[2] 聊城的会馆亦随着商业的兴盛，在东关商业区一带如雨后春笋般纷纷建立。

聊城的商业兴衰

元时大都作为全国的政治中心，"去江南极远，而百司庶府之繁，卫士编民之众，无不仰给于江南"。[3] 元朝岁入税粮的54%来自江南三省，[4] 开通南北大运河势在必行。至元二十六年（1289）寿张县（今山东梁山西北）县尹韩仲晖等建议"开河置闸，引汶水达舟于御河，以便公私漕贩"，[5] 并于年内开工，南起东平路须城县（今山东东平）西南的安山，经寿张西北至东昌路（今山东聊城），又西北至临清，达于御河，全长约125公里，凿成后因"开魏博之渠，通江淮之运，古所未有"[6]，便被元世祖命名为"会

1　碑刻《春秋阁碑文》，存于聊城山陕会馆。
2　碑刻《山陕会馆重修戏台建立看楼碑记》，存于聊城山陕会馆。
3　危素：《元海运志》。
4　《元史》，《食货志》。
5　《元史》卷64，《河渠志》1，《会通河》。
6　《元史》，《食货志》。

通河"。二十八年（1291）都水监郭守敬建议疏凿通州至大都的通惠河。至此，南北大运河全线开通。[3-3] 但由于元代通漕时间极为短促，聊城并没有立即显示出漕运城市的繁华兴盛。

明洪武二十四年（1391）"河决原武，漫安山湖而东，会通尽淤"。永乐九年（1411），"乃用济宁州同知潘叔正言，命尚书宋礼、侍郎金纯、都督周长，浚会通河。"[1] 同时尚书宋礼采用老人白英策的建议，"筑罡城及戴村坝，遏汶水使西，尽出南旺，分流三分往南，接济徐、吕；七分往北，以达临清。"[2] "自永，宣至正统间，凡数十载"，"会通安流"，南北运河畅通无阻，又由于"海、陆运俱废"，[3] 漕运逾显兴旺，聊城也随之开始成为沿河九大商埠之一。[11]43

清乾隆（1736—1795）至道光（1821—1850）间，漕运达到鼎盛时期，聊城声位愈增，"东昌为山左名区，地临运漕，四方商贾云集者不可胜数。"[4] 穿越聊城城区的一段运河，南起龙湾，北迄北坝，全长 5 公里。[3-4] [3-5] 延至咸丰五年（1855）黄河决于河南兰考铜瓦厢，运河堤被冲毁，黄河穿运，北上漕船逐渐减少。光绪二十七年（1901）裁撤管河人员，运河遂废，聊城日渐衰落。

聊城城外东关大街东首设有一闸，叫通济闸，本地人称之为"闸口"，是运河之水流经聊城的咽喉要地。南北交通货运必经聊城，并皆取道于此。由于船多，时常发生堵塞，为疏通船只，又于闸口以东开凿了一条长约 1 公里的小河，名曰"越河"，寓跨越大河之意。在这条小河两岸，很快又形成了一个新的闹市区。东关运河和越河一带，船如梭，人如潮，店铺鳞次栉比，作坊星罗棋布，一派繁荣昌盛景象。[12]113-114

东关运河崇武驿大码头[3-6] 一带成为物资集散的重要港口，南来北往的漕船络绎不绝，停港待卸的商舶绵延数里。从崇武驿大码头南望，舳舻相连，帆樯如林，宛如一幅宏丽壮阔的画图，故有"崇武连樯"[3-7] 之称，为东昌八景之一。[5]

聊城至今仍流传着"金太平、银双街、铁打的小东关"等歌谣，生动地反映了当时这一带的繁华景象。"金太平"，即大闸口以南的街道，紧靠越河处。此街有百余家殷富商号的仓库、堆栈，可谓货如山积。街北即越河，出后门即临水，运河来货，可直接将船泊于后门外交卸，交通便利。"银双街"，即闸口向南运河西岸的街道，并与东关大街、米市街等相连接，形成广阔的商业网区。山陕帮、江西帮、苏杭帮的粮

---

1 《明史》卷 85，《河渠志》3，《运河上》。
2 光绪《山东通志》卷 126，《运河考》。
3 《明史》卷 85，《河渠志》3，《运河上》。
4 嘉庆《东昌府志》。
5 康熙帝曾来聊 4 次，乾隆帝东巡、南巡过聊 9 次。当时的画师曾根据聊城城池、运河、铁塔、光岳楼等绘出"光岳晓晴、巢父遗牧、崇武连樯、绿云春曙、古瓮铺琼、圣泉携雨、仙阁云护、铁塔烟霏"等东昌八景，刊入《南巡盛典》一书。

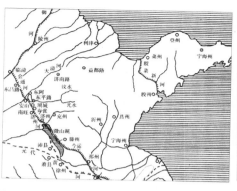

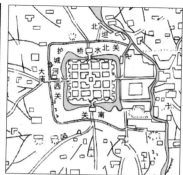

<u>3-3</u>　元代大运河山东段

　　资料来源：岳国芳：《中国大运河》，山东友谊出版社，1989年版

<u>3-4</u>　河魂碑

<u>3-5</u>　明清大运河聊城段

　　资料来源：《皇清聊城县舆地全图》，存于聊城山陕会馆

113

<u>3-6</u>　大码头遗址

<u>3-7</u>　东昌八景

　　资料来源：《南巡盛典》

地缘乡愁······会馆

行、钱庄、茶叶、绸缎布匹、杂货食品等资本雄厚的大型商号,多数建立在这一带。"铁打的小东关",即东关越河圈的东面偏北。"正立当""协和当""兴聚当"等当铺均设于此。当铺都是崇楼巨厦,高垣峻屋,街之东西两头,筑有阁门,街四周圩墙坚固。为防盗防火,有人日夜巡逻,警戒森严,故以"铁打"形容。[11]70

城内商业布局则以光岳楼为中心枢纽 3-8,向四外辐射,辟为四条通衢。以方向命名,称为楼东大街、楼西大街、楼南大街、楼北大街。楼西大街,因为邻近县衙门,进出办事人员众多,大小饭庄林立。楼东大街,长达 2 华里,直达运河,故大型商号鳞次栉比,装饰辉煌,熙熙攘攘,行人如织。出东门,即长达 5 华里的东关大街,整个大街青石铺路,南北店铺招牌耸立云霄,巨幅市招高飘当空,经营得相当兴隆。

运河畔八大会馆

云集在聊城的客商,不仅在此地买地建房,设立商号,而且为了便于集体商议营业、联络感情、维护利益,还在东关大闸口、大码头一带的南、北、西面运河沿岸建立了多处会馆,选址充分考虑了城市的对外交通和商业布局。3-9

据同治十三年(1873)甲戌丁卯科举人介休李弼臣撰书的《旧米市街太汾公所碑记》载:"聊摄为漕运通衢,南来客舶,络绎不绝,以故吾乡之商贩者云集焉,而太汾两府者尤夥。自国初至康熙间,来者踵相接,侨寓旅舍几不能容。有老成解事者,议立公所,谋之于众,佥曰善。捐厘酿金,购家宅一区,因址而葺修之,号曰'太汾公所'。盖不营广厦千万间也。辛未,余赴试礼闱,道出聊摄,见有山陕会馆殿宇嵯峨,有碑为之记,诚盛举也。爰与同乡游,始知会馆而外,又有太汾公所。溯厥由来,而未获有所记也。"[1] 可见 17 世纪的聊城早有大量商旅客居,而太汾公所正是 18 世纪中叶建成的山陕会馆的滥觞。

聊城会馆的史载资料极少,历史上出版的各朝《东昌府志》《聊城县志》等均无涉及,唯一可依据的文献为会馆遗留下的碑刻,其中保留至今的山陕会馆拥有碑刻 18 幢之多,[10]126 已毁的江西会馆亦有 17 幢。[11]280

清时聊城闻名全国的会馆共有 8 处,简称"八大会馆"。[10]63 目前,有文字可考和碑碣记载的会馆共有 6 处,即太汾公所、山陕会馆、苏州会馆、江西会馆、赣江会馆和武林会馆。[2]

会馆大多傍河而立 3-10,殿宇嵯峨。河中桅杆如林,岸边货积如山,白日车水马龙,

1　碑刻《旧米市街太汾公所碑记》,存于聊城山陕会馆。
2　聊城会馆统计见:沈旸. 明清聊城的会馆与聊城 [J]. 华中建筑. 卷 2007, 25(2):158-162.

3-8 **聊城古城模型**
　　　存于聊城光岳楼

3-9 **聊城会馆分布**
　　　底图来源：《皇清聊城县舆地全图》，及聊城市
　　　旅游局编《2000年江北水城．聊城》综合而成

3-10 **大运河与山陕会馆**
　　　资料来源：李国华摄

3-11　山陕会馆所供关帝。
作者自摄

3-12　山陕会馆建筑群。
聊城博物馆竞放提供

夜间灯火通明。如山陕会馆，临河而立，坐西朝东，拥有山门、戏楼、三殿、碑亭、春秋阁等大小房屋160余间，现为全国重点保护文物；苏州会馆亦有山门、戏楼、看楼、钟鼓楼、大殿、春秋阁等，形制如山陕会馆，但规模较小，玲珑雅致，故有"小会馆"之称，据说建造会馆的砖木皆由江南运来，会馆到处都是精美的砖雕花饰，处处体现着江南纤巧精细的建筑风格，惜于1940年代毁于战火；江西会馆有山门、奎星楼、戏楼、看楼、大殿、春秋阁等，现只存有道光十年（1830）特制的瓷香炉一座。[1]

个案：山陕会馆

山陕会馆位于东关双街南段，古运河的西岸。由于"东昌（即今之聊城）为山左名区，地临运漕，四方商贾云集者不可数。而吾山陕为居多，自乾隆八年创建会馆"。其主要作用是"祀神明而联桑梓"，[2] 即用来祭神——关羽关帝爷[3-11]，和联系山西、陕西一带客商乡谊。

山陕会馆是一座庙宇和会馆相结合的建筑群体[3-12]，坐西面东，主要建筑有山门[3-13]、戏楼[3-14]、夹楼[3-15]、钟鼓楼[3-16]、看楼[3-17]、碑亭[3-18]、大殿[3-19]、春秋阁[3-20]等，共计160余间。会馆采用中国传统布局形式，山门、戏楼、春秋阁等主体建筑，均位于一条东西向的中轴线上；钟鼓楼、看楼、碑亭等则在主体建筑两侧作对称式排列。这样就使山陕会馆形成了一个规整的长方形院落。整组建筑布局紧凑、连接得

1　根据聊城博物馆竞放、陈清义提供的资料整理。
2　碑刻《山陕会馆众商重修关圣帝君大殿、财神大王北殿、文昌火神南殿暨戏台、看楼、山门并新建飨亭、钟鼓楼序》，存于聊城山陕会馆。

$\overline{3\text{-}13}$　山陕会馆山门
$\overline{3\text{-}14}$　山陕会馆戏楼

$\overline{3\text{-}15}$　山陕会馆夹楼
$\overline{3\text{-}16}$　山陕会馆钟鼓楼

$\overline{3\text{-}17}$　山陕会馆看楼
$\overline{3\text{-}18}$　山陕会馆碑亭

$\overline{3\text{-}19}$　山陕会馆大殿
$\overline{3\text{-}20}$　山陕会馆春秋阁

此页图为作者自摄

地缘乡愁：会馆

体、做工精细、装饰华丽。

从会馆碑碣中可以了解到，山陕会馆先后进行过 8 次扩建和重修。[13]

山陕会馆最初的建筑规模并不大，房舍也不多，只有正殿、戏台和群楼，"中祀关圣帝君，殿宇临乎上，戏台峙其前，群楼列其左右，固已美轮美奂，炳若禹皇矣。"但南北两面都是空旷的，"艮巽二隅一望无涯，未免有泄而不蓄之憾。"于是乾隆三十一年（1766）第 1 次重修时，"议欲增修之……遂庄材鸠工，陶甓取綮，因前制而缮焉。旁增看楼二座。"[1]

乾隆三十七年（1772）和四十二年（1777）的两次重修规模均不大。

第 4 次重修，"起癸亥迄己巳[2]，七年而告工竣"，是诸次重修中工程最大、用工最多的一次。"兹之重修，非第故者新之，缺者补之，等寻常之经营已也。盖有修而求其新者焉。中殿祀关帝君，其后建春秋阁，已勒诸贞珉，兹不复赘。北殿祀财神、大王、南殿祀文昌、火神。三殿居西，正大高明，为诸神凭依之所。其东有演戏台，而看楼对峙，山门屏列，此皆依旧制而新之者也。殿前享亭九间，陈俎豆于此，肃跪拜于此，联乡谊而饮福酒亦于此。至若礼动于上，乐应天下，则钟鼓二楼，列于戏台之左右，此则增旧制而备美者矣。"[3] 增筑的春秋阁、享亭（即献殿）和钟鼓楼使整个建筑群体更加完整，会馆也基本扩展到了现在的规模。

道光二十一年（1841），"正初演剧，优人不戒于火，延烧戏台、山门及钟鼓二亭。"后于二十五年（1845）集资重建，即今日戏台、山门、钟鼓楼。这次的第五次重修充分体现了山陕籍商贾的思乡之情和会馆的地缘特色，"斯役也，梓匠觅之汾阳，梁栋来自终南，积虑劳心，以有今日。今众商聚集其间者，盹然蔼然，如处秦山晋水间矣。"[4]

其后分别于同治六年（1867）、光绪二十三年（1893）、民国二年（1913）又进行了 3 次重修。

修建经费的主要来源是在商业利润中抽的"厘头"。如第四次重修时，"收入项目共五宗：（一）收布施干白银 6294.64 两；（二）收厘头干白银 42 980.25 两；（三）收利干白银 422.97 两；（四）收众号用物并房租干白银 495.52 两；（五）收长利房价干白银 139.92 两。以上共收干白银 50 333.12 两。"[5]

修建会馆是为了更好地"悦亲戚之情，话慰良朋之契阔。虽在齐右，无异登华巅

1　碑刻《山陕会馆重修戏台建立看楼碑记》，存于聊城山陕会馆。
2　嘉庆八年（1803）到嘉庆十四年（1809）。
3　碑刻《山陕会馆众商重修关圣帝君大殿、财神大王北殿、文昌火神南殿暨戏台、看楼、山门并新建飨亭、钟鼓楼序》，存于聊城山陕会馆。
4　碑刻《重修陕山会馆戏台、山门、钟鼓楼记》，存于聊城山陕会馆。
5　碑刻《进出银两开支碑》，存于聊城山陕会馆。

而泛汾波也"。[1]因此，每年的重大节日和关公祭日，所有的山陕商人都要聚集到他们自己集资兴建的会馆里来祭祀关公，联络乡情，互叙生意场上的喜怒哀乐。同时请戏班演戏娱神，并免费接待城乡群众。阴历正月初一、初二演两天，五月端五初四、初五、初六演三天，八月中秋十四、十五、十六演三天。每逢演戏，都是人山人海。正月十五上元节，城关的寺庙、街衢、商号都有灯棚，各会馆也都展示自己具有本籍特色的花灯，山陕会馆的花灯尤为悦目。据说，山陕会馆极盛时期，内外共有各种花灯350多盏。[12]70

通过山陕会馆的个案研究，可以发现会馆的建造不是一蹴而就的，是一个发展并逐步完备的过程。同时会馆尽管为外地商人所建并使用，但其内所办各式活动，亦为聊城本地的社会生活和城市形态注入了新的元素，对其产生了一定的影响。

盐醯孔道：淮安　　119

淮安地处南北要冲，是河、漕、盐、关重地。"河、漕，国之重务，治河与治漕相表里。欲考河、漕之原委得失，山阳实当其冲。……天下榷关独山阳之关凡三，今并三为一而税如故，……若盐策尤为蚕丛。产盐地在海州，掣盐场在山阳，淮北商人环居萃处，天下盐利淮为上。夫河、漕、关、盐非一县事，皆出于一县。"[2]

除了治河以外，漕运、盐务和榷关都与淮安府城（山阳）的转输贸易有关："自府城至西北关厢，由明季迄国朝，为淮北纲盐屯集之地。任醯商者，皆徽（州）、扬（州）高赀巨户，役使千夫，商贩辐辏；夏秋之交，西南数省粮艘衔尾入境，皆泊于城西运河，以待盘验牵挽，往来百货山列……"[3] 其中，"城西北关厢之盛，独为一邑冠。"[4] 所谓西北关厢，即指位于淮安新城之西、联城西北的河下。这里地处古邗沟入淮处，是北辰镇的一部分。

淮安会馆之设，大致始于清乾、嘉以后。"每当春日聚饮其中，以联乡谊"。[5] 其中，绝大部分会馆都分布在河下。

1　碑刻《山陕会馆重修戏台建立看楼碑记》，存于聊城山陕会馆。
2　张鸿烈：《重修＜山阳县志＞序》。
3　光绪《淮安府志》卷1，《疆域》。
4　同治《重修山阳县志》卷1，《疆域》。
5　王觐宸：《淮安河下志》卷16，《杂缀》。

运河与淮安三城

汉武帝元狩六年（117）置射阳县，地当今淮安市楚州区及宝应县之半，"山阳实射阳境内一大镇"。[1] 东晋安帝义熙二年（409）诸葛长民从青州徙山阳时，鲜卑接境，诸葛长民云："此蕃十载，衅故相袭，城池崩毁，不闻鸡犬，抄掠滋甚，乃还镇京口。"[2] 由此可知，此时山阳已是一个城。

明初立淮安府，而"以山阳附府郭"。其时"因河流入淮以为通道。岁漕东南粳稻四百万石输于京师，遂为总汇之区。故漕臣驻节其地，以管领天下之转输。而东南土物之作贡者，楚蜀之木、滇之铜、豫章之窑、吴越之织贝、闽粤之桔柚，亦皆行经其地，以直达于天津。山阳与天津南北两大镇屹然相对，五百年来莫之有改矣"，[3] 直到清末漕运废止前。作为淮安府治所在的山阳县，因其地理位置之重要，曾被称为"南北枢机"。

淮安既是黄、淮、运三河交汇处的咽喉重镇，也是军队驻防的重点城市。作为区域性中心城堡，淮安城坚牢高峻，易守难攻，素有"铁打淮安城"的口碑。淮安城分为旧城、新城、夹城（亦称联城），俗称"淮安三城"。

三城之兴，各有起始，而且与大运河有着密切的关系。

淮安旧城始筑于东晋安帝义熙间（405—418），唐、宋屡有修治。南宋孝宗（1163—1189）时，陈敏重加修葺，金国的使臣过淮，见楚州城雉坚新，称为"银铸城"。

元时的淮安城，呈现的是荒芜破败的景象，"中秋淮浦月，谁共好开怀？看月坐复坐，可人来不来。独谣惭短思，多病负深怀。梦见芜城[4] 路，吹箫拥醉回。"[5] 其旧城也只是在至正间（1341—1368）"江淮兵乱，守臣因旧土城稍加补筑、防守"。[6]

可是，与淮安古城的冷落形成鲜明对比的，是元代运河所绕过的旧城城北的北辰坊一地却形成了工商业者聚集、聚落不断繁盛的景象。这是由于元代为了漕运南方贡赋米粮，曾将南北大运河打通。运河正好从北辰坊一地绕过，北接淮河，因此促进了这里的繁荣，同时也为新城之兴提供了条件。

旧城于明初得到增修。"新城，去旧城一里许，山阳北辰也。元末张士诚伪将史文炳守此时，筑城临淮。"[7] 这个地方临近古邗沟的末口，古邗沟就是经末口入淮。"自北辰堰筑，而末口变为石闸，自新城筑，而石闸变为北水关"。淮安卫指挥时禹于

1　《读史方舆纪要》卷 33。
2　《南齐书》《地理志》。
3　存葆、何绍基纂修：《重修山阳县志》。
4　"芜城"指广陵，即扬州。
5　（元）吴师道：《中秋泊淮安望张仲平举助教不至》。
6　天启《淮安府志》卷 3。
7　天启《淮安府志》卷 3。

洪武十年（1377）又"取宝应废城砖石筑之"，[1] 其后，明永乐（1403—1424）、正德（1506—1521）、隆庆（1567—1572）、万历（1573—1620），清乾隆（1736—1795）、咸丰（1851—1861）中均进行过修整。

联城在旧、新二城之间，俗称夹城。明洪武前，淮安"北枕黄河，西凭湖水，运河自南而东而西，引于新旧二城之间"，因此此处"古无联城。今马头池、陆家池等处皆昔日粮艘屯集之处，……右有隙地曰桃花营（桃花垠）"。[2] 至明代，黄河北徙和运河改道，城西为建造联城提供了条件。嘉靖三十九年（1560）倭寇犯境，考虑到旧、新二城分离，防卫有困难，"漕运都御史章焕奏准建造"联城，"联贯新旧二城"。[3] 明万历（1573—1620）、清乾隆（1736—1795）中，先后加筑、修新。

至此，明清时期淮安旧城、新城、联城的位置和规模基本确定。[4-1] 其形制既不同于城与郭的关系，又不似明清时代有些城市，因城门外商业发展而形成关厢地区，然后再用城墙包围起来的情况；而是主要由于防卫的需要逐步加筑而成。

繁华景移西湖嘴

明永乐十三年（1415）平江伯陈瑄开清江浦河，导淮安城西管家湖（亦称丁湖）水自鸭陈口入淮，"运道改由城西，河下遂居黄（河）、运（河）之间"。[4] 邱浚在弘治间（1488—1505）写了一首《过山阳县》诗："十里朱旗两岸舟，夜深歌舞几时休。扬州千载繁华景，移在西湖嘴上头。"西湖嘴在运河东岸，即指河下，今河下紧接运河堤的南北向大街，还叫湖嘴大街。[4-2]

河下的兴盛与运河和盐运密切相关。

明代淮北盐场发明了滩晒制盐法，这种方法与煎盐相比，花工少，成本低，产量高，盐质好，使淮盐在我国盐业生产上迅速独占鳌头。

而明代中叶以后黄河全流夺淮入海，苏北水患日趋频仍，安东等地时常受到洪水的威胁。如淮北批验所本在安东县南六十里的支家河，"淮北诸场盐必榷于此，始货之庐、凤、河南"，批验所旧基在淮河南岸，"当河流之冲"，[5] 弘治（1488—1505）、正德（1506—1521）间曾多次圮毁，后来虽移至淮河北岸，但洪水的困扰仍未减轻。安东为"盐醝孔道，土沃物丰，生齿蕃庶，士知学而畏法，近罹河患，丰歉不常"。[6]

1　光绪《淮安府志》卷3。
2　同治《重修山阳县志》卷2。
3　天启《淮安府志》。
4　王觐宸：《淮安河下志》卷1，《疆域》。
5　嘉庆《两淮盐法志》卷37，《职官》6，《庙署》引嘉靖《盐法志》。
6　乾隆《淮安府志》卷11，《公署》。

在这种形势下，盐运分司改驻淮安河下，而淮北批验盐引所改驻河下大绳巷，淮北巡检也移驻乌沙河，故淮北"产盐地在海州，掣盐场在山阳"，河下遂为淮北盐斤必经之地，"淮北商人环居萃处，天下盐利淮为上"，[1] "郡城著姓，自山西、河南、新安来业鹾者，有杜、阎、何、李、程、周若而姓……"大批富商巨贾卜居于此，使河下迅速形成"东襟新城，西控板闸，南带运河，北倚河北，舟车杂还，凤称要冲，沟渠外环，波流中贯，纵横衢路，东西广约五六里，南北袤约二里"[2] 的闹市名区。"沙河五坝为民、商转搬之所，而船厂抽分复萃于是，钉、铁、绳、篷、百货骈集；及草湾改道，河下无黄河工程；而明中叶司农叶公奏改开中之法，[3] 盐策富商挟资而来，家于河下，河下乃称极盛。"[4]

盐商的麇集骈至，使河下的面貌大为改观。"高堂曲榭，第宅连云，墙壁垒石为基，煮米屑磁为汁，以为子孙百世业也。城外水木清华，故多寺观，诸商筑石路数百丈，遍凿莲花"，"谈者目为'小扬州'"。[5] 徽商程氏更"以满浦一铺街（即湖嘴街）为商贾辐辏之地，地崎岖，不便往来，捐白金八百两购石板铺砌，由是继成善举者指不胜屈。郡城之外，悉成坦途"。[6] 石板街 4-3 迄今犹存，共有九街（估衣街、琵琶刘街、中街、花巷街、菜巷街、湖嘴街、竹巷街、干鱼巷和罗家桥街）、两巷（大成巷、粉章巷）、两桥（程公桥、萍果桥），都以石板铺成。[14]91 4-4 据调查，铺造这些石板街巷和桥梁用的石板，是由回空盐船由各地运来，其厚度在半市尺左右，长度则有约两市尺半，因年代久远，已经断裂不少，但现存比较完整的仍有一万多块。[7]330-331

及至清道光间（1821—1850）因票运改经西坝而纲盐废止，河决铜瓦厢而漕运停歇，"居民斋一弦诵佃作，无他冀幸，间艺园圃，课纺绩。贫者或肩佣自给，曾不数十年坚贫守约，耳目易观，昔之漕、盐杂沓，浩穰百端，则相与忘之稔矣。"[7] 西北关厢河下一带，"自更纲为票，利源中竭，潭潭巨宅，飙忽易主，识者伤焉。捻寇剽牧，惨遭劫灰，大厦华堂，荡为瓦砾，间有一、二存者，亦摧毁于荒榛蔓草中。"[8]

很明显，河、漕、盐三大政的骤变——盐政制度的改革，淮北盐运线路、掣盐场所和集散地的变迁，都直接影响了河下的繁华寂寞。

1　金秉祚、丁一寿：《山阳县志》序。
2　《淮雨丛谈》，《考证类》。
3　所谓"明中叶司农叶公奏改开中之法"，是指明代弘治年间户部尚书叶淇正式公布纳银中盐的办法——运司纳银制度，也就是召商开中引盐，纳银运司，类解户部太仓以备应用。从此以后，因商人只需在运司所在的地方纳银，就可中盐，故"耕稼积粟无所用，遂辍业而归"。
4　王觐宸：《淮安河下志》卷1，《疆域》。
5　黄钧宰：《金壶浪墨》卷1，《纲盐改票》。
6　王觐宸：《淮安河下志》卷2，《巷陌》。
7　同治《重修山阳县志》卷1。
8　王锡祺：《〈山阳河下园亭记〉跋》。

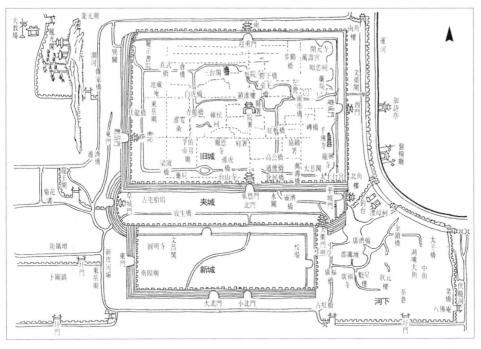

4-1 同治淮安城图

　　资料来源：阮仪三《神州鸟瞰系列1 古城留迹》第54页，香港海峰出版社，1990年版

4-2 河下湖嘴大街

4-3 河下石板街

4-4 河下石板街巷分布

　　资料来源：上海同济城市规划设计研究院，淮安市规划局《淮安市楚州区河下古镇历史文化街区保护与整治规划（2003年12月）》，淮安市文化局文物办提供

河下会馆的兴盛

河下商务鼎盛，还可从会馆的兴盛中窥豹一斑。

清康熙十四年（1675），"编审原缺丁一万四千九百一十三丁，缺银六千四百二千七两。"为了补足缺额，"乃收淮城北寄居贸易人户及山西与徽州寄寓之人，编为附安仁一图。"由此可见，寄寓淮安的外地商是很多的，这正是会馆兴建的基本条件。

先是从业质库的徽州人，借灵王庙厅事同善堂为新安会馆。此后，侨寓淮安的各地商贾纷纷效仿。[14]93 据目前已知的资料统计，明清淮安计有 10 家会馆。[1] 除位于西门堤外的江西会馆，其余均在河下。4-5

这些会馆都有自己的特点。如浙江人办的浙绍会馆，主要是经营绸布业，山西人办的定阳会馆，主要是放债收取印子钱，也就是放高利贷，镇江人办的润州会馆，主要是开药店。[7]335 为行商方便，会馆设立充分考虑了与大运河的交通联系。如位于北角楼观音庵的润州会馆，在运河大堤上便可对其一览无遗。4-6

值得一提的是，淮安的会馆遗存情况不容乐观。4-7~4-13 深究其原因，最主要的还是因为河下的兴衰完全是和大运河联系在一起，与大运河的命运唇齿相依。河下并不具备独立生存的条件，其繁华与否也没有自主性。河下的会馆都是商办组织，大运河衰落了，河下的商业就衰落了，会馆的辉煌也就不复存在了。

124

盐商麇集：扬州

扬州乃"维扬古九州之一，江都为附邑，袤延数百里，北枕三湖，南抵大江，今昔称海内一大都会，且为南北襟喉，漕运盐司，关国家重计，皆萃斯土"。[2] "扬州据江海之会，所统会三州七邑，为东南咽喉枢要之地。"[3] 优越的地理位置，为城市发展提供了有利的条件。"东南三大政，曰漕，曰盐，曰河。广陵本盐策要区，北距河、淮，乃转输之咽吭，实兼三者之难。"[4] 特别是盐业，与扬州城市发展的关系尤为密切。中

1　淮安会馆统计见：沈旸，王卫清. 大运河兴衰与清代淮安的会馆建设. 南方建筑. 2006，113（9）：71-74.
2　张宁：《〈万历志〉序》。
3　嘉靖《惟扬志》卷 37。
4　嘉庆《扬州府志》序。

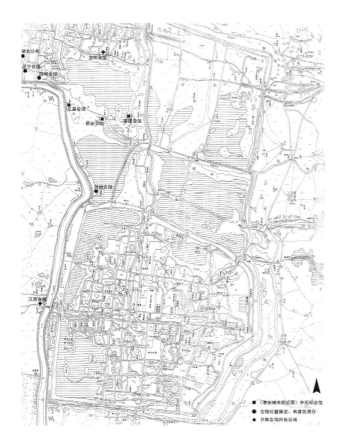

4-5　淮安会馆分布

①底图来源：江北陆军学堂测绘《淮安城市
附近图》（1908 年 4 月），并依江苏省基础
地理信息中心编《2003 年淮安市工商交通旅
游图　楚州城区图》补全；②浙绍会馆只知
所在地点名，尚未于图中确定位置

4-6　润州会馆紧靠大运河

上图中"淮安三城模型"存于楚州区镇淮楼；
下右图中"大运河"碑为 20 世纪 80 年代初立

地缘乡愁：会馆

4-7 **润州会馆**
　　现废置
4-8 **四明会馆**
　　现为民宅

4-9 **江宁会馆**
　　现为民宅，"江宁会馆"匾作铺地用

4-10 **"定阳会馆"匾**
　　资料来源：中央电视台 1984 年摄制
　　《话说运河》第 17 集《地杰人灵话淮安》
4-11 **福建会馆遗址**
　　资料来源：中央电视台 1984 年摄制
　　《话说运河》第 17 集《地杰人灵话淮安》

4-12 **新安会馆遗址**
　　资料来源：中央电视台 1984 年摄制
　　《话说运河》第 17 集《地杰人灵话淮安》
4-13 **浙绍会馆遗址**
　　资料来源：中央电视台 1984 年摄制
　　《话说运河》第 17 集《地杰人灵话淮安》

唐以来，随着赋税重心的南移，淮南盐业应运勃兴，盐税在国家岁入中占据了首要的比重。及至明弘治（1488—1505）以后，运司纳银制度确立，广陵作为淮鹾总汇，殷实富商鳞集麇至，对扬州城市的地缘分异，产生了极其深刻的影响。

扬州既是著名的商业城市，又是盐业集散要地。往来客商在长途贩运中结成帮，如徽州帮、山西帮、广东帮等。为了"客于扬者"有"往来憩息之所，笃乡谊也"，[1] "因思日久人众，虽萃处一方，而声气无以联络，则于桑梓之谊恐转疏也。且鹾业关系至重，非寻常生业可比，虽有一定章程，而于常课之外，或有他项捐输，一奉大府文告，随时筹复，非齐集而共商之不可，因有设立会馆之议。"[2]

扬州繁华以盐胜

元至正十七年（1357）冬，朱元璋军队攻克扬州，兵燹劫余，金院张德林在宋大城西南隅改筑城垣，这就是明代的扬州旧城。[3] 及至明成祖迁都北京，皇朝的政治中心远离富庶的东南地区，官俸军饷和日用百货却仍旧仰给江南，明成祖初对江南漕运也采用海陆兼运的办法。自永乐十三年（1415）罢海运粮，平江伯陈瑄造船、疏浚漕路。明代的运河治理使南北运河运输江南物资至京城较为通畅，当时政府规定漕船可携带附载土宜，可自由在沿途贩卖，免征钞税。[4] 这样既促进了南北物资的交流，又能繁荣沿岸城镇经济，为沿岸城市经济的发展奠定了基础。扬州为"自南入北之门户"，"留都股肱夹辅要冲之地。两京、诸省官舟之所经，东南朝觐贡道之所入，盐舟之南迈，漕米之北运"[5] 都经由此地。

明政府"设关处所于河西务、临清、九江、浒墅俱户部差；淮安、扬州、杭州俱南京户部差"。[6] "舟船受雇装载者，计所载料多寡、路近远纳钞"。[7] 宣德四年（1429）于扬州旧城东南濒临运河处设广陵钞关。至万历（1573—1620）时又调整机构，仅存河西务、临清、淮安、扬州、苏州、杭州、九江共7处，扬州钞关成为常设机构而闻名。[8] 清袭明制，仍设钞关署。[9] 钞关既是关务所在，又为城中去外埠的交通孔道，所以游民骈集。及至民国十二年（1923）镇扬长途汽车公司创办，线路由新辟福运门（今引市街南）为起点，至六圩车站止。于是来往旅客改走新道，昔日繁华一时的钞

1　碑刻《重修浙绍会馆记》，存于扬州达士巷。
2　碑刻《建立岭南会馆碑记》，存于扬州仓巷小学。
3　《明太祖洪武实录》。
4　《明会典》卷29。
5　张宪：《侍御金溪吴公浚复河隍序》，嘉靖《维扬志》卷27，《诗文序十一》。
6　《明会典》卷35。
7　《明史》卷81，《食货志》。
8　《钦定续文献通考》卷18，《征榷考》。
9　嘉庆《重修扬州府志》卷20。

关也随之萧条。[15]245

　　由于扬州旧城东面远离运河，不仅难以发挥运河沿岸城市转输贸易之功能，城市本身生活必需品的供应也成了问题。加上其后人口繁庶，以致"城小不能容众"，[1]更成了突出的矛盾。因此，扬州城区由东、南两方向趋向运河延伸，实乃必然之趋势，此后"司址东、北民居鳞集"。[2]嘉靖三十四年（1555），倭寇侵掠扬州，"外城萧条，百八十家多遭焚截者"，[3]为防倭寇而于三十五年（1556）建新城，城池"外城巍然，岸高池深"。[4]新城位于宋大城东南角，西挨旧城，用旧城的大东门和小东门，北开3门，天宁、广储和便益，东有利津门和通济门，南侧有挹江门和徐凝门。东南以运河为护城河，运河从新城南面、东面流过，自挹江门可进入城市，城墙比前代更加靠近运河。[5-1]新城建成后发展迅速，筑城前被倭寇"为灰烬者，悉焕然为栋宇"，"民居鳞然"，"商贾犹复具于市，少者扶老羸，壮者任戴负……"以致商民"无复移家之虑"，[5]于是"四方之托业者辐辏焉"，[6]新城迅速繁荣。

　　因于运河，盐运繁荣，亦是影响扬州繁荣的重要因素之一。

　　扬州盐业生产实自汉吴王刘濞开之。汉高祖十一年（公元前196）刘濞受封吴王，都扬州，"即山铸钱"，"煮海水为盐"。[7]唐以前，由于封建统治者在盐业生产上实行重西北轻东南的政策，两淮盐业没有得到长足的发展。进入唐代后，由于全国经济重心南移，东南地区的海盐生产才得到重视。[16]1宋代在全国设有都转运使司六，扬州即为其一。明清设巡盐御史，督理淮浙盐务，也驻扎扬州。国家设官纳课专卖，全国每年盐税收入几与漕粮等，盐利常居国家赋税之半。淮盐的运销便是通过京杭大运河实现的。淮盐一般运销江、浙、荆、湖诸路，北宋时由通、泰、楚运到真州，而江南各路运米到真州的漕船，把米卸下后，再装盐回去，免于空船行驶。直到明清也常用此法，因此有"扬州繁华以盐盛"之说。到了清末，由于盐场的生产由淮南转到淮北，盐运在扬州也就衰落下来。[8]

　　扬州盐商非由本地人组成，"至商人办盐虽寓扬州，实非扬产，如西商、徽商皆向来业盐，他省亦不乏人。"[9]这一群体是伴随着中国盐法制度的变革逐渐形成并壮大起来的。明代的纲盐制是中国盐法制度上的一次重大变革，它由食盐官专卖制演变

1　张宪：《侍御金溪吴公浚复河隍序》，嘉靖《维扬志》卷27，《诗文序十一》。
2　嘉庆《两淮盐法志》卷37，《职官》6，《庙署》引嘉靖《盐法志》。
3　何城：《扬州府新筑外城记》，乾隆《江都县志》卷3，《疆域》，《城池》。
4　嘉庆《两淮盐法志》卷44，《人物》2，《才略》"阎金"条。
5　乾隆《江都县志》卷3，《疆域》，《城池》。
6　高士钥：《重修天宝观碑记》，乾隆《江都县志》卷17，《寺观》。
7　司马迁：《史记》，《吴王濞列传》。
8　刘捷《扬州城市建设史略》上篇，《由唐至清扬州城整体地位的下降与运河》，东南大学硕士学位论文，2002年。
9　陶澍：《陶文毅公全集》卷14。

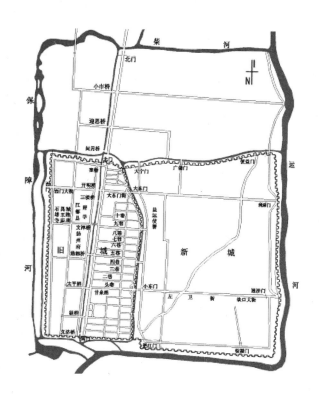

5-1 （明）扬州旧、新城与大运河关系

资料来源：刘捷《扬州城市建设史略》上篇，《元
明清扬州城》，《扬州明旧城、新城及与宋大城
关系图》，东南大学硕士学位论文，2002 年

为商专卖制（或称委托专卖制）。明代的开中折色制和纲盐制的实施，使得大批西北秦、晋盐商和南方的徽州盐商，纷纷携家带口徙居扬州。由于客籍人口众多，清时户部户籍制度中，明文增加了"商籍"。[1]

"凡商贾贸易，贱买贵卖，不过盐斤。"[2] 来自陕西、山西、安徽、湖广、江西等地的盐商，在业盐过程中积累了巨额的商业资本，"富者以千万计"，"百万以下者，皆谓之小商"。[3]

积聚了如此巨额资本的扬州盐商们，没有把利润投向产业，而是大部分用在奢靡性的生活消费上。"各处盐商，内实空虚而外事奢侈。衣服屋宇，穷极华靡；饮食器具，备求工巧，俳优伎乐，恒舞酣歌，宴会嬉游，殆无虚日，金钱珠贝，视为泥沙。甚至悍仆豪奴，服食起居，同于仕宦，越礼犯分，罔知自检，骄奢淫佚，相习成风。各处盐商皆然，而淮扬尤甚。"[4] 在盐商们高消费的刺激下，扬州城内弥漫着一股强烈的消费欲望，"扬人俗尚侈，蠹之自商始。"[5] 正是在扬州盐商们的带动下，扬州城内商业繁荣，铺行众多。

1　嘉庆《大清会典》。
2　《皇朝经世文编》卷50。
3　《清朝野史大观》卷2。
4　《清朝文献通考》卷28。
5　邹守益：《扬州府学记》。

地缘乡愁·会馆

外商会馆的兴建

"扬州为南北通都大邑，商贾辐辏，俗本繁华。"[1] 来自全国各地的商人，纷纷在扬州建立会馆。[2]

发现于扬州南门外皮革厂的《东越庵义冢碑》载"庵与冢建于乾隆己丑庚子二载",[3] 即乾隆三十四年（1769）。此碑于扬州浙绍会馆的建立年代可供依据。又据达士巷54号现居会馆内谢庠林说，"会馆中悬挂匾额上书乾隆二十年。"[15]161 扬州早期会馆建于清乾隆间（1736—1795）无疑。岭南会馆"之立始于同治八年秋也"。[4] 这样可以说，扬州早期会馆始建于乾隆 1736—1795），迄至同治间 1862—1874）仍相继兴建。

由于明清时期扬州的最大商业有两项：一是盐业，二是南北货，[7]341 因此，扬州会馆的建置者也大多以盐商和南北货商为主。如浙绍会馆主要经营绸布业，湖南会馆主要经营湘绣，湖北会馆主要经营木业，江西会馆主要经营瓷器，岭南会馆主要经营南糖等货，安徽会馆主要经营盐业，山陕会馆主要经营钱业。[7]346-347

这些会馆是商人们进行公共活动的场所，既经常在这里上演戏剧，也在这里共商大事，"或有他项捐输，一奉大府文告，随时筹复，非齐集而共商之不可。"[5] 有些会馆还是盐商经营的地方，如山陕会馆就设有裕川盐商店号，湖南会馆在民国时期也设有豫太祥、豫太隆等几个盐号。[16]211

会馆同时还有接待同乡宿食，承担治病的费用等互助功能，徽州商人甚至为此特设恭善堂，为的是："客游治下，祗以全徽六县外游半事经营计，在邗江为客不知凡几，或因仕宦而寄居，或以贸迁而至止，或孤踪而恐落寞，或只影而觅枝栖，设抱采薪之忧，能无断梗之虑。因邀集同乡集资，在治下缺口门城内流芳巷地方，契买民地一区，前经呈契投检在案。现在草创初就，以为同乡养病之区，旅榇停厝之所，若不禀请立案，不足以垂永远。环叩俯念阖郡义举，恩准立案，当原勒石碑垂不朽等情到县，据此，除批示外，给行出示勒石，为此，示仰徽州来扬士商、堂董等知悉。须知：尔等同乡远客，每虑无依，人地生疏，谁为逆旅？现经程编修等，慨念乡情，举斯义举。禀明：在于扬城缺口门内流芳巷地方，集资购地，创造房屋，公建徽州恭善堂，以为同乡中客游小憩及无依者养疴停榇之所，洵属谊笃桑梓，敬恭乐善，顾名思义，用意尤深，殊堪嘉尚。自示以后，务各遵照，听由首事妥议堂规，规董兴办，

1　碑刻《建立岭南会馆碑记》，存于扬州仓巷小学。
2　扬州会馆统计见：沈旸. 扬州会馆录. 河南省古代建筑保护研究所编. 文物建筑. 第 2 辑. 北京：科学技术出版社，2008：27-42.
3　碑刻《东越庵义冢碑》，清嘉庆十七年（1812）壬申 12 月谷旦浙绍同人公立，存于南门外扬州皮革厂。
4　碑刻《建立岭南会馆碑记》，存于扬州仓巷小学。
5　碑刻《建立岭南会馆碑记》，存于扬州仓巷小学。

而垂永久。倘有无知之徒，敢阻挠滋扰，以及籍端索诈等项情事，许该堂董指名禀县，以凭提讯究辑，决不宽贷，各宜凛遵毋违，切切特示。"[1]

此外，客籍商人在经商的同时，也注重本籍的文化教育，以会馆为载体兴办公学，如运商旅扬公学（江西会馆）、安徽旅扬公学（安徽会馆）、安徽公学（安徽会馆），[15]173-174 因为"学校为王政之本，自古致治之盛衰，视其学之兴废"。[2]

不过，会馆有时也会成为商人们争权夺利的地方，如："粤捻初平，扬州设立安徽会馆，皖南商人欲供朱子（朱熹），皖北商人欲供包孝肃（包拯），相争不已，无可解诘，乃于正中供历代先贤位。"[3]

分布与城市分区

明清扬州新、旧二城，功能分区明确。"新城盐商居住，旧城读书人居住"。[4] 旧城的基本功能是官署区（扬州府署、扬州卫署、江都县署、盐政署院及军署、军储仓）及与其相关的文化建筑（府学、文昌阁）、寺院区（城隍庙、禹王庙、石塔寺等）。新城则主要是商业区与居住区。明嘉靖（1522—1566）时扬州有 15 个市，成为日后商业区构成的基础。[5] 至清雍正间（1723—1735）两城主要有 13 市，位于新城的即有 9 市，在两城门还有大、小东门 2 市，[6] 在新城南部形成密切相连的商业区。但扬州真正称得上商业街的只有辕门桥、新盛街、多子街、左卫街等，东关街、南门街、便益门街、钞关、埂子街等街道因有古运河或内河码头，物资运输和水路交通方便，街市也很繁忙。而辕门桥一百多年来一直是全城的中心地带，[17] 所谓"辕门桥上看招牌，第一扬州热闹街"。[7]

新城靠近运河的地区是城市的边缘地带，集中了与运河转运作用密切相关的城市功能，运河的繁忙 5-2 造就了沿线的繁荣。[8] "钞关东沿内城脚至东关，为河下街。自钞关至徐宁门，为南河下；徐宁门至缺口门，为中河下；缺口门到东关，为北河下。计四里。"[9] 5-3 南河下往北的引市街是商人们交易"盐引"的地点。"盐引"是盐商取得贩运食盐专利权的凭证，又称"根窝"或"窝单"。按规定，每引可贩卖食盐 400 斤，窝单本身在商贾之间也是有价证券，可以买卖。[14]82

1　碑刻《徽州恭善堂奉宪敕石》，存于广陵路（旧称缺口街）小流芳巷 4 号对门前屋室内东侧墙壁。
2　高士钥：《江甘三学记》。
3　刘声木：《苌楚斋续笔》卷 1。
4　董玉书：《芜城怀旧录》卷 1。
5　嘉靖《惟扬志》。
6　雍正《江都县志》，《墟市》。
7　臧谷：《续扬州竹枝词》。
8　刘捷：《扬州城市建设史略》下篇，《靠运河的新城边缘地带》。
9　李斗：《扬州画舫录》卷 9。

5-2 （清）西方人笔下扬州运河的繁忙
资料来源：韦明铧编《绿杨梦访》
第 42 页，百花文艺出版社，2001 年版

5-3 南河下石板路

因河下一带行盐方便，盐商主要居住在新城沿运河一线，并于此形成了盐商聚落。据统计，新城建成后至清康熙年间，除了个别盐商还宅居旧城外，绝大多数盐商都集中在扬州新城，其中一半以上位于北河下到南河下长达四里的狭长地带。[14]80 这一带建筑多为盐商巨贾、高官显贵购地营造，"巨室如云，舆马辐辏"，[1] 居扬城豪华住宅之首。"造屋之工，当以扬州为第一。如作文之有变换，无雷同。虽数间小筑，必使门窗轩豁，曲折得宜，此苏、杭工匠断断不能也。"[2]

同时，商人用来公共聚会、议事叙情的会馆也大多汇聚于此。<u>5-4</u> 目前有据可查的 13 家会馆<u>5-5~5-14</u>，除旌德会馆（东关街弥陀巷）、山陕会馆（东关街剪刀巷），[3] 其余都位于南河下和引市街附近。<u>5-15</u> 其中江西会馆（南河下湖南会馆东）、京江会馆（埂子街）及旌德会馆（东关街弥陀巷）已无建筑遗存。除这些地缘性会馆外，扬州还拥有大量突破地缘界限的同行业组织。[15]162-169 对比两者的分布，可以加深对二者性质区分的认识。<u>5-16</u>

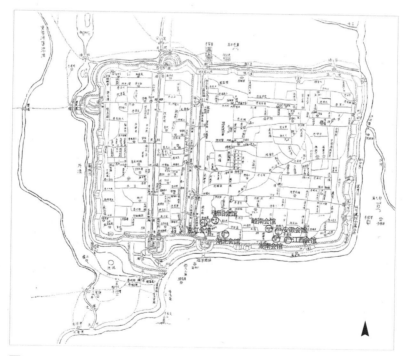

<u>5-4</u>　同治《扬州府治城图》中的会馆

资料来源：扬州市地名委员会编《扬州市地名录》，1982 年

1　李斗：《扬州画舫录》卷 6。

2　钱泳：《履园丛话》卷 12。

3　原址在南门，亦属于会馆集中区，是毁后才移至今址。

5-5 旌德会馆
愿生寺西翼，现为民宅

5-6 银楼会馆
现为民宅

5-14 山陕会馆
现为民宅

5-7 浙绍会馆
现为民宅

5-8 湖北会馆
现为某制药公司

5-9 湖南会馆
现为某招待所

5-10 安徽会馆
现为民宅

5-11 岭南会馆
现为某小学

5-12 嘉兴会馆
现为民宅

5-13 徽州恭善堂
现为民宅

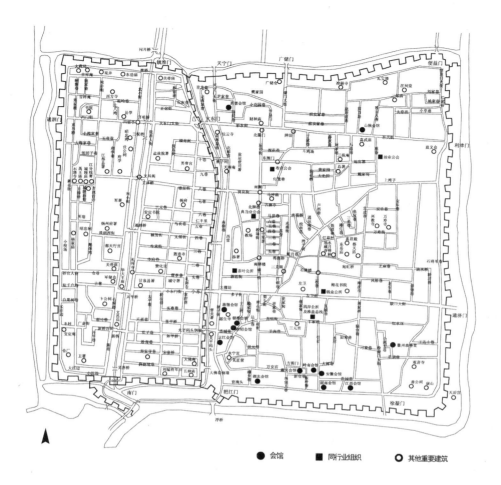

● 会馆　　■ 同行业组织　　◎ 其他重要建筑

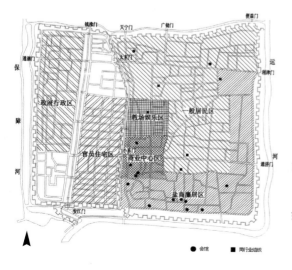

● 会馆　　■ 同行业组织

5-15　**扬州会馆分布**
　　底图来源：刘捷《扬州城市建设史略》下篇，《明清运
　　河对扬州城的影响》，《清代晚期扬州地图》，东南大
　　学硕士学位论文，2002 年）

5-16　**会馆及同行业组织分布与扬州城功能分区关系**
　　底图来源：刘捷《扬州城市建设史略》下篇，《明代新
　　城的建造与明清新城的发展》，《扬州清代城市分区图》，
　　东南大学硕士学位论文，2002 年

地缘乡愁：会馆

会馆集中的城南，是水陆进出新城的通道，这一带与现代城市中的火车站、汽车站附近地区有相同的性质，相当于外界进入城市的一个"过渡地带"。[1]众多的商人会馆建在这里也就不足为奇了。并且还有早先不在此区域的会馆迁址于此，如清乾隆四十六年（1781），"岁在辛丑，浙东张公履丰移旧城之浙绍会馆，改建于小东门外达士巷。"[2]旌德会馆、山陕会馆所在的东关街，从唐至明、清一直是贯通扬州城的东西主干道。位于东关街首的东门处在运河黄金水道的关口上，物资运输和水路交通方便，使得这一带的街市也很繁忙。

而行业性组织（行业性会馆、公所、公会等），因其行业性的特征，促使建置者在选址的时候要充分考虑本行业的势力范围和周边的商业业态，大多集中在新城城北和城中。这些地区"街巷显著的特点是手工业按行业集中，以行业命名街道名称。较典型的东关街北有剪刀巷，至今在东关街上仍有许多剪刀店铺；彩衣街，有制作各种服装的衣局；向南有饺肉巷（有饺面店）、灯草行（出售灯草的店铺集中）、皮市街（经营各种皮货的店铺集中）、芝麻巷（制作麻油的作坊集中）、打铜巷（制作铜器的作坊和店铺聚集于此）、翠花街（珠翠首饰店集中）、苏唱街（因住过许多姑苏戏子而得名）、多子街（原称缎子街，街两侧开了很多绸缎店）、新盛街（多经营女式衫裙鞋帽及皮毛业店铺），等等"。[3]商业手工业的发展甚至使得明代占地面积甚广的校场屡被侵占。

5-17　（清）扬州校场

资料来源：韦明铧《二十四桥明月夜·扬州》第128页，上海古籍出版社，2000年版

会馆的造园筑景

扬州自古便有筑园的传统，唐代流传的"车马少于船，园林多是宅"[4]便是这种传统的写照。至于真正意义上的扬州园林则是明清以后的事了，"时值海内承平，物力丰富，两淮盐业又适当极盛之时，故各大商不惜糜千万巨金，争造园林。"[5]所谓"杭州以湖山胜，苏州以市肆胜，扬州以园亭胜，三者鼎峙，不可轩轾"，[6]便是扬州园林时代意义的表现。而谈起扬州园林，特别是清代的扬州园林更离不开商人（尤指盐商），因为他们的热衷既为扬州园林的营造提供了充足的资金，也为造园家们聚集

1　刘捷：《扬州城市建设史略》下篇，《靠运河的新城边缘地带》。
2　碑刻《重修浙绍会馆记》，存于扬州达士巷。
3　刘捷：《扬州城市建设史略》下篇，《明代新城的建造与明清新城的发展》。
4　姚合：《扬州春词三首》之一。
5　王振世：《扬州览胜录》卷6，《新城录》。
6　李斗：《扬州画舫录》，《城北录》引清人刘大观言。

于扬州，相互切磋、共同提高创造了好的氛围。园林的兴衰是商人们兴衰的直接反映，园林也成了我们今日观照当年扬州商人生活的重要实物之一。

园林的兴建，既要迭石引水、植树栽花，又要建造临水依山的厅堂、楼、阁、亭、榭、舫、廊等，点缀各种景物，使居住环境更加优越舒适，所以在明清两代的扬州城里，官吏、富商都竞相兴建园林，而会馆、书院、茶肆、餐馆，甚至妓院、浴池也都在条件允许的情况下以园林的方式兴建。[16]210 湖南、江西和安徽等会馆，集中在盐商聚居的南河下街，对门而居，夹道成巷，由于均有园林修筑，因而此处也被称为"花园巷"。[1] 其中以湖南会馆历史最久、规模最大、构筑最精。

湖南会馆占地数十亩，其花园原为包松溪家的"棣园"，⁵⁻¹⁸ "园中亭台楼阁，妆点玲珑，超然有出尘之致，宛如蓬壶方丈、海外瀛洲，洵为城市仙境。清光绪间（1875—1908），湘省醎商，购为湖南会馆。湘乡曾文正公（即曾国藩）督两江时，阅兵扬州，驻节园内。园西故有歌台，一日，醎商开樽演剧，为文正寿"，[2] 此处因是两江总督曾国藩寄住过的地方，因而成为会馆中最为显赫的地方。直至民国时，每年初一至初五，扬州人过年仍必到湖南会馆游园。园内房屋有数百间，正屋两幢为楼房，余均为平房，房群大则数十，小则四五间为一单位，大小房群均有花园、假山相联，中有曲桥流水相通，每一房舍均有匾额、楹联。园内各处遍植四时花木果树，而各房群又依其命名而植相应的花木，如"梅花草堂"四周尽植春梅、腊梅，"竹院"则多栽翠竹。[3]

江西会馆位于湖南会馆东，"园基不大，而点缀极精。花木亭台，各擅其胜，颇有'庾信小园'之遗意"，故又称庾园，"园南故有歌楼一座，每年正月廿六日，为许真人圣诞，醎商张灯演戏，以答神庥。座上客为之满"，[4] 民国二十六年（1937）毁于大火。[15]162

这种造园风气也盛行于普通市民，他们在自己的居处种植树木花草，摆设盆景，凿井引水，改善生活环境。这些改善居住环境的举动和大大小小的工程，在扬州形成了一种趋势，即园林不仅是少数人享乐的个别环境，更成为改善和美化整个城市环境的一种居住模式。单纯依赖自然环境决定自己居住和生存条件的观念，已被尽力创造和改善自己居住的生存条件的观念和举动所代替。扬州城里"家家住青翠城闉"，"增假山而作陇"，"开止水以为渠，处处是烟波楼阁"。[5]

1　2004 年 3 月笔者踏勘时，花园巷已被民居侵占，名存实亡。
2　王振世：《扬州览胜录》卷 6，《新城录》。
3　根据扬州文管会资料整理。
4　王振世：《扬州览胜录》卷 6，《新城录》。
5　谢溶生：《扬州画舫录》序。

138

5-18 （清）《包松溪辑》棣园图

资料来源：刘流主编《中国历史文化名城丛书 扬州》第121页.
中国建筑工业出版社，1991年版

苏州"为东南一大都会，商贾辐辏，百货骈阗，上自帝京，远连交广，以及海外诸洋，梯航毕至"。[18]331 明初，战争的创伤曾使苏州城市经济一度萧条。由于明政府采取一系列的利民政策，苏州经济才逐渐复苏。至明后期，苏州已成为全国的经济中心，[19] 入清以后，更趋繁华，民间谓为"东南财富，姑苏最重；东南水利，姑苏最要；东南人士，姑苏最盛"。[1]

商业的发展，市场的繁荣，对外商品流通的加强，均以商人的活动为载体。作为"天下四聚"[2] 之一的苏州更是"四方商人辐辏其地，而蜀舻越舵昼夜上下于门"，[3] 城内坐贾多为外地人，"开张字号行铺者，率皆四方旅寓之人"，[4] 活跃的外地商人如此众多，以至"杂处阛阓者，半行旅也"。[5] 他们在苏州的商业舞台上长袖善舞，踌躇满志。但毕竟是在他乡为客，时间长了"未免异乡风土之思，故久羁者，每喜乡人戾止，奉来者，惟望同里为归，亦情所不能已也"，[18]330 为了"联乡情，敦信义"，[18]331 作为联络广大客籍人士强有力纽带的会馆也应运而生了，同籍人士在客居地依赖会馆组成了一个个小社会。

会馆形成及演变

苏州的会馆最早出现于明万历间（1573—1620），比北京最早的会馆晚了一个世纪。[6]

"苏州为水路要冲之地，凡南北舟车，外洋商贩，莫不毕集于此……其各省大贾，自为居停，亦曰'会馆'。"[7] 苏州的会馆自明后期产生，清康熙间（1661—1722）逐渐增多，乾隆间（1736—1795）大量增多，至嘉庆（1796—1820）、道光（1821—1850）时期则臻于极盛，其后渐趋衰落。至太平天国时期（1851—1864），苏州遭受了严重的战火破坏，会馆最为集中的金阊门外、南北两濠和虎丘山塘一带，"昔之列屋连云，今则荒丘蔓草矣"。[8] 尽管随后经济渐渐复苏，会馆也偶有建设，但已不复往日辉煌。表6-1

139

1　（清）贺长龄：《皇朝经世文编》卷33，光绪十三年（1887年）上海广百宋斋铅印本。
2　（清）刘献廷：《广阳杂记》卷4，见上海古籍出版社影印《续修四库全书》，1995年版。
3　（明）吴宽：《匏翁家藏集》卷78，《赠征仕郎户科给事中杨公墓表》，正德三年（1508年）刻本。
4　（民国）郑若曾：《郑开阳杂著》卷11，《苏松浮赋》，民国十二年（1923年）陶风楼影印本。
5　乾隆《吴县志》卷8，《市镇》，（清）姜顺蛟、叶长扬修，施谦纂，乾隆十年（1745年）刻本。
6　苏州会馆统计见：沈旸. 明清苏州的会馆与城市. 建筑史. 第21辑. 北京：清华大学出版社，2005：157-171.
7　（清）纳兰常安：《宦游笔记》卷18. 转录自：范金民. 明清江南商业的发展. 南京大学出版社，1998：146
8　（清）天悔生：《金蹄逸史》. 转录自：吕作燮. 明清时期苏州的会馆和公所. 中国社会经济史研究，1984（2）

明代	康熙	雍正	乾隆	嘉庆	道光	同治	光绪	宣统	不明年代	**合计**
3	19	1	15	2	1	4	5	1	8	59

表 6-1 苏州会馆创建时代分布

据统计，苏州的会馆大体分为三类：第一类为工商业者建的会馆，占会馆总数的 65% 弱；第二类为仕、商共建的会馆，占会馆总数的 23% 弱；第三类为官僚、军人建的会馆，占会馆总数的 4% 强；不明建馆者身份的，占会馆总数的 8% 强。尽管几乎所有苏州的会馆建立者或休憩者都强调，会馆的建立旨在联乡谊、祀神祇，但以上数据说明，苏州的会馆整体上表现出强烈的工商业色彩。各地商人千里迢迢来到全国的经济中心，不可能仅仅为了叙叙乡情这么简单，商人的最终目的是为了牟利致富。作为"仕商往来吴下，懋迁交易者，群萃而游燕憩息其中"[18]344 的会馆主要还是为了"便往还而通贸易。或存货于斯，或客栖于斯，诚为集商经营交易时不可缺之所"，[18]22 既商议经营事务，又堆贮商货，同时也从事贸易。清乾隆四十年（1785），当杭州商人建立的钱江会馆被署苏督粮厅官员刘复借作公馆、妨碍商务时，众商竟向两江总督呈辞控告。经两江总督批转、苏州府吴县承办处理纠纷，明确指出："会馆为商贾贸易之所"，"本不可为当仕公馆"。[18]22 这充分反映了苏州会馆的主要功能是服务于工商业者利益的。

时空分布及变迁

苏州的会馆是商品经济发展到一定程度，各地商人从事商业并展开竞争的产物，其形成和发展又不断地促进和推动了苏州商业的发展。同时作为一种建筑形态，会馆与城市互为消长。那么，它在城市中的选址有什么特点，在城市中的分布与苏州的城市空间结构、特别是城市功能布局之间又是什么关系？

由于会馆与钟鼓楼、塔等城市公共建筑不同，这一类型建筑数量众多且分散于城中的大街小巷，故对制图所需城市底图要求甚高。而传世的《姑苏城图》《姑苏全图》等历史地图，尽管绘制精细，标注详明，但描绘的只是苏州城内的情况，于城厢情况并未涉及，而会馆又大量存于城外。《1931 年苏州城厢地图》[1] 弥补了这方面的

1　（民国）高元宰：《1931 年苏州城厢地图》。

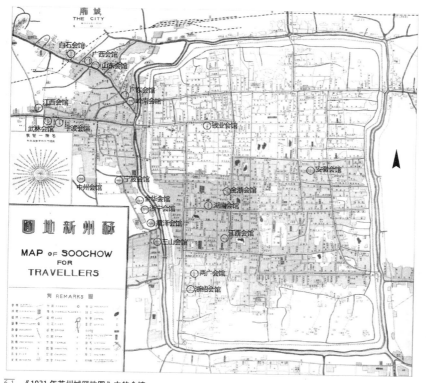

6-1　《1931年苏州城厢地图》中的会馆

注：白石会馆、钱业会馆两家为同行业组织

缺陷，并标有陕西会馆（山塘街毛家桥西）、山东会馆（山塘街）、广东会馆（山塘通贵桥）、岭南会馆（阊门外山塘桥西）、江西会馆（留园五福路）、武林会馆（上塘街）、汀州会馆（阊门外上塘街）、中州会馆（天启桥西）、宁波会馆（南濠街芦家巷）、金华会馆（南濠街）、浙宁会馆（南濠街王家巷内）、震泽会馆（南濠街）、三山会馆（胥门万年桥大街）、江西会馆（平门外西汇）、钱江会馆（桃花坞大街）、全浙会馆（长春巷）、湖南会馆（通和坊）、江西会馆（半园西面）、两广会馆（侍其巷）、浙绍会馆（盘门新桥巷）、安徽会馆（南显子巷）等21家会馆。[1] 6-1 如果把苏州的宋平江府城图与1945年的航空摄影图并列对照，互相映证，会发现城市形态异常稳定，城墙、城壕、街道与运河，都极其接近一致，只是城门的数目与位置略有不同，这证明苏州城市结构在历史上没有大的变动。因此，对苏州城市街巷的了解、会馆分布的底图制作，综合了历史地图、《1931年苏州城厢地图》及《苏州城区交通旅游图》[20] 等资料。考察苏州的会馆，可以发现其分布在时空上的演进与城市发展和空间布局是休戚相关的。6-2

1　另有白石会馆、钱业会馆两家，因是同行业组织，故未列出。

地缘乡愁·会馆

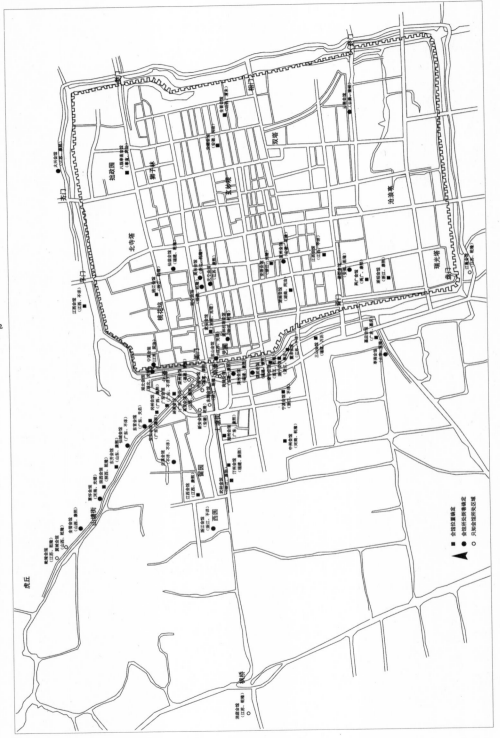

6-2 苏州会馆分布

底图来源:《1931年苏州城厢地图》及《2003年苏州城区交通旅游图》综合而成, 并参照《姑苏城图》《姑苏全图》修正

（1）从空间上看：

苏州自南宋中期以后，凭借运河交通便利的地理优势，城市西北部的阊门外已开始形成新的商业市场。至元代，阊门外已成商旅辐集之地。历明至清，阊门附近更为繁荣，成为外来客商云集、居住之地，"为苏孔道，上津桥去城一里许，闽粤徽商杂处，户口繁庶，市廛栉比，尺寸之地值几十金。"[1] 经济活动的需要终于突破了城墙的限制，康熙间（1662—1722）阊门商业区扩展至城墙以外，与枫桥镇连成一片，所谓"吴阊至枫桥，列市二十里"。[2] 当时，"阊门内外，居货山积，行人水流，列肆招牌，灿若云锦。语其繁华，都门不逮"，[3] 一派繁荣景象。 6-3

明时阊门街上尚有许多跨街的公卿坊表，道路为可容五马并行的宽广大道，到了清代却已是民舍店铺渐占官路，"人居稠密，五方杂处，宜乎地值寸金矣"；[4] 阊门外的南濠，从明初的"货物寥寥"，至清初已发展成为商业闹市；阊门外上、下塘一带是棉布加工区。由于商路改变等原因，素有"衣被天下"之称的松江棉布业日渐衰落，代之而起的是雍正（1723—1735）末、乾隆（1736—1795）初苏州成为棉布加工业的中心，谓："苏布名称四方，习是业者，阊门外上下塘居多，谓之字号，自漂布、染布及看布、行布各有其人，一字号常数十家赖以举火。"[5] 后来由于这些布号所开设的染坊污水流入河道，导致塘河严重污染，引起居民愤怒，他们联名向官府呈诉苦情，元和、长洲、吴县官府遂于乾隆二年（1737）联合发布告示，严禁再在该处妄开染坊，

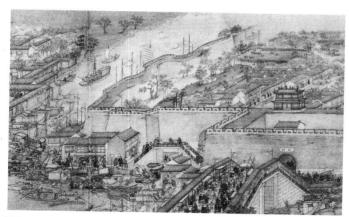

6-3　（清）徐扬绘苏州阊门段

资料来源：苏州市城建档案馆、辽宁省博物馆
编《姑苏繁华图》，文物出版社，1999年版

1　光绪《苏州府志》卷5，（清）李铭皖等修，冯桂芬纂，光绪九年（1883）江苏书局刻本。
2　康熙《松江府志》卷54，（清）郭廷弼修、周建鼎等纂，康熙二年（1663）刻本。
3　（清）孙嘉淦：《南游记》卷1，嘉庆十年（1805）刻本。
4　（清）顾公燮：《消夏闲记摘钞》（中）。见俞文林、林国华编纂《丛书集成续编》第96册（上海书店，1994年）。
5　乾隆《元和县志》，《风俗》，（清）沈德潜修纂，乾隆五年（1740）刻本。

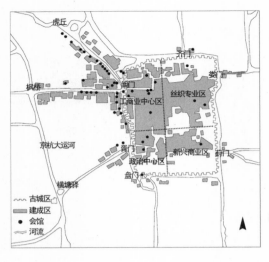

6-4　会馆分布与苏州城形态关系
底图来源：陈泳《古代苏州城市形态演化研
究》，《城市规划会刊》2002 年第 5 期

144

"并饬将置备染作器物，迁移他处开张。" [18]73 从此以后，染坊迁到娄门外营业。

　　会馆也大量分布于城外，以城市商业中心区阊门为核心，沿主要河道生长出阊门—枫桥、阊门—虎丘和阊门—胥门三条伸展轴，其指状布局与苏州的城市商业带连成一体。 6-4

　　城市经济职能的增强，不仅表现为向城外寻求发展空间，同时在城市内部，也因为人口构成的不同而出现了职业性的区域分工，从而使苏州的城市布局出现了新的变化。

　　明代苏州城西部是人口密集和商业繁盛之区，居民以经商为主业。"城中与长洲东西分治，西较东为喧闹，居民大半工技。金阊一带，比户贸易，负郭则牙侩辏集。胥、盘之内，密迩府县治，多衙役厮养，而诗书之族，聚庐错处，近阊尤多。" [1] 东部长洲县境的居民，则主要以丝织为生，明朝中叶，"郡城之东，皆习机业"，[2] 嘉靖时，"绫锦纻丝纱罗，产兼两邑，而东城为盛，比屋皆工织作"。[3]

　　沿至清朝，这样的城市布局有了更进一步的发展，"今之元和，昔之长洲也。长洲古之吴会也，风气习俗大约不甚相远。然细分之，即一城之内亦各不同。娄葑偏东南，其人多俭啬，储田户。齐门勤织业，习经纪，不敢为放逸之行。盘门地偏野，其人多贪，类齐野。阊胥地多，四方百货之所聚，仕宦冠盖之所经，其人所思者广，所习者奢，拘鄙谨曲之风少，而侈靡岩逸之俗多矣。" [4] 由丝业公所创设于花桥阁，待雇缎工、

1　（明）王士性：《广志绎》，嘉庆二十二年（1817）临海宋氏刻本。
2　康熙《长洲县志》卷 3，（清）祝圣培修，蔡方炳、归圣脉纂，康熙二十三年（1684）刻本。
3　嘉靖《吴邑志》卷 14，（明）杨循吉修，苏佑纂，嘉靖八年（1529）刻本。
4　乾隆《元和县志》，《风俗》。

纱工等在花桥、广化寺桥站立候唤等情况分析，东城的丝织业又北盛于南。

有明一代及清朝前期，苏州城东南部一直是比较荒凉之地。即使在乾隆（1736—1795）初这一带仍是人烟稀落，直到乾隆后期，葑门开辟有苏州最大的海鲜水产市场，这里一变而为"万家烟火"[1]的热闹地区。

城南部主要是西南部（即胥盘二门之间），仍然是政治中心区。其中，明清两代的巡抚都御史台和苏州府署均在吴县南宫坊；清代江苏布政使司衙门在吴县升平桥西北；吴县衙署在太平桥西北；长洲县衙在卧龙街之东、乌鹊桥西侧近吴县地界，方位正南。其余附属机构也大都集中于这一区域。

综上所述，明清时期的苏州已形成几个各具特色的功能区块，其具体布局可以概括为：城市东北部是丝织专业区，西北部是工商业中心区，西南部是政治中心区，东南部则自清中叶以后逐渐成为新兴商业区。

尽管城内会馆相对较少，但其分布仍体现了城市的功能布局。分布密度为西北部最高，而东南部由于兴起最晚，故会馆建设寥寥。

同时，会馆在选址上还会充分考虑本身所从事的商业活动与相关市场的地理关系。如苏州木材市场分布在齐门东、西汇及枫桥，至迟在道光间（1821—1850）木商已在齐门西汇建立了大兴会馆，同治四年（1865）又加重建。[18]而乾隆间（1736—1795）山东东昌帮与河南及苏州当地的枣商在阊门外鸭蛋桥共建了枣业会馆，却由于枣通常由粮船运苏，存于胥门外枣市，<u>6-5</u> 商人就近活动，会馆逐渐荒废。嘉庆初火灾后，会馆只剩下大殿门头，而基址则被逐渐蚕食。[21]219

<u>6-5</u>　（清）徐扬绘苏州胥门枣市街段

1　（清）顾公燮：《消夏闲记摘钞》（中）。

（2）从时间上看：

会馆的建设逐渐由城外向城内转移，由商业区向城市其他功能区扩张。^{表6-2}

年代	明代	康熙	雍正	乾隆	嘉庆	道光	同治	光绪	宣统
城内	0	3	0	8	0	0	2	3	0
城外	3	16	1	7	2	1	2	2	2

注：①宣统间两所会馆中，全晋会馆为建于康熙间的山西会馆迁建城内；
②年代不详者未标出，其中城外 7 家，城内 1 家。

表 6-2 苏州会馆年代分布（按会馆所在城内 / 城外列表）

城市交通的影响

城市的发展与商业兴盛与否，和交通发达程度密不可分。苏州地区水网纵横：对外，它倚湖枕江控海，又得大运河之利，可"南达浙闽，北接齐豫，渡江而西，走皖鄂，逾彭蠡，引楚蜀岭南"，^{[18]364} 明代珍籍《士商要览》中列举的全国水陆交通路线一百多条中，以苏州为起点或中转站的就有七条；对内，四通八达的河汊港湾几乎构成了无所不到的水网系统，诚如唐代诗人杜荀鹤所言："君到姑苏见，人家尽枕河。"由于苏州城水乡泽国的地理特性，水运成为其内外交通的主要凭借手段。

精明的商人绝对不会对这一点置若罔闻。从事商业贸易，减低货运成本是成功的关键因素之一，而苏州水运便利，自然成为商人们的首选。横贯南北的京杭大运河催化了许多城镇的发展，苏州也受惠不浅。苏州城与运河的联系，有两条主要路线，一条是偏西北经白公堤汇入运河："运河南自杭州来，入吴江县界，自石塘北流经府城，又北绕白公堤出望亭入无锡县界，达京口。"¹ 另一条在正西至枫桥入运河："运河自嘉兴石塘由平望而北绕府城为胥江，为南濠，至阊门。无锡北水自望亭而南经浒墅、枫桥，东出渡僧桥交会于阊门。"² 两条与运河连接的水路交会于阊门附近，⁶⁻⁶ 为南来北往的人必经之地，因此阊门在明清时期成为苏州的商业中心并非偶然。如潮州商人最初于明代在南京建立会馆，清初则迁到了苏州北濠，康熙间（1662—1722）又迁至阊

1 顾炎武：《天下郡国利病书》第 6 册，《苏上》。
2 光绪《苏州府志》卷 5。

门外山塘，从此以后，"凡我潮之懋迁于吴下者，日新月盛。"[18]344

水运繁忙，用作停船卸货的码头也随着商品经济的发展多了起来。尤其在清代，苏州出现了许多商业码头，其中大多为外商会馆修建。陕西、山西、河南等省商人在苏州阊门外南濠，建有北货码头；在苏州从事烟业的，大多为河南、福建商人，于乾隆间（1736—1795）在阊门外专门设立了公和烟邦码头，作为停船起货之所，而外来货船不得在此停靠；[18] 安徽商人于光绪间（1875—1908）也设立了专用码头，位于苏州北濠"二摆渡至杨玉庙北首墙边起，至四摆渡止，立界为作安徽码头"；[18]315 更有甚者，广、潮、嘉三府商人最初在苏州阊门外莲花斗建立了海珠山馆，作为上下河岸及贮货之用，[1]至光绪八年（1882）广东商人索性联合广西商人将其扩建成了两广会馆。

这些外商修建的码头属于会馆的附产，其因本身特性，必然与水道唇齿相依。但会馆本身的分布除了如上文所述，与城市总体商业分布、功能分区、市场范围有关外，具体到选址的周边小环境上，则与苏州城市交通，特别是水道分布也有密切相关的依存关系6-7。

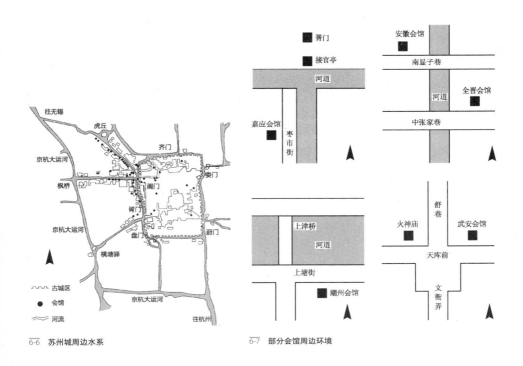

6-6　苏州城周边水系　　　　　　　　6-7　部分会馆周边环境

1　道光二十二年（1842）五月十五日《禁民粪船在粤藉海珠山观河面停泊》碑抄件，存于南京大学历史系。

6-8　**嘉应会馆**
拟作某小区会所

6-9　**安徽会馆**
现属某小学

　　实地调研的 11 家 [1] 会馆，分别为嘉应会馆 6-8（胥门外枣市街）、安徽会馆 6-9（南显子巷）、全晋会馆 6-10（平江路中张家巷）、潮州会馆 6-11（阊门外上塘街）、陕西会馆 6-12（即全秦会馆，山塘街毛家桥西）、山东会馆 6-13（即东齐会馆，陕西会馆西）、岭南会馆 6-14（阊门外山塘桥）、宝安会馆 6-15（即东官会馆，岭南会馆东）、冈州会馆 6-16（宝安会馆东）、武安会馆 6-17（天库前）、三山会馆 6-18（胥门外万年桥大街）。其中全晋会馆原为山西钱商于乾隆三十年（1765）建于阊门外山塘街半塘桥畔，咸丰十年（1860）毁于兵火，于光绪五年（1879）至民国初重建于今址；潮州会馆原为广东潮州商于清初建于北濠，康熙四十七年（1708）迁于现址。

　　除武安会馆 1 家外，其余均距河道不远，嘉应会馆、潮州会馆、陕西会馆、山东会馆、岭南会馆、宝安会馆、冈州会馆 7 家更是面河而筑，并设有河埠码头及水边踏道。6-19 但 1950 年代末的填河运动使许多水道消失，如全晋会馆昔日门前还有河埠及弧形隔河照壁，墙嵌"乾坤正气"四字，均毁于此次运动。[22] 所以整体而言，会馆的选址会充分考虑周围的交通情况，当然这也是从商业利益出发。

　　总之，苏州的城市地理与外商始终处于一种双向的交流状态，特别在古代传统社会中，这些商人会馆更多地表现在顺应环境的方面。苏州城的自然条件和交通状况，对会馆的选址起到了重要作用，并因此对聚落、街道等城市形态的形成产生了巨大影响。

1　根据苏州地方志办公室提供的资料。

$\overline{6\text{-}10}$　全晋会馆

现为戏曲博物馆

$\overline{6\text{-}11}$　潮州会馆

现属某中学，资料来源：苏州市地方志编纂委员会办公室编
《老苏州　百年旧影》第130页，江苏人民出版社，1999年版

$\overline{6\text{-}12}$　陕西会馆

现属某橡胶厂

$\overline{6\text{-}13}$　山东会馆

现废置

$\overline{6\text{-}14}$　岭南会馆

现属某小学

地缘乡愁：会馆

6-15　宝安会馆
现为民宅，门额镌"圣母殿"

6-16　冈州会馆
现为民宅

6-18　三山会馆
现为民宅，资料来源：苏州市地方志编纂委员会
办公室编《老苏州·百年旧影》第 130 页

6-17　武安会馆
现为民宅

6-19　会馆门前河道及码头
从左至右依次为：陕西会馆、岭南会馆、山东会馆

与城市发展互动

苏州会馆的建立与分布，和城市的发展二者是相互促进的。商人因为经营需要和利益所在，也积极投身到对苏州地方公益事业的经营中去，在城镇建设中尤为突出。如清乾隆十三年（1748）阊门外跨越运河的渡僧桥，因遭火灾而倾坏，致使交通孔道受阻，当年就有8家布商捐资修复之。[23]

再以徽商为例：明正德间（1506—1521）祁门富商汪琼就曾捐资治理阊门外的河道，以便交通。"阊门流激善覆舟……（琼）前后捐金四千，伐石为梁，别凿道由丁家湾而西折南，逶迤五六里至路公遥，与故山道会，舟安行，民利之。"1 阊门外之南濠为徽商聚居处，他们对这里的消防亦关心之至。清乾隆时（1736—1795），徽商汪尚斌"廛于吴市之南濠。南濠为南北都会，市廛皆比栉次鳞，左右无隙地，每火作则汲道不通，炎炎莫可救。公（尚斌）请于大吏，辟廛居左右各一丈，所费数千缗……及今商民尚赖其利焉"。2 道光时（1821—1850）婺源木商金辑熙又以独资"修齐门吊桥，靡费千金"。他们还在沿长江一带疏浚航道，设置航标，改善商业运输条件。从事木材交易的婺源人戴振伸"洞悉江河水势原委，丹徒江口向有横越二闸倾坏，后水势横流，船往来，迭遭险厄。道光年间，大兴会馆，董事请伸筹画筑二闸，并挑唐、孟二河。比工告竣，水波不兴，如涉平地"。3

其实修桥铺路、建造渡口，都与商人的切身利益密切相关：码头不备、河道失修，必然不利于货物运输。尽管外商跨出了以会馆为中心的聚落，从事社会福利事业，扩大了其地缘社团的功能和影响，这是城镇社会结构和功能变化的一个重要趋势，但这些作用是有限的，与他们对家乡以及他们寓居的社区的投入和影响相比是微不足道的，这些自觉地对城市建设作贡献的行为还处于自发的过渡阶段。

除了这些以会馆为依托的各地商人的自觉行为外，会馆的建立和发展，在无形中也促进了苏州城市中聚落和街巷的形成。

清雍正元年（1723）署江苏巡抚何天培论及苏州治安时说："福建客商出疆贸易者，各省马头皆有，而苏州南濠一带，客商聚集尤多，历来如是。查系俱有行业之商。"4 苏州织造胡凤翚也发现，"阊门南濠一带，客商辐辏，大半福建人民，几及万有余人。"5 在苏州，福建各府商人都建有会馆，并且有明显的群聚效应。明万历（1572—1620）年间，闽商于阊门外兴建了三山会馆，并不断修葺与扩大。漳州会馆创始于清康熙

151

1　万历《祁门县志》卷3，（明）余士奇修，谢存仁纂，万历刻顺治十年（1653）重修本。

2　（清）汪梧凤：《松溪文集》，清乾隆刻本。

3　光绪《婺源县志》卷34，（清）吴鄂修，汪正元纂，光绪九年（1883）刻本。

4　《雍正朱批谕旨》，雍正元年（1723）5月4日何天培奏，雍正十年（1732）刻本。

5　《雍正朱批谕旨》，雍正元年（1723）4月5日胡凤翚奏。

三十六年（1697），位于阊门外上山塘，"漳人懋迁有无者，往往奔趋寄寓其中，衣冠之胜，不下数十百人。"[1] 兴化府商人因"莆、仙两邑宦游贾运者多"，[2] 于康熙间（1661—1722）建立了兴安会馆。泉州的温陵会馆亦于康熙间建于城西。邵武会馆建于康熙五十年（1711），"虽地势稍隘，未若三山各馆之宏敞，而结构精严，规模壮丽。"[3] 汀州一府"贸迁有无遨游斯地者不下数千百人"，[4] 会馆创建于康熙五十六年（1717）。延平、建宁二府的延宁会馆建立最晚，始于雍正十一年（1733)，但"宫殿崇宏，垣庑周卫，金碧绚烂"。[5] 6-20

不仅如此，汇聚苏州的各地商人会馆，都有这种现象。如康熙三十六年（1697年）徽州宁国商人因为"乡人既多，不可无会馆以为汇集之所"，[6] 乾隆（1736—1795）初扩为宣州会馆，嘉庆间（1796—1820）泾县、旌德、太平各县商人各设公所附属其下，同治六年（1867）又同安徽其他商人合建成安徽会馆。而广州商人早在明万历间（1573—1620）就在阊门外山塘建立了岭南会馆，清康熙间（1662—1722）又事修葺，扩而新之。该府东莞商人又于明天启五年（1625）在岭南会馆旁兴建东官会馆（后改名为宝安会馆）。新会商人则于清康熙十七年（1678）在宝安会馆东建立了冈州会馆。一府商人差不多在同时同地建立了三所会馆，在苏州是独一无二的。6-21

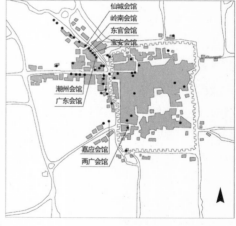

6-20　福建籍会馆分布图
6-21　广东籍会馆分布图

1　乾隆《吴县志》卷106，《艺文》，《漳州天后宫记》。
2　乾隆《吴县志》卷106，《艺文》，《兴安会馆天后宫记》。
3　乾隆《吴县志》卷106，《艺文》，《绍武会馆天后宫记》。
4　乾隆《吴县志》卷106，《艺文》，《汀州会馆天后宫记》。
5　乾隆《吴县志》卷106，《艺文》，《延宁会馆天后宫记》。
6　乾隆《吴县志》卷106，《艺文》，《宛陵会馆壮缪关公庙记》。

比照历史上各个时期绘制的苏州城图，并非所有的街道都有命名。只有当这些道路布满或基本布满店铺和住宅时，才需要产生一个统一的名称，而这也是由于商品经济的发展所致。在山塘街，紧挨着宝安会馆的一条很小的弄堂入口门楣上，赫然镌着"会馆街"三个大字。⁶⁻²² 很显然，这条在地图上不会标出的小弄堂，完全是因为会馆而有了自己的名字。其实，在全国许多城市都有这种因为会馆存在而出现的地名，如上海、长沙、汉口等都有属于自己的会馆街。

6-22　会馆街
街内为宝安会馆

五方辐辏：南京

南京是明初的都城，迁都后的留都，清代江苏的省会，南半个中国的中心，政治地位、地理位置十分重要。"北跨中原，瓜连数省，五方辐辏，万国灌输。三服之官，内给尚方，衣履天下，南北商贾争赴。"¹明隆庆（1567—1572）、万历间（1573—

1　（明）张瀚：《松窗梦语》卷4，《商贾纪》，中华书局，1985年版。

1620），徽州人黄汴编成《天下水陆路程》一书，其中南京至全国各地的长途路程就有 11 条，南京至南直隶各府州路程 1 条，经过南京的长途路程 1 条。便利的水陆交通使得南京的长途转运贸易十分发达，"万艘云趋，千廪积粮；贡琛浮舫，既富且强……荆江之粟如云，吴浙之粳如雾。舳舻载之，蔽江而赴。舸舫输之，逆流而溯。"[1]

来自全国的商人十分活跃，他们不仅在此地买地建房，设立商号，而且为了便于集体商议营业、联络感情、维护利益，纷纷建立会馆。

会馆及公所普查

"尝考会馆设于都中，古未有也。始嘉、隆间，……用建会馆，士绅是主。几出入门者，籍有稽，游有业，困有归也。"[2] 会馆始于明而盛于清，"金陵五方杂处，会馆之设，甲于他省。"[3] 明嘉靖间（1522—1566），福建商人在广艺街建造的莆田文献会馆和广东商人的潮州会馆是南京的早期会馆。清"嘉、道间，海内无事，商贾懋迁……皆一时各建会馆"。[4]

会馆建立的基础是商业活动的频繁，"金陵为东南重镇，士夫争趋，商旅走集，侨于斯土者，咸有会馆之构。"其主要服务对象是商贾，是仕商乡亲聚会、议事的场所。随着社会经济和商贸业的发展，除了原有活动外，会馆还成为客帮商人抵御他人欺侮以及商谈生意、交流信息的阵地，并可安排居住和堆放货物。如在江西会馆周围，"苎麻瓷器之肆环之"。[5] 明清南京是科考之地，每到乡试年，大批考生涌入金陵，大部分清贫考生会选择寄住会馆，因其便宜，并为贫困考生提供免费食宿。

关于南京的会馆：

（1）《中国海关报告》记有 11 所。

（2）何炳棣依据甘熙《白下琐言》统计出 19 所。[6]

（3）吕作燮利用各种文献资料，详细考证出明清南京的各种会馆共 39 所。[7] 其中误处有三：其一，旌阳会馆不应归为安徽籍会馆，因安徽并无旌阳一地，而由江西商人会馆中皆奉晋旌阳令许真君一事可知，旌阳会馆应属江西籍会馆；其二，福建

1　（清）余光：《两京赋》，见康熙《江宁县志》卷 14，《艺文志》（下），（清）佟世燕修，戴本孝纂，康熙二十二年（1683）刻本。

2　（明）刘侗、于亦正：《帝京景物略》，北京古籍出版社，1982 年版。

3　（清）甘熙：《白下琐言》卷 2（三），光绪十六年（1890）筑野堂刻本。

4　光绪《续纂江宁府志》卷 7，《建置》9，（清）蒋启勋、赵佑宸修，汪士铎等纂，同治十三年（1874）修，光绪六年（1880）刻本。

5　（清）甘熙：《白下琐言》卷 2（三）。

6　何炳棣：《中国会馆史论》第 48 页，台北学生书局，1966 年版。

7　吕作燮：《南京会馆小志》，《南京史志》1984 年第 5 期。

会馆与全闽会馆实为同一所；其三，据《金陵旌德会馆志》[1]所录碑文知，旌德一县在南京原有3处会馆，同治三年（1864年）合而为一，而吕氏只列有1所。

（4）范金民根据《金陵杂志》记载，得位于张府园的普安会馆；根据回忆材料，又得位于上新河的江汉会馆和临江会馆。[21]245此外，范氏认为吕氏统计资料中：新、旧两处中州会馆视为一处即可；歙县试馆宜剔除。但笔者考察两处中州会馆建设过程可知，嘉庆间（1796—1820）江宁知府吕燕昭在南通州任职时，先捐资修葺旧馆，继又于旧馆旁创建新馆，并非扩建，应计为2处；歙县原属江南行省，乡试在南京举行，歙县试馆专为接待本乡乡试士子，实为会馆的一种表现形式，故亦应列于南京的会馆之列。

（5）《南京明清建筑》载有棋峰试馆，为安徽省泾县黄田村人朱棋峰筹资兴建，以应家族子弟来南京参加江南贡院乡试休憩之需，故有试馆之谓。[2]

（6）南京工业大学汪永平、南京地方志办公室吴小铁对南京城南仓巷一带古建筑的普调中均发现西北三省（甘肃、宁夏、青海）会馆，而以上资料均未提及该馆。

（7）南京图书馆藏《湖南定湘王南京行宫志略》载该处实为湖南同乡会所在，亦归为会馆一类。

如是，南京的会馆删繁增漏，至少应有46所。[24]会馆的设立一般是以省、府、县为单位，也有相邻地区组合的。其中规模较大者有"评事街之江西，武定桥之石埭，牛市之湖州，安德门之浙东，颜料坊之山西，天妃宫之全闽，陡门桥之山东，百花巷之泾县，殿各堂楹，极其轮奂"。其中"江西会馆大门前花门楼一座，皆以磁砌成，尤为壮丽然"。[3] 7-1~7-3后经太平天国期间（1853—1863）十年兵燹，南京会馆毁圮者较多，[21]246会馆辉煌不再。

除这些地缘性会馆外，南京还拥有大量突破地缘界限的同行业组织，[24]主要创建于太平天国以后。[21]225有些虽名为公所，实为地缘性的民间组织，即会馆，如普安公所实为安徽商人建立的普安会馆；有些公所为会馆演变而来，因该馆商人在宁某行中处于领导地位，故该行公所也以该馆商人为依托。行业性组织（行业性会馆、公所等）因其行业的特性，促使建置者在选址的时候要充分考虑本行业的势力范围和周边的商业业态，所处街巷显著的特点是手工业按行业集中，并多以行业命名街道。7-4

综上及现场踏勘所得，目前南京城尚有9处会馆和2处公所有迹可寻。表7-1

1 （民国）任治沅：《金陵旌德会馆志》，民国十七年（1928）铅印本。
2 杨新华、卢海鸣主编：《南京明清建筑》第115页，南京大学出版社，2001年版。
3 （清）甘熙：《白下琐言》卷2（三）。

7-1　**湖南会馆**
　　资料来源：朱契摄于 1932 年，原载于：朱契《南京名胜古迹影集》，商务印书馆，1936 年版；
　　转引自杨新华、卢海鸣主编：《南京明清建筑》第 119 页

7-2　**江西会馆**
　　资料来源：朱契摄，年代不详，出处同图 7-1；转引自杨新华、卢海鸣主编《南京明清建筑》第 120 页

7-3　**湖北会馆**
　　资料来源：朱契摄于 1911 年，出处同图 7-1；转引自杨新华、卢海鸣主编《南京明清建筑》第 121 页

■ 《清江宁省城图》中所标会馆

● 会馆位置确定，有建筑遗存

◆ 只知会馆所处区域

○ 公所

7-4　南京会馆及公所分布

①底图来源：今人据清南洋陆师学堂《陆师学堂新测金陵省城全图》编绘
的《清江宁省城图》，载于南京地方志编纂委员会编纂《南京建置志》，
海天出版社，1994 年版；②潮州会馆、四川会馆地址不详，故未标出

棋峰试馆：今址为长乐路钞库街 52 号

（图片左 1 为佚名摄于 20 世纪八九十年代，转引自杨新华、卢海鸣主编《南京明清建筑》第 115 页）

金斗会馆：今址为雨花路中华门西街 123-2 号

（图片为吴小铁摄于 2002 年）

湖南会馆：今址为中山南路钓鱼台 119 号

山西会馆：今址为中山南路颜料坊 90 号

泾县会馆：今址为中山南路大百花巷 13、15 号

江西会馆：今址为升州路泰仓巷 14 号

中州新馆：今址为升州路糯米巷 15 号

安徽会馆：今址为升州路 416 号

（图片上排左 1-3 为吴小铁摄于 2002 年）

全闽会馆（福建会馆、天后宫、天妃宫）：今址为升州路 488 号

西北三省（甘肃、宁夏、青海）会馆：今址为鼎新路大辉复巷 21 号

云章公所：今址为中山南路黑簪巷 13 号

北货果业公所：今址为升州路生姜巷 43 号

注：①囿于精力有限，本次调查仅止于会馆的位置确定和图片记录；②除标注的图片外，其余均为作者自摄。

表 7-1 南京会馆及公所现状调查（调查时间：2004 年 9 月 1 日—9 月 10 日）

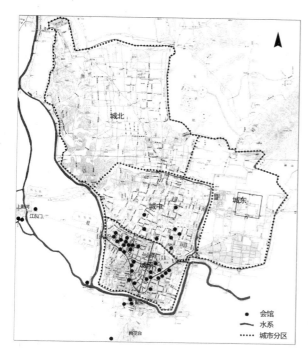

与城市功能的关系

南京的会馆是商品经济发展到一定程度，各地商人从事商业并展开竞争的产物，其形成和发展又不断地促进和推动了南京商业的发展。同时作为一种建筑形态，会馆与城市形态又互为消长。据考察，南京的会馆大量集中于城市南部，其分布情况与南京的城市空间结构，特别是城市功能分区紧密相关。[5]

明南京城形状不规则，没有遵循传统都城的方形规制，大体上为三个方形的叠加：城东的宫城是政治区，城北是屯兵军营区，城南是世胄官宦的住宅区。永乐迁都后民间工商业的发展，留都设置和正德南巡引发的奢靡享乐之风的盛行，使商贸与游乐成为明后期南京的主要特点。这两部分在城市中各有区位，都位于南京城南部，"城之南隅，康衢四达，幢幢往来，朝及其夕。"[1]

工商业区："自大中桥而西，繇淮清桥达于三山街、斗门桥以西至三山门，又北自仓巷至冶城，转而东至内桥中正街而止，京兆赤县之所弹压也，百货聚焉。其物力，

1　万历《江宁县志》卷1，(明)周诗等修、李登等纂，万历二十六年(1598年)刻本。

客多而主少，市魁驵侩，千百嘈啐其中，故其小人多攫攘而浮兢。”

享乐区："自东水关西达武定桥，转南门而至饮虹、上浮二桥，复东折而江宁县，至三坊巷贡院，世胄宦族之所居也，其人文之在主者多，其物力之在外者侈，游士豪客，兢千金裘马之风，而六院之油檀裙屐，浸淫染于间阎，膏唇耀首，仿而效之，至武定桥之东西。”[1]

清代的城市格局受明代影响极大，原明代宫城的一部分驻扎着满清八旗兵，称为满城，其余部分荒芜无人。居民区与商业区域未变，仍然位于城南。

外地人在南京设立的会馆，主要是各地商帮为从事商贸活动而建的。他们以会馆为联络点，活跃于南京市场。会馆大量集中于工商业区，即南京城南部，是由会馆本身的商业特性所决定的。

清初，南京"百货萧条，无复昔日京华之盛"，直至康熙二十年（1681）因"秣陵之民善织"，[2]清廷在南京设"江宁织造府"，主持官营丝织业生产和供应皇室所需的丝织品。织造业位于南京城西南隅，三山街仍是商业中心，往来人流如织。"斗门、淮清之桥，三山、大中之街，乌倮、白圭之俦，骈背项兮交加，日中贸易，哄哄咤咤。"[3]南京的丝行在清末总数约120家，市场分布在南门沙湾、新桥丝市口、北门桥至鱼市街一带3个地区。

由于织造业的影响和带动，城南的商业重心偏于西部，而南京的40余家会馆中有近20家位于三山街以西，其聚集状况也反映了城市的商业布局。并且会馆的建设多为官商绅士所组织，而这一区域内"仓巷者，人文萃聚之区也，冶山之气，钟毓所凝，户列簪缨，家兴弦诵"。[4]

南京丝织业的发达雄居全国之首，并且牵动了相关工商业的发展。丝织业的发达引来活跃的集市贸易和商贾贩运，饮食、客栈等行业随之兴起。同时，由于"金陵人家素无三日之储，故必有市"。[5]

外地商帮在宁的贸易活动内容丰富，除与南京的丝织业、转运业等大宗商贸有关外，基本上涵盖了市民的生活必需，对南京的市场繁荣和经济发展，都有一定的贡献。[表7-2]

1 （明）顾起元：《客座赘语》卷1（二六），见《元明史料笔记丛刊》，中华书局，1987年版。
2 （清）陈作霖：《凤麓小志》卷3，《记诸市》8，光绪二十五年（1899）可园刻本。
3 （明）桑悦：《甫都赋》，载于（清）黄宗羲编：《明文海》卷1，见台湾商务印书馆影印文渊阁《四库全书》。
4 （清）陈作霖：《运渎道桥小志》，光绪十一年（1885）刻本。
5 （清）陈作霖：《凤麓小志》卷3，《记诸市》8。

地缘商人	主要经营范围
江西商	盐、瓷器、竹木、纸张、漆、麻等
洞庭商	丝绸、布匹等
安徽商	粮食、油料、茶叶、麻类、绸布、家禽蛋品、土特产品 等多种，还经营典当，贩运竹木柴炭等
浙江商	丝绸、书籍、酱等
福建商	南货、洋货等
四川商	土特产品等
两湖商	粮食、木材等
崇明商	粮、油等
河南商	丝绸、煤炭等
山陕商	皮毛等

注：制表所需资料参照《南京的"会馆"》，载于：后文洙、
崔书玖编著《南京商贸史话》第84-87页，南京出版社，1999年

163

◇◇◇◇◇◇◇◇◇◇◇◇◇◇◇◇◇◇◇◇◇◇◇◇◇◇◇◇◇◇◇◇◇◇◇◇
表 7-2 部分外地商人在宁经营范围

　　为方便就近贸易，会馆在选址上会充分考虑本身所从事的商业经营活动与相关
市场的地理关系。这些与日常生活关系密切的、不同类型的小型市场也大多集中于
城市南部，如柴市（门西、上浮桥、小门口、鸣阳街、仓门口等）、鱼市（沙湾、行口等）、
花市（新桥百花巷）、灯市（笪桥南）等，因此会馆于城南集中出现，是有其市场因素的。

　　会馆于城市外围亦有分布，主要集中于聚宝门至雨花台一带和江东门至上新河
一带。这两个区域既是南京城对外联系的重要孔道，也是重要的商业市场。

　　南京米市、米铺随处都有，但主要集中在上新河、聚宝门及通济门一带。城中
米粮除了四乡所产如南乡江莲、北乡观音门籼仅敷数日民食外，主要靠从湖广、四川
和安徽北部鲁港、和州、庐江、三河等地输入。米粮贩运商将米粜于米行铺户。道
光间（1821—1850）"聚宝门外窑湾之砻坊三十二家"，每家囤粮都在万石左右。[1] 聚
宝门外的雨花路就是"米行大街"，有"中华门外四大行"——箩行、斛行、梢行、米行，
成为南京最繁华的商业区之一。

1　（清）包世臣：《安吴四种》卷26，《答方葆岩尚书》，同治二十一年（1872）注经堂刻本。

地缘乡愁·会馆

江南木材严重缺乏，依赖外地输入，因而木材市场极为兴盛。江南的木材市场，据康熙间（1662—1722）木商言，"皇木、架木、椿木等项，向来凡奉文采办，首责省滩承值，而镇江次之，其余苏、常各属，不过零星小贩，且四季粮船拥塞，木少运艰"，[1]则江苏的木材市场，首为南京，其次为镇江，再次为苏、常等地。南京城西郊的上新河，是明清时期江南最大的木材市场，赣、川、湘、楚、黔上游的竹木汇集而至，并转输到江南苏、松、常和苏北淮扬一带。明时上新河，即是有名的大码头，"数里之间，木商辐辏"。[2]清代上新河更"为木商所萃"。[3]

选址与水陆交通

会馆的选址会充分考虑周围的交通情况，当然这也是从商业利益出发，因为从事商业贸易，减低货运成本是成功的关键因素之一。外商会馆与南京的城市地理始终处于一种双向的交流状态，特别在古代传统社会中，这些商人会馆更多地表现在顺应环境的方面。南京城的自然条件和交通状况，在会馆的选址中是不可忽略的重要因素，会馆的建立也对街道、水系等城市形态的形成与变迁产生了巨大影响。[7-6]

南京的会馆基本上集中在城市南部的十里秦淮和运渎故道之间，仅秦淮河北岸的会馆就有十多个，占了总数的四分之一还多。

从水西门东南过下浮桥、上浮桥、新桥抵镇淮桥，再向东北过武定桥、文德桥、利涉桥，到东水关止，是古秦淮河河道。自斗门桥向北过土红桥、草桥，西折至笪桥、鸽子桥为运渎故道，运渎开凿于东吴赤乌三年（240），以运送物资达仓城。

河道上桥梁众多，因为位置要冲，桥两侧多发展成为市场，称为"桥棚"。"金陵都会大街市，皆依河水为经纬。""按淮水向南三桥，中镇淮，东武定，西饮虹也，皆有棚以卖熟食，……武定桥顶汤面最有名，虾鳝蟹雉无不鲜美。秀才月科得奖，偕友朋小饮其中，醉饱而归，所费不过青铜数百。"[4]因易火患，"近年淮清桥、笪桥重修之后，以勒碑示禁，而长干桥、镇淮桥、新桥、大中桥、内桥、元津桥、斗门桥，诸处仍然如故。"[5]

会馆沿河分布，并多于桥梁节点处聚集，既取交通之利，又处市场之内，于自身发展有莫大的好处。[77]南京城挟秦淮，踞长江，河道纵横。不仅水运方便，其陆路交通由于在明洪武间（1368—1398）得到全盘规划，市衢有条。城开13门，每座城门与市内大街贯通，市内街道纵横交织，主次分明，井然有条，座座城门又通向对

1　苏州历史博物馆编：《明清苏州工商业碑刻集》第113-114页，江苏人民出版社，1981年版。
2　（清）沈启：《南船记》卷4，《收料之例》，见上海古籍出版社影印《续修四库全书》，1995年版。
3　张海鹏、王廷元主编《明清徽商资料选编》第181页，黄山书社，1985年版。
4　（清）夏仁虎：《秦淮志》卷8，《南京文献》第24号，上海书店。
5　（清）甘熙：《白下琐言》卷3（九）。

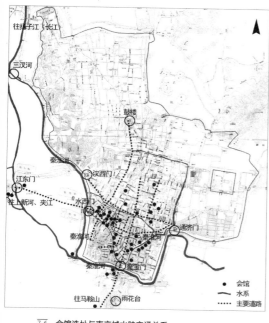

7-6 会馆选址与南京城水陆交通关系

7-7 会馆与南京城主要桥梁分布关系
桥梁名称不详者只标明具体位置

外辐射的大道，与拱卫京畿的驿道网相连，构成了便利的交通网络。其中：

水西门，又称西水关，秦淮河水穿之出城，稍西为铁窗棂，运渎水由此出。由水西门可直达江东门、上新河，及至长江边，乃南京城至长江的最便捷道路。

聚宝门，前临秦淮长干桥，后倚秦淮镇淮桥，其东西区域，古代就是市民的住宅区，素称鱼米之乡的江宁、湖熟、宣城、广德等地的农民进入城市，必须由聚宝门进城，"每日要进出千猪万牛，粮食更无其数。"[1] 此处也是南京往马鞍山的必经之路。

通济门，旁有东水关，是秦淮河水入城处。

此三门不仅规模宏大，气势雄伟（聚宝门为 13 个城门中最为壮丽者，次为水西门、通济门），[2] 而且是南京城内外水陆交通的重要孔道，当时民间有顺口溜"三山[3] 聚宝连通济"，可见其重要性，而南京的会馆便主要集中于水西门、聚宝门和通济门围成的范围内。这一带又有明初修建的宽阔的石板大道，如火星庙至三山门（水西门）、大中桥至石城门（汉西门）、镇淮桥至内桥、评事街至明瓦廊等官街，[4] 无论对内对外，交通都十分便利。

---

1 （清）吴敬梓：《儒林外史》第 25 回，见上海古籍出版社影印《续修四库全书》，1995 年版。
2 南京市公路管理处编：《南京古代道路史》第 210 页，江苏科技出版社，1989 年版。
3 即"水西门"，"三山门"为明时称谓。
4 南京市公路管理处编：《南京古代道路史》第 208 页。

徽商的会馆建设

入清以后，南京经济在一度衰落后，迅速走向复苏，并达到封建经济的鼎盛阶段，徽商在南京也数此时最为活跃。徽商在宁商贸活动内容多样，犹以木业和典当业为甚。

"徽多木商，贩自川广，集于江宁之上河，资本非巨万不可，因有移家上河者，服食华侈，仿佛淮阳，居然巨室。"[1] 徽州木商建有会馆，于每年4月初旬都天会，点燃千百盏彩灯，其"旗帜、伞盖、人物、花卉、鲜花之属，五色十光，备极奇巧"，[2] 盛称为"徽州灯"。木商又多为婺源人，所谓"婺源服贾者，率贩木"。[3]

商品经济发达，商业资本便显得十分重要，高利贷资本也就无时无地不体现出它的功能。可以说，典当业是徽商在南京所从事的一个面广量大的行业。

明嘉靖（1522—1566）、万历间（1573—1620），南京"不下数千百家"、至少也有"五百家"的当铺主要由徽商和闽商所开。[4] 至清代，南京徽典仍盛。"近来业典者最多徽人。其掌柜者，则谓之朝奉。若辈最为势利，观其形容，不啻以官长自居，言之令人痛恨。"[5] 嘉庆间（1796—1820）南京还有徽典121家。[21]197 此外，粮食、油料、茶叶、麻类、绸布、家禽蛋品、土特产品等，亦在徽商的经营范围。

徽商会馆等组织设施的创建则是其经营活跃的明显标志。徽商在南京所建会馆之多，其他任何商帮不敢望其项背，计有20家之多，占南京会馆总数的40%弱。表7-3

会馆籍别	安徽	湖北、湖南#	江西	浙江	河南	江苏	福建	广东、广西*
会馆数量	20	4	3	3	2	2	2	2
会馆籍别	八旗	甘肃、宁夏、青海	四川	贵州	山东	陕西	山西	
会馆数量	1	1	1	1	1	1	1	

注：标#者，湖北商独办会馆2所，湖南军人独办会馆1所，湖北商、湖南商合办会馆1所；
标*者，广东商独办会馆1所，广东商、广西商合办会馆1所。

表7-3 南京会馆数量（按会馆省籍列表）

1　张海鹏、王廷元主编：《明清徽商资料选编》第179页。
2　（清）甘熙：《白下琐言》卷4。
3　乾隆《婺源县志》卷4，（清）俞云耕修，潘继善纂，乾隆二十二年（1757）刻本。
4　（明）周晖：《金陵琐事》卷3，道光元年（1821年）江宁李鳌刻本。。
5　（清）程麟：《此中人语》卷3，《张先生》，光绪申报馆铅印本。

从问集

而徽商中则以歙县和宁国两地人众。

歙县商人建有 2 家会馆，仅作为仕子乡试住宿之所的歙县试馆，就耗费 12 300 余两巨资。

位于油市街姚氏园的安徽会馆为徽商联合同省宁国府泾县、太平、旌德等县商人合建，"中有品雅园，古栝苍然，亭宇修然。"[1] 此馆鸦片战争后改为皖省公所。宁国商人则以旌德商人最多。旌德商人自称："从来旌人之为贾也，久矣。或托业于荆越，或贸迁乎吴越，或散处于蜀山易水之间，而荟萃于金陵者，尤为夥焉。"[2] 乾隆四年（1739）旌德商人即设立了旌德会馆，后来发展为党家巷、竹竿巷、油市大街 3 处会馆，经太平天国期间战火毁坏，同治三年（1864）又合而为一。嘉庆十四年（1809）党家巷会馆扩建，捐款者达 183 人，次年捐款者更多达团体 13 个、个人 380 人。道光二十一年（1841）捐款者为团体 6 个、个人 79 人。一县商人在南京建有 3 家会馆，为旌德商人所独有，该商在宁人数之众可以想见。宁国府泾县商人在百花巷也建有会馆。

值得一提的是，在宁徽商创建的会馆有半数以上位于城市东南部，即明清时期的科考之地。[7-8]

清代，南京为江南重镇，有江南省乡试。每 3 年 1 次，子、午、卯、酉年为正科，遇万寿、登极、庆典加科，称恩科。参加考试的人分正途、异途。考试分 3 场进行，共 9 天。江南贡院要考江苏、安徽两省士子，"江南合两省为一，与试者多至万六、七。"[3] 因此县学、府学又另设考棚，考棚即预试场，下江考棚是江苏考场，在镇淮桥东北，东起信府河，西到中华路。上江考棚，清前期在朝天宫黄埔巷，同治四年（1865）十月后，迁往三条营，南起新民坊，北至剪子巷；十二年（1873）又移往中正街。江宁县学考棚在今门东边营的上江考棚处，上元县学考场在鸡鸣山麓。明代中叶及清朝均有扩建。仅考生号舍就两万四百多，是北京外、各省乡试之冠。[4] 至九月十五日发榜，考生才会散去。时间之长，人数之多，带动了相关行业的迅猛发展，如旅店、会馆和满足衣食住行、文玩器物需求的行业等。

徽商历有"儒贾"之名，以经商为名，行儒教之事，对本乡士子考取功名，不遗余力。一方面是由于中国传统的地缘观念，更重要的是士子一旦金榜题名，得以入仕，家族、乡党便是其思恩惠报的首要对象。商业与科举达到互补共进的和谐，商人投资会馆与本乡子弟的入仕都会把商业精神带入会馆的创办发展过程中。徽商会馆选

1 （清）甘熙：《白下琐言》卷 2（三）。
2 （民国）任治沅：《金陵旌德会馆志》。
3 （清）黄钧宰：《金壶七墨》，见上海古籍出版社影印《续修四库全书》，1995 年版。
4 汤晔峥：《明清南京城南建设》第 61 页，东南大学硕士学位论文，2003 年。

择在科考之地或附近建立会馆，可以更好地服务于前来考试的本乡子弟。当然，这一带也是商业繁华之所，称为"考市"。大量的士子带动了贡院附近的商业活动。从"东牌楼沿秦淮东岸，北抵学官贡院，南达下江考棚，大比之年，商贾云集"，[1] 出售书籍和各地文玩物产。一些考生，为了维持生计，也往往带一些家乡土特产来宁贩卖，以赚度日之资。

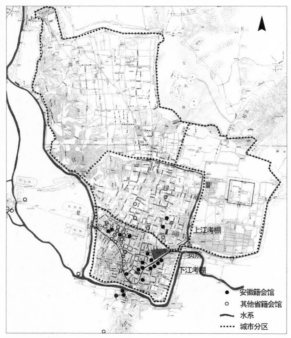

7-8　安徽籍会馆分布

[1] 胡春焕，白鹤群. 北京的会馆 [M]. 北京：中国经济出版社，1994.

[2] 王世仁. 宣南鸿雪图志 [M]. 北京：中国建筑工业出版社，1997：77-101.

[3] 史玄. 旧京遗事 [M]. 北京古籍出版社，1986：5-26.

[4] 北京档案馆. 北京会馆档案史料 [M]. 北京出版社，1997.

[5] 侯仁之. 北京城市历史地理 [M]. 北京燕山出版社，2000.

[6] 查慎行. 人海记 卷下 [M]// 谢国桢. 明代社会经济史料选编 下. 福州：福建人民出版社，1981：266.

[7] 傅崇兰. 中国运河城市发展史 [M]. 成都：四川人民出版社，1985.

[8] 王绣舜，张高峰. 天津早期商业中心掠影 [M]// 中国人民政治协商会议天津市委员会，文史资料研究委员会. 天津文史资料选辑 第十六辑. 天津人民出版社，1981：61.

[9] 贺业钜. 中国古代城市规划史 [M]. 北京：中国建筑工业出版社，1996.

[10] 陈清义. 中国会馆 [M]. 华夏文化出版社，1999.

[11] 竞放. 聊城 [M]. 南京：金陵书社，1998.

[12] 中共聊城市委宣传部，聊城市政府办公室. 中国历史文化名城——聊城. 济南：山东友谊出版社，1995.

[13] 山陕会馆碑文 [M]// 竞放. 山陕会馆. 南京：金陵书社，1997：52-88.

[14] 王振忠. 明清徽商与淮扬社会变迁 [M]. 北京：生活·新知·三联书店，1996.

[15] 李家寅. 名城扬州记略 [M]. 南京：江苏文史资料编辑部，1999.

[16] 王瑜，朱正海. 盐商与扬州 [M]. 南京：江苏古籍出版社，2001.

[17] 王鸿. 老扬州:烟花明月 [M]. 南京:江苏美术出版社，2001：151.

[18] 苏州历史博物馆. 明清苏州工商业碑刻集 [M]. 南京：江苏人民出版社，1981.

[19] 吴承明. 中国资本主义与国内市场 [M]. 北京：中国社会科学出版社，1985.

[20] 苏州市勘查测绘院. 苏州城区交通旅游图 [M]. 长沙：湖南地图出版社，2003.

[21] 范金民. 明清江南商业的发展 [M]. 南京大学出版社，1998.

[22] 苏州市地方志编撰委员会. 苏州市志 [M]. 南京：江苏人民出版社，1995：978.

[23] 王瑞成. 明清商业聚落与城镇社区 [J]. 中州学刊，2000：1.

[24] 沈旸. 明清南京的会馆与南京城 [J]. 建筑师，2007，128（8）：68-79.

镇庙

就山立祠

＊
基金资助：国家自然科学基金青年科学基金项目(51308100)。主持：沈旸。原文刊载：沈旸，周小棣，梁勇《镇山与镇庙：古代山川崇拜中的建筑与景观呈现》，《中国园林》2015年第7期（卷数31，期号235）。录入本书有增删。

镇山与镇庙：
古代山川崇拜中的
建筑与景观呈现＊

镇山有五，即东镇沂山（山东临朐县）、西镇吴山（陕西陇县）、南镇会稽山（浙江绍兴市）、北镇医巫闾山（辽宁北镇市）和中镇霍山（山西霍州市），[1]其祭祀属山川祭祀的一种，源自远古时期的自然神崇拜，秦汉之际山川祭祀逐渐国家化，并被赋予了更多的政治含义。

与祭祀活动的实现密切相关的要素有二：其一是祭祀制度，用以描述一整套被认为可以合适地表达崇敬神明之意的典礼仪式；其二是祭祀建筑，为上述仪式的具体运作提供一个相适应的空间场所。可以说二者的出现和发展完善几乎是同步的，并且具有一定的互动关系，而祭祀的地位也正是制度与建筑的综合反映，这也为综合这两个方面来完整考量某一祭祀活动提供了必要性。同时，也使得被崇拜的山川"不再是单纯自然造化的三维空间，而是蕴涵丰富的山水文化载体，这一点应是中国名山理景的最大特色"。[1]

2014年11月召开的国际古迹遗址理事会第18届大会科学研讨会的征文，主题为"作为人文价值的遗产与景观"，其中的主题之一"作为文化生境的景观"明确指出"对一处景观的了解离不开对其历史的了解及对一区域的鲜明特征的认识"，进而发问："遗产方法如何能够将景观与文化层面融合起来？"[2]对于这个问题的回应，以镇山和镇庙为研究对象的对古代山川崇拜中的建筑与景观呈现的分析是较为合适的文本。

1　潘谷西编著. 江南理景艺术. 南京：东南大学出版社，2003：308.

2　中国古迹遗址保护协会公告. http://www.icomoschina.org.cn/ggfb/25571.aspx

就山立祠：镇庙

下 《恒岳志》载大清五岳五镇图

　　今日五座镇山皆因自然环境优越成为国家森林公园或风景名胜区，而与之唇齿相依的镇庙则命运多舛。唯北镇庙保存较完整（主要反映明清时期的庙貌），其他或为近代、近年新修（东镇庙、西镇庙），[1] 或仅存遗址（南镇庙、中镇庙），且大多未经考古发掘，历史信息零落。与岳庙大多保存完好，并且逐渐受到广泛的关注和研究相比，镇庙不仅建筑保存稀少，对其产生的历史根源及发展演变脉络的研究同样寥寥，几乎是处在一种被遗忘的状态，尤其是在面对建筑与碑刻皆已荡然无存的南镇庙遗址，以及一地残碑的中镇庙遗址时，这种历史的空白感和时间的遗忘感尤为明显。因此，对镇庙与镇山历史关系的重建不得不在很大程度上借助于历史记载与现场调研的相互印证，以及数字高程的模拟，从而不仅从文化生境的角度阐释镇山的理景特征，也为将镇山的当代遗产保护与景观塑造相结合提供理论指导。

1　如西镇庙于 2009 年重修，声称仿元至治二年（1322）的规模，但并无与之相关的资料依据，且重修后的建
　　筑群规模与主殿建筑等级（九间重檐庑殿）均与岱庙相近，实有逾制之嫌。

灵气所钟：沂山东镇庙

沂山古名海岱、海岳，又名东泰山或东小泰山，为五镇中的东镇，《周礼·职方氏》所载青州镇山，地处山东省中部，泰沂山脉东端，为沂蒙山主脉之一，呈东北—西南走向，其方位接近泰山正东，继而向东则少高山，视野开阔，即"西则远宗岱岳，东则俯视琅邪"。[1] 主峰为海拔1032.2米的玉皇顶，在山下"远望之则高压群山，缘坡麓曼衍八九十里，以渐而升，逮至其颠，则失其峻极"。[2]

沂山周边的低山丘陵和平原为该地区的主要城市分布区域，唐代由沂州主祭，从距山远近来看，具体的祭祀城市很有可能为沂水县，北宋后改在青州临朐县。沂山、大岘山和太平山自西向东三山相连，构成谷道峻狭的天险，齐宣王修筑长城时在此设关隘穆陵关，为南北相通的咽喉。入沂山需先经穆陵关的官道，半途折入山道，继而溯汶水而上[2]。

沂山为汶水、巨洋水（今称弥河）、沂水和沭水四水之源，其中唯以流向东北的汶水出于其主峰一带，山道与河道并行，主要的自然景观（百丈崖）和人文景观（东镇庙、法云寺）均在沿线，在官道转折处建有草参亭，以备行路不及谒庙者致祭。[3]

西汉太初三年（公元前102）公玉带援引黄帝故事，请汉武帝封沂山、禅凡山（在沂山附近），武帝则认为沂山卑小，与其名声不相称，于是设祠而不封，[4] 有观点将此视为东镇庙的起源。[5] 然而公玉带意在请武帝在此封禅，其后亦仿泰山将祠设在玉皇顶，其所祀对象应为昊天上帝而非沂山本身。隋代在山椒立庙，[6] 因玉皇顶用地较局促，故有建在法云寺一侧或以法云寺兼作镇庙的观点。北宋建隆三年至乾德二年（962—964）敕命重修时改在山半今址（九龙口），其地北侧依凤凰岭（又名五凤山，"其形如凤，远望之，地脉起伏，若有飞腾之象"），南侧则隔汶水与笔架山相对（"三峰秀出，若笔架然"[7]）。目前遗存的正殿柱础采用具有隋唐风格的覆莲瓣纹，此次改建有可能利用了旧有佛寺遗址而成[3]。[8]

173

1 （万历）东镇沂山志．卷一，见：赵卫东，宫德杰．山东道教碑刻集·临朐卷．257．
2 （元）于钦．齐乘．卷一 [M]．690
3 （万历）东镇沂山志．卷一，见：赵卫东，宫德杰．山东道教碑刻集·临朐卷．260．
4 （西汉）司马迁．《史记》卷十二．280
5 临朐政协．东镇沂山 [M]．121
6 （嘉靖）青州府志 [M]．卷十．29．参见：（明）傅国．昌国艅艎 [M]．卷四．60．
7 凤凰岭和笔架山的描述来自（万历）东镇沂山志．卷一，见：赵卫东，宫德杰．山东道教碑刻集·临朐卷．259．
8 较流行的说法为利用了创建于唐中期的佛寺凤阳寺（曾改名提扶寺）遗址，见：临朐政协．东镇沂山 [M]．143．

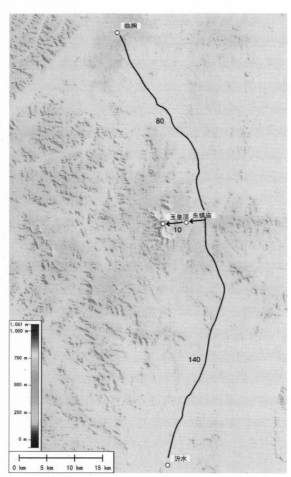

2　沂山地势高程及主要坐标点距离
　　单位：里

3　山志与地方志中的东镇庙
　　左：《嘉靖青州府志》附图
　　右：《万历东镇沂山志》附图

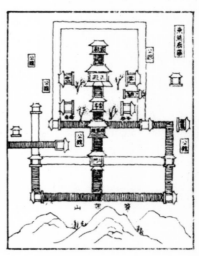

沂山经历了由佛教名山到道教名山的转变，东汉时在沂山中心、汶水源头圣水泉处立法云寺，东晋时又在山东麓立明道寺，二者相继为沂山佛寺之冠，但明道寺在唐武宗会昌灭佛时被拆毁，佛教活动由盛而衰，其遗址在宋初仍存弃置的造像三百余尊，[1] 可见当时的寺院建筑规模。法云寺虽得以重修延续，但其庙宇逐渐颓败并湮没无闻。[2] 至金大安时 (1209—1211) 东镇庙已由道士管理，并于庙之西路建道观神佑宫，与东路的馆驿并列左右，元时又对神佑宫多次重修，历明清至民国，诸如"守庙道士""住持道人"的记载不断出现在祭祀和重修碑记中，[3] 说明东镇庙由道士管理的传统长期延续。

五峰挺秀：吴山西镇庙

吴山古名岳山或吴岳，为五镇中的西镇，《周礼·职方氏》所载雍州镇山，地处陕西省西部，六盘山山脉（古代统称陇山，今其南段仍称陇山）南端，其范围在明代划定为东西十五里，南北十里。[4]

吴山有十七峰之说，其中又以镇西峰、大贤峰、灵应峰、会仙峰和望辇峰五峰为诸峰之冠，[4] 最高峰为海拔 1841.9 米的灵应峰，但因"群山低，高山为主，群山高，低山为主"，故将位居中央、海拔 1715 米的镇西峰立为主峰。

关中地区所在的渭河平原夹在陕北高原与秦岭山脉之间，南北走向的六盘山山脉为陕北高原西侧界山，并与秦岭山脉呈 L 形相接，吴山位于其东南部，并向东南方向逐渐由山地过渡至平原。渭河及其支流金陵河、千河（古名汧水）的冲积平原区为该地区主要城市分布区域。与吴山关系较密切的城市包括东北侧的陇州（主祭城市）、东侧的汧阳及东南侧的吴山和宝鸡[5]。在吴山所在的高原地区，各城市间的道路联系主要依附于自然河道，如陇州和宝鸡间的官道北段沿千河，南段沿金陵河，入吴山的山道亦沿金陵河支流庙川河（源于望辇峰）。

西镇庙[6]现址北面依笔架山（又名小五峰，"山势逶迤，宛如笔架"），南面临庙川河（又名一水河，"左旋绕庙前入于渭"[5]），北面亦有另一支流与庙川河在庙东交汇。山南侧坡地的自然地势升高，被融入建筑群中，其山门地平距离外侧道路即高出 2

---

1 北宋景德元年（1004）《沂山明道寺新创舍利塔壁记》，见：临朐县沂山风景区管委会. 东镇沂山旅游文化读本——东镇碑林 [M]. 2. 明道寺遗址在今东镇庙西约三里的上寺院村。

2 明清青州、临朐方志在寺观一章中极少提及法云寺，光绪《临朐县志》载："法云寺今已颓废，仅余三楹。破堵中有康熙间重修本寺石碣。一头陀守寺，暮则扃之，下山宿于东镇庙。"

3 例如明正统元年（1436）、成化元年（1465）致祭碑，成化三年（1467）、康熙二年（1663）、民国二十九年（1940）重修碑，见赵卫东、宫德杰，第 24、31-33、34-35、91-92、129-131 页。

4 （嘉靖）吴山志. 卷一. 1.

5 笔架山和庙川河的描述均来自（康熙）《陇州志》卷一，第 22 页。

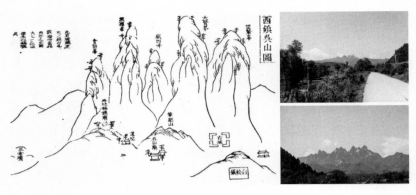

4 《康熙陕西通志》载西镇吴山及吴山五峰

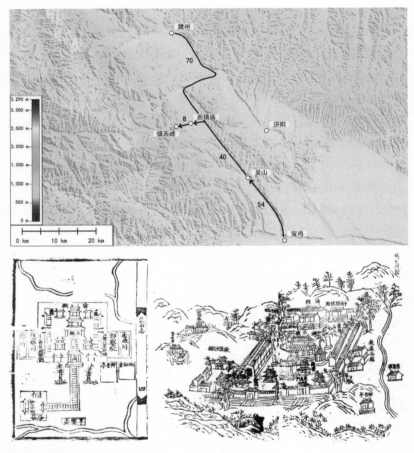

5 吴山地势高程及主要坐标点距离
　　单位：里

6 山志与地方志中的西镇庙
　　左：《嘉靖吴山志》附图，右：《乾隆陇州续志》附图

米以上，其西有道观会仙宫和珍珠娘娘庙。

元延祐四年（1317）所立代祀碑记中有“本庙提点赐紫仁和虚大师张德祥”的记载，此时的庙宇应为道士管理。明代重建的会仙宫对于西镇庙的日常管理、维护和祭祀活动的举行起到了一定的作用，如明天顺八年（1464）重修时“仍举道流宝遇真为住持（宝遇真同为会仙观住持），分领诸徒奔走效劳，交赞其功”。[1]

秀带岩壑：会稽山南镇庙

会稽山古名茅山、苗山、防山和涂山等，相传禹在此大会诸侯并计功而得今名，为五镇中的南镇，《周礼 · 职方氏》所载扬州镇山，地处浙江省东北部，主峰为海拔354米的香炉峰。会稽山北麓、杭州湾南岸东西向狭窄的宁绍平原为该地区主要的城市分布区域，主祭城市绍兴与会稽山相距十二里，去往会稽山可水陆并行[7][8]，其东南侧的城门稽山门为南部唯一的陆上城门，也是通常去往会稽山的起点。东汉永和五年（140），会稽太守马臻在城南地区主持创建大型蓄水灌溉工程鉴湖，其堤坝北近五云门至崇禧门段的城墙，并向东西延伸至曹娥江和浦阳江，南近会稽山北麓，在稽山门与石帆山之间筑有夹堤，同时作为城市通往会稽山的驿路和东西湖区的分界。[2] 鉴湖在宋时因围垦逐渐堙废，但驿路仍为去往会稽山的主要道路，此外连接城门至会稽山下的河网仍存，即稽山门外与驿路并行的禹陵江和殖利门外的南池江。

祭南镇和祭大禹皆为在绍兴举行的主要国家祭祀活动，大禹祭祀始于北宋乾德四年（966），最初只令地方长吏春秋常祀，祭祀地点在府城西北、涂山南麓的禹庙，[3] 今大禹陵一带亦为禹庙，创建于南朝梁，北宋政和时（1111—1118）敕即庙为道观告成观，时传禹穴在庙旁，但不知所在。[4] 明初改在现址，并规定每三年遣道士致祭一次，遇皇帝登基时遣官代祀，另于每年春秋二仲月举行与南镇祭品祭仪相同的地方常祀，[5] 但其祭祀时间在祭南镇前日。[6] 嘉靖时（1522—1566）禹穴被定在庙南，继而新建禹陵，并发展为以禹陵为中路，两侧为禹庙和禹寺的建筑格局。清代进一步出现皇帝南巡时的亲往致祭，[7] 并多次敕命地方加以修葺和增置守祠人役。[8]

以上表明大禹祭祀的形成虽晚于南镇，但官方对其重视程度逐渐超过了后者，

1 明天顺《重修西镇吴山祠记》，见（嘉靖）《吴山志》卷三，第 11 页。
2 周魁一，蒋超．古鉴湖的兴废及其历史教训 J．中国历史地理论丛，1991(3)：203-234．
3 （万历）绍兴府志．卷十九．1422，卷四《山川志》又载涂山在府城西北四十五里，此地相传为禹会诸侯之所。
4 （嘉泰）会稽志．卷六．6804．
5 （乾隆）绍兴府志．卷三十六．870．
6 （万历）绍兴府志．卷十九．1425．
7 共两次，分别在康熙二十八年（1689）康熙帝第二次南巡时和乾隆十六年（1751）乾隆帝第一次南巡时。
8 （乾隆）绍兴府志．卷首．20．

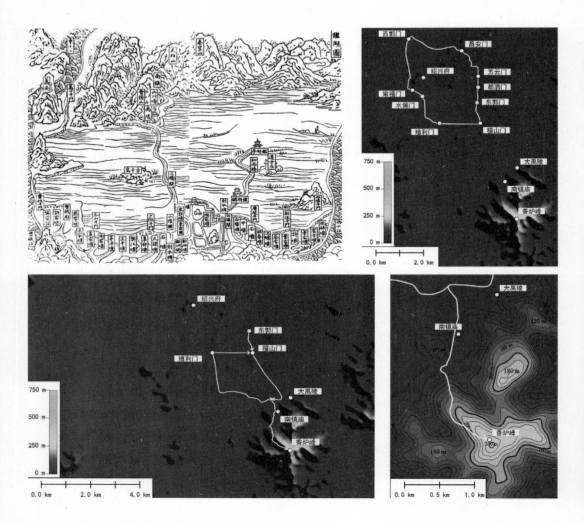

7　《康熙会稽县志》载鉴湖图及绍兴城—会稽山位置关系

8　自绍兴城去往会稽山路线

　　除南镇庙—香炉峰一段外均为水陆并行

9　南镇庙遗址

　　左：自遗址望绍兴城方向，右：自遗址望香炉峰

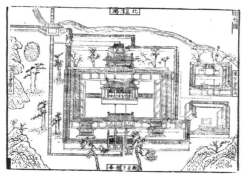
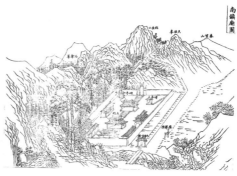

10　地方志中的南镇庙

　　左：《万历绍兴府志》附图，右：《乾隆绍兴府志》附图

其主要建筑规模也在南镇庙之上。[1]明清时的大禹陵依石帆山、居高临下并面向城市，与殖利门—稽山门段的南城墙之间具有一定的视线对应关系，然而南镇庙的选址与其不同，强调与山的关系而弱化与城市的关系。南镇庙并未采用其他镇庙通常结合山南自然坡地、建筑渐次升高的布置方式，而是建于山北平地（海拔高度在30~35米之间），其庙址为"北、东、西临溪，南直玉笥峰"，[2]并有会稽山余脉延伸至庙两侧，形成东西夹持的咽喉[9]。

　　元初的南镇庙"独庙无守者，有司又少涉其地，风雨陵暴，久而不免于摧败倾压矣"，[3]泰定三年（1326）始置庙田，重修后开始安排道士守庙，同时"尽核故田奉祠事，余以给其食"，[4]但直至明清并未单独建设道教殿宇或道士房舍[10]。

1　（万历）会稽县志．卷十三．526、537，其中载同一时期的大禹陵正殿七间，门三重，南镇庙正殿五间，门两重。
2　元皇庆元年（1312）《重建南镇庙碑》，见（嘉庆）《山阴县志》卷二十七，第1051页，其中玉笥峰即香炉峰。
3　元至正四年（1342）《重修南镇庙碑》，见（嘉庆）《山阴县志》卷二十七，第1061页。
4　元泰定三年（1326）《南镇庙置田记》，见（嘉庆）《山阴县志》卷二十七，第1055页。

就山立祠：镇庙

郁葱佳气：医巫闾山北镇庙

医巫闾山又名医无虑山、六山和广宁山等（"医巫闾"为少数民族语音译，为大山之意[1]），简称闾山（以下均用此简称），为五镇中的北镇，《周礼·职方氏》所载幽州镇山，地处辽宁省西部、辽河平原西侧边缘，主体以朝阳寺、玉泉寺和清安寺（观音阁）一带为中心，呈东北—西南走向，方志中称其高十余里，周围二百四十里，[2]主峰为海拔 866.6 米的望海峰（又名望海寺）。

唐代北镇地方祭祀由营州主持，治所在柳城县，州境范围、所辖县城大部分位于闾山以西，故唐代的庙址可能在山西麓，辽代无岳镇海渎祭祀活动，原庙宇遂废。金代重举祀事，另立庙址，并以位于山东麓的广宁为其地方祭祀的主持城市。[3]

北镇庙选址于广宁城西、闾山东麓的一处北高南低的天然山岗上，闾山距城十里，北镇庙则在距城三又四分之三里，距山五又四分之一里处，[4]明清时广宁城西门拱镇门与北镇庙东西遥遥相对，互为彼此重要的历史景观，自城内去往闾山的道路亦从拱镇门出发并途经镇庙[11]。但这一选址并不强调与主峰的视觉关系，只以连绵起伏的主脉作为环绕山岗的背景。广宁境内河流均属辽河流域绕阳河水系，周边河流有分别位于其东、西两侧的头道河、二道河和西南侧的三道河，[5]均源出于闾山，并在城东南侧交汇。北镇庙处在二道河与三道河之间，山岗西北侧有季节性雨水冲沟，向南汇入三道河[12]。

历代方志和碑文中均无与北镇庙庙田相关的记载，说明其祭祀供应很可能直接依赖于城市，但庙内仍置有管理者，元《御香碑记》中所附的与祭人员中列有"北镇庙主持提点宝光洞玄大师张道义、通祯希玄大师周道真"等人，[6]且有知庙一职，[7]均为道士。明代则称为"侍香道人""侍香庙祝"，[8]或简称"庙祝"，说明这一时期仍由道士管理镇庙。

但至清康熙二十九年（1690 年）建筑倾圮难支、风雨不蔽，广宁知县则"与住持僧众，亟商所以护持神像者"，五十四年（1715 年）重修清初创建的兴隆庵并改称万寿寺，碑记中已载"犹虑住持乏高僧……礼部延禅僧六雅，为北镇庙主，朝夕

1　谢景泉. 医巫闾山名称考释 [J]. 锦州师范学院学报，1999(4)：90-93.
2　（民国）北镇县志. 卷一. 13.
3　赵振新. 锦州市文物志. 26-28.
4　明成化十九年（1483）《北镇庙记》，见（民国）北镇县志. 卷六. 158-159.
5　上述河道名称在历史上有所变化，民国《北镇县志》中将头道河、二道河、三道河分别称作东沙河、南门乾河和大石桥河，1990 年版《北镇县志》则分别称钟秀河、广右河和广东河。
6　元皇庆二年（1313）《御香碑记》，见《北镇庙碑文解析》第 10 页。
7　元延祐四年（1317）《代祀北镇之记》和至正七年（1347）《御香之碑》，见《北镇庙碑文解析》第 18、50 页。
8　明洪熙元年（1425）《敕辽东都司碑》和隆庆元年（1567）《御祭祝文碑》，见《北镇庙碑文解析》第 65、99 页。

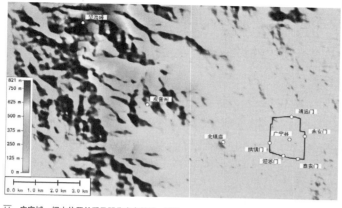

11　广宁城—闾山位置关系及明代广宁鼓楼、城墙

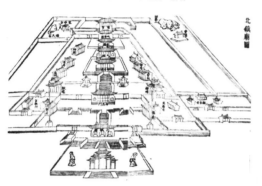
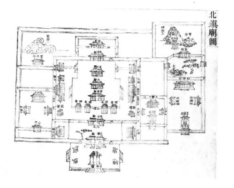

12　地方志中的北镇庙

左：《乾隆盛京通志》附图．右：《乾隆钦定盛京通志》附图

焚香，晨钟暮鼓，庶以祝国佑民"，[1] 从以僧人作为"北镇庙主"，在庙前西侧又相继兴建万寿寺、观音堂等佛教殿堂来看，此时即便仍有道士驻于庙内，庙宇也已在很大程度上改由僧人管理。

秀峙中区：霍山中镇庙

霍山古名太岳或霍太山，为五镇中的中镇，《周礼·职方氏》所载冀州镇山，地

1　清康熙二十九年（1690）《新建北镇医巫闾山尊神板阁序》和康熙五十四年（1715）《重修北镇禅林记碑》。
　　见《北镇庙碑文解析》第 117、135 页。

处山西省中南部、太岳山脉南端，山志称其东西约七十里，南北约一百五十里，[1] 主峰为海拔 2346.8 米的中镇峰（俗称老爷顶）。从整体地理环境而言，临汾盆地从中部纵贯临汾地区，将整体隆起的高原分为东西两部分山地，西为吕梁山脉，东为太岳山脉，走势均大致呈南北向。

临汾盆地地形以盆地和丘陵为主，因地势较为平坦，且靠近汾河，为主要的城市分布区域。[13] 与霍山关系较密切的城市包括西北侧的霍州（主祭城市）、西侧的赵城和西南侧的洪洞，其城池均依汾河而筑，其中又以赵城距霍山主峰一带最近，故去往中镇庙也常常自赵城出发。

唐代霍山与其他四镇的祭祀并不在同一个体系内，至宋初方并为五镇，故中镇庙为唐代的霍山祠（又名应圣公祠）沿用而来。自赵城去往中镇庙并不经由官道，而是直接从山路跋涉，至位于霍山西麓被称为香谷口的峪口入山，约五里后到达中镇庙，继而去往主峰则需要自东南—东北方向绕行，沿一条大约三十里的 U 形路线方能到达。[2] 高程分析表明，中镇庙现址所在的海拔高度 1100~1200 米的地段为入山后山道上地势最为开阔平坦的区域，周围被霍山余脉所合抱环绕。[14]

霍山大规模的人工造景始于隋唐，这一时期在主峰一带陆续敕建了霍山祠、兴唐寺和慈云寺，[3] 兴唐寺在中镇庙东南约一里远，慈云寺在中镇庙东十里远，其后除金代在中镇峰顶建真武庙外，其他朝代基本维持现状，其中兴唐寺与中镇庙关系极为密切，建于同一山谷，二者隔河斜对，各自占据山谷的对角，[15] 山道与河道又均使二者产生联系。且中镇庙的日常管理、维护和祭祀活动的举行均依赖于兴唐寺，以至于兴唐寺被视为中镇庙的下院或中镇神的"香火院"，[4] 此传统一直延续至民国。[5]

1　（民国）霍山志. 卷一. 2.

2　结合（明）韩魁《霍山游记》、乔宇《霍山记》、（清）李呈香《中镇记》、吕维櫆《游中镇山记》、（民国）慧人《游兴唐寺记》和马甲鼎《游霍山记》等多篇游记，分别见：（民国）霍山志. 卷四. 30-32 和卷五. 78-79、83-85、95-96、106-108、109-113.

3　慈云寺又名休粮寺，释力空认为其创建年代为唐贞观三年（629），其依据为建寺诏书与《大藏经·广弘明集》对于"唐太宗破劲敌七处，均为立寺"的记载，志书则称汉建和时建，但未有相关依据。

4　清《蠲免兴唐寺地粮杂项碑记》，见：（民国）霍山志. 卷五. 96-97

5　（民国）霍山志. 卷五. 164："前者庙内无人，殿宇、廊庑渐就荒废。兴唐寺方丈妙公恐日久倾圮，始于清众遴选达谛住守。"

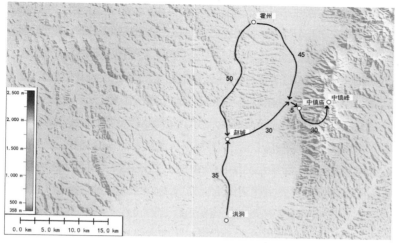

13　霍山地势高程及主要坐标点距离
　　单位：里

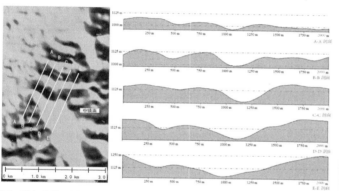

14　霍山香谷口剖面分析（东北—西南）

15　《道光直隶霍州志》载霍山图及自中镇庙望主峰与后侧山坡

"就山立祠"（《隋书·礼仪志》）是一个明确出现在镇庙创建之初的选址原则，五座镇庙中有三座现址奠定于隋唐时期（其中中镇庙时为霍山祠），一座奠定于北宋，一座奠定于金代，唐宋所奠定的四座镇庙在与山川地理环境的关系方面表现出以下一些共同特征：

其一，突出望祭主峰的视觉效果。在主殿前的院内观察主峰的水平和垂直视角相近（其建筑群均为坐北朝南，并大致接近南北向，[1] 西镇庙的视角按最高峰计算则分别为 12° 和 11°），小角度的水平视角使山势主体的走向大致与庙墙平行，形成连续的、屏障一般的景观效果。[16] 而在北镇庙内观察主峰的水平视角过大，垂直视角偏小，导致主峰偏于西北，其峰峦起伏也难以被观察和把握。

其二，选择被山体余脉所夹持、视线收束的地段建庙。由两侧的余脉和另一侧的主峰所在三面环抱，主要建筑亦位于山半或山底，虽然其建筑群的布置均与自然的山势升高相结合，但自大门外至正殿的高差变化大多在 5 米以内。唯独北镇庙建于独立的山岗之上，四周无余脉所凭依，[17] 主要建筑亦被布置在山岗最高处，自大门外至正殿的高差变化达 13 米。[2]

其三，以与山道并行的河流作为入山谒庙的先导。通过逆流而上到达庙前，东镇庙、西镇庙和中镇庙均为面水，南镇庙为背水。靠近水源地建庙不仅仅是出于景观上的考虑，同时还有功能性的考虑，如中镇庙"辟灵沼于墀前，引泉水为潜渠注其中，支分其流入庖厨，以给烹煮，又潴为涤器洗牲之池。"[3] 而北镇庙则无河流经过，并没有表现出与水的关系。

城山关系：以岳庙为参照

明嘉靖《祭告东镇七律五首》碑记[4] 详细记载了明代官员陈凤梧祭告沂山的行程，他清早自县城出发，午后至于庙内，不日之间即"行百余里"。《光绪临朐县志》载东镇庙距临朐县城八十里（约合今 46 公里），为各镇庙中距离城市最远的一座。

1　北镇庙中轴线在北偏西约 11°，东镇庙在北偏东约 13°，西镇庙中轴线为南北正向。
2　其他镇庙的高差数据为现场实测，并参照谷歌地图，北镇庙的高差数据则根据北镇庙文物处所提供的图纸所得。
3　明洪武《新修中镇庙碑》，见（成化）山西通志．卷十四．512
4　明嘉靖二年（1523）《祭告东镇七律五首》，见 临朐县沂山风景区管委会《东镇碑林》，第 128-130 页："予以五月廿三日，自登莱巡抚至青之临朐，时方旱，将祷雨于东镇沂山。廿四日行台斋沐，廿五日宿于庙下，是早忽大风雨，既而晴明凉爽，遂行百余里，午后至庙省牲，是夜大风。廿六日五鼓，风息月明，遂行祭告。礼成回县，阴云四布，是夜雷电风雨骤作，远迩沾足。"

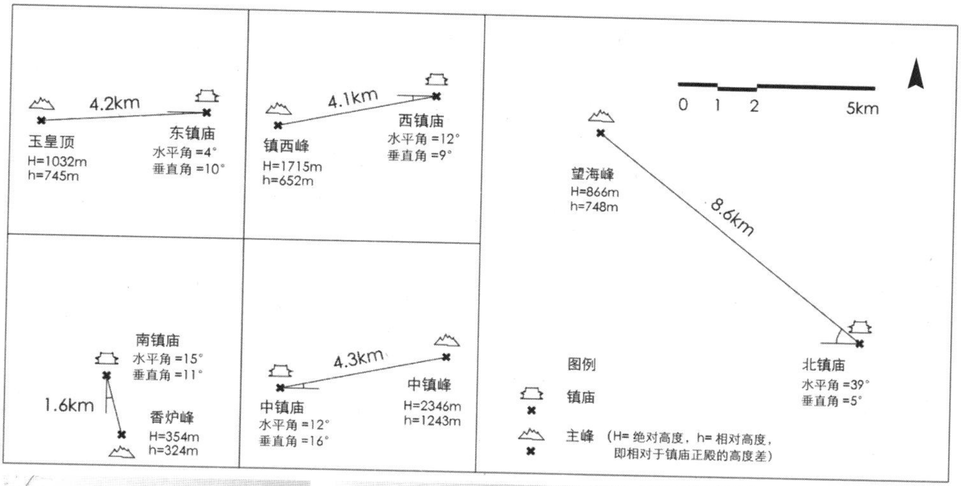
4.2km
玉皇顶
H=1032m
h=745m
东镇庙
水平角 =4°
垂直角 =10°
4.1km
镇西峰
H=1715m
h=652m
西镇庙
水平角 =12°
垂直角 =9°
0 1 2 5km
望海峰
H=866m
h=748m
8.6km
北镇庙
水平角 =39°
垂直角 =5°
南镇庙
水平角 =15°
垂直角 =11°
1.6km
香炉峰
H=354m
h=324m
4.3km
中镇庙
水平角 =12°
垂直角 =16°
中镇峰
H=2346m
h=1243m
图例
镇庙
主峰（H= 绝对高度，h= 相对高度，
即相对于镇庙正殿的高度差）

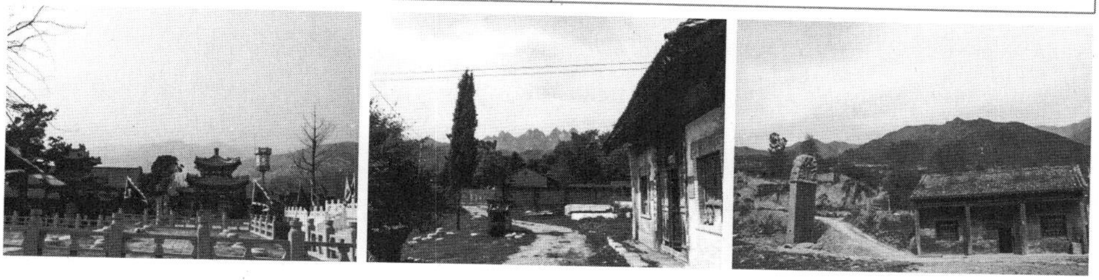

16 **镇庙与主峰之间的直线距离和视线角度**
均以正殿所在的位置代表镇庙

17 **镇庙主殿院内望主峰的视觉效果**
左：东镇庙，中：西镇庙，右：中镇庙

相较而言，岳庙中距离城市最远的一座也只有三十里（衡山县南岳庙）。据杨博、王贵祥对岳庙与所在城市的关系的研究，五座岳庙初建时均在城外，对于今日位于城中的两座岳庙而言，岱庙在唐时位于岱山县城（唐高宗时改名乾封县）外二十五里，北宋开宝间（968—976）“诏迁治就岳庙”，始将庙围入城中，大中祥符间（1008—1016）又一度于庙外三里处筑新城，至金大定间（1161—1189）还治旧城，庙在城中的格局方正式确定，而北岳庙最初亦在上曲阳县城外，晋魏时一度出现东西两庙，北魏景明间（500—504）在汉代城址以东四里处建新城，并将位于城中的东庙改建为今日的北岳庙。

镇庙则自始至终位于城外，与所在城市之间的距离也普遍远于岳庙，[1] 最近约四里，

1 杨博，王贵祥．“因庙营城”——明清时期中国五岳岳庙与所在城市空间格局初探 [J]．建筑师，2012(2)：51–58．按此文结论，明清五岳岳庙中两座位于城内，西岳庙距城五里，中岳庙距城八里，南岳庙距城三十里。

最远达八十里。如果以距城十里为限，那么五座岳庙中有四座在这一范围内，五座镇庙中则仅有北镇庙一座，且除北镇庙与广宁县西城墙及城门相望外，其他镇庙均与城市无视觉联系，其原因如下：

其一，"诏迁治就岳庙"个案的出现与迁址前的岱庙距城过远，而东岳泰山作为通常意义上的封禅仪式举行地点，在传统礼制上具有崇高地位密不可分，[1] 而北魏时的上曲阳县城在迁址前与北岳庙已仅距四里，其迁址与守庙并无必然联系。但从封号所体现的官方对于岳镇海渎诸神的重视程度来看，岳最高，镇则在渎、海之后，为其中最低的一级。表现在建筑方面，岳庙的规模普遍在镇庙之上，以周长相比较，清代各镇庙中规模最大的北镇庙恰与各岳庙中规模最小的中岳庙大致相当（分别为三百四十丈和三百二十丈），[2] 表现在祭祀方面，岳庙在汉代时即已出现帝王亲祀，其隆重程度也在镇庙之上，使得岳庙对城市的依赖性更强，故不仅有因庙建城（登封），[3] 同样有迁城就庙（泰安），而镇庙的地位无法与岳庙相比，不足以对城市产生影响。而如《祭告东镇七律五首》碑所述，即使是距城最远的东镇庙，祭官仍可以在半日左右的时间内到达庙内，祭祀供应则通常由当地解决，在每年的遣使代祀和地方常祀屈指可数的情况下，距城远对祭祀的举行并无影响。

其二，岳庙与所在城市的演进具有一定的同步关系，而镇庙所在城市的奠定均早于镇庙自身，其城址的择定也遵循一般的建城规律。且除岱庙外，岳庙的规模普遍达所在城市的 30% 以上，[4] 甚至与城市规模相当（华阴县西岳庙），镇庙的规模却与城市反差巨大（清时广宁县城面积约为 3.2 平方公里，[5] 北镇庙仅相当于其 1.34%），在满足近山立庙的同时并不一定也可以近山营城。

因此，除广宁城外的其他四座城址均奠定于隋唐以前，并无一例外地避开近山地区，选择靠近重要河道的低海拔地区建城，城市本身即距山较远。作为参照，宋代迁址前的岱山县城址选在大汶河北岸、今泰安市丘家店镇旧县村，与上述四座城址同样类似。而广宁县则为其中特例，其建城的源头——辽代所置的乾、显二州均为为守卫和奉祀葬于间山内的帝王陵寝而筑的奉陵邑，[6] 故其一反常态选在近山处，即使其周边的水文资源并没有其他城市理想。

1 关于泰山在传统礼制中地位的论述，参见：巫鸿《礼仪中的美术》，第 616-641 页。
2 岳庙的规模排序为（从小到大）：中岳庙周长 1.77 里，南岳庙周长 2.03 里，西岳庙周长 2.07 米，曲阳北岳庙周长 2.88 里，岱庙周长 3 里，见：杨博、王贵祥《"因庙营城"——明清时期中国五岳岳庙与所在城市空间格局初探》。
3 （西汉）司马迁：《史记》卷十二，第 275 页："于是以三百户封太室奉祠，命曰崇高邑"。
4 杨博、王贵祥《"因庙营城"——明清时期中国五岳岳庙与所在城市空间格局初探》一文中提供了周长比，作为粗略估计，本文将周长比平方，得出岳庙与所在城市的规模比大致为：岱庙／泰安府城 =0.18（实际约在0.16 左右），曲阳北岳庙／曲阳县城 =0.32，中岳庙／登封县城 =0.32，南岳庙／衡山县城 =0.53，西岳庙／华阴县城 =1。
5 赵振新：《锦州市文物志》，第 26-28 页。
6 王禹浪，李福军. 辽宁地区辽、金古城的分布概要（二）[J]. 哈尔滨学院学报，2011(2)：1-10.

自元代开始，东镇庙、西镇庙和中镇庙均出现建于城内或城外不远处的行祠，[18]
除这些主要的行祠外，西镇吴山在新街镇（吴山神行宫，位于官道转折处）、八渡镇[1]
和县头镇[2]均有庙，中镇霍山则"在洪洞、赵城、浮山、岳阳各乡村俱为行祠"。[3]每年
春秋两次的地方常祀并无特定事由，其祭文通常也是相对固定的，[4]而"祷雨祈晴"为
因事祭祀（至少在明代，府县地方官员同样可以因事致祭），[5]两座建在城内的行祠又
同样选在与州治相近之处，因此行祠的修建主要目的应为便于州县随时致祭，在地
方常祀和遣官代祀上并不能取代本庙。

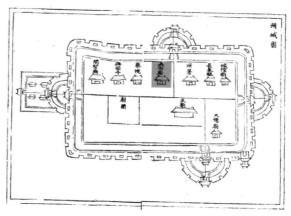

187

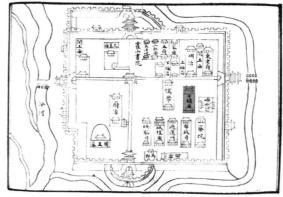

18　州治中的行祠位置示意
上：《康熙陇州志》载西镇行祠，
下：《嘉靖霍州志》载中镇行祠

1　（光绪）陇州乡土志. 卷十. 222–223.
2　同2
3　（成化）山西通志. 卷五. 119.
4　（万历）东镇沂山志. 卷三, 有司春秋致祭文："惟某年某干支某月某干支朔越几日某干支, 青州府临朐县知
　　县某, 敢昭告于东镇沂山之神, 曰:'惟神钟秀崇高, 一方巨镇, 封表有年, 功著民社, 时惟仲秋, 春, 谨以
　　牲帛醴齐, 粢盛庶品, 用伸常祭. 尚享.'" 见赵卫东、宫德杰, 第 269 页.
5　如《东镇沂山志》中记载了部分山东地方官员对于东镇庙的致祭活动, 如嘉靖十二年（1533）因山东旱灾和
　　蝗灾, 青州府知府、临朐县知县等地方官员曾相继前往致祭, 见：赵卫东、宫德杰, 第 271 页.

　　镇山的崇拜信仰，是和镇庙建筑互相依附而存在的：信仰是庙宇存在的基础，庙宇是信仰的物质载体。镇庙的选址通常弱化与城市的关系而强调与山的关系，所在城市的选址及发展演变过程与镇庙是互为独立的过程。唯独广宁城因特殊的建城目的而靠近山地，进而出现了北镇庙同时与山、城均接近的格局。

　　我国的名山理景经历了近 2000 年的实践，其中顺应自然的理景思想、结合环境的设计手法，将人为的理景活动和自然秩序有机地统一起来，处于国家祭祀系统内的山川崇拜更是为所在名山的理景抹上了浓郁的官方色彩。本文通过镇山与镇庙所探讨的山川崇拜中的建筑与景观呈现，折射出古人诸如直觉中包蕴的理性、玄妙中隐含的科学等特征，不仅特色独具，在今日的镇山风景名胜振兴中也具有重要的现实意义。

参考文献

[1] 潘谷西.江南理景艺术 [M].南京：东南大学出版社，2003.

[2] 周魁一，蒋超.古鉴湖的兴废及其历史教训 [J].中国历史地理论丛，1991(3).

[3] 杨博，王贵祥."因庙营城"——明清时期中国五岳岳庙与所在城市空间格局初探 [J].建筑师，2012(2).

[4] 巫鸿.礼仪中的美术 [M].北京：生活·读书·新知三联书店，2005.

基金资助：高等学校博士学科点专项科研基金资助课题（201200921200004）主持：沈旸。沈旸、梁勇《通用的祭祀仪式与差异的建筑等级——镇庙建筑的早期历史及岳镇庙的等级分化》·《建筑史》第33辑·北京：清华大学出版社·2014

通用的祭祀仪式与差异的建筑等级：镇庙早期历史及岳／镇庙的等级分化*

　　五岳与五镇、四海与四渎，起源于古代的山川崇拜，战国时期开始流行以九州指代理想之国疆域的概念，并以山脉、河流和海洋等地貌特征描述九州的分界，《周礼·职方氏》中进一步建立了九州九镇山的系统，将山脉从各州的界标演化为各州的象征，[1] 进而成为国家疆域的体现。汉代将九镇山中的泰山、华山、衡山和恒山提升为岳，并与嵩山合并成为国家祭祀的对象，隋唐时则进一步将余下的镇山一同纳入国家祀典，从而形成山有岳、镇两级，水有渎、海两级的岳镇海渎祭祀系统，并被历代中原地区的统治皇权沿用。

　　"自古帝王之有天下，莫不礼秩尊崇"（洪武二年《敕祀东镇庙记》），岳镇海渎祭祀体现出国家政权对疆域的掌控。岳与镇的祭祀又同为祭山，二者在时间和空间方面表现出诸多相似性。

　　时间方面：同一方位上的岳山与镇山祭祀时日相同或相近，早期的祭祀形式主要为地方常祀，唐、宋、金时为每年举行一次，分别在五郊迎气日（立春、立夏、立秋前十八天、立秋和立冬），祭祀位于东、南、中、西和北各方位上的岳山和镇山，[2] 明清时则统一改在春二月和秋八月上旬分别举行一次。[3] 金元时遣使代祀逐渐成为祭祀

1　巫鸿. 礼仪中的美术 [M]. 北京：生活·读书·新知三联书店, 2005：627-628
2　分别见：（唐）萧嵩. 大唐开元礼 [M]. 卷三十五. 祀五岳四镇. 文渊阁四库全书本. 台北：商务印书馆, 1983；（宋）郑居中. 政和五礼新仪 [M]. 卷九十六. 诸州祭岳镇海渎仪. 文渊阁四库全书本. 台北：商务印书馆, 1983；另外因唐代祀四镇，霍山不在其中，故立秋前十八天只祀中岳嵩山而不祀霍山。
3　（明）徐溥、李东阳. 明会典 [M]. 卷八十六. 礼部四十五. 祭祀七. 岳镇海渎帝王陵庙. 文渊阁四库全书本. 台北：商务印书馆, 1983

的主要形式，当国有大事时则向同一方位上的岳山和镇山派遣同一道使者相继前往祭祀。

空间方面：主要在于祭祀仪式的通用性和岳／镇庙建置的相似性。虽然部分岳庙在汉代时已有正规的祭祀活动，但魏晋南北朝时期的政权分立未能使之获得确立、延续，时而合祀、时而分祀（如北魏立五岳四渎庙合祀，而南朝梁则令郡国分祀）。以在山川所在地举行祭祀为主的方式至唐时方被确立，作为祭祀场所的岳／镇庙也才被予以重视，并获得了快速发展和完善。虽然镇山祭祀的出现晚于岳山，但二者在祭祀程序及庙宇的建筑形制等方面的发展具有一定的同步性，但镇庙出现之时，岳庙仍未成熟，二者之间也并非简单的模仿关系。

由于直接反映建筑形制的史料不足及建筑实物的缺乏，[1] 已有的研究中对于早期镇庙建筑的特点及岳庙、镇庙之间所呈现出的建筑等级差异仍然不够明确。本文即以对《大唐开元礼》《政和五礼新仪》等官方礼制文献所载祭祀仪式的分析为切入点，探讨镇庙的早期历史及岳／镇庙的建筑等级分化过程。

通用祭祀仪式及空间表征

地方常祀和遣使代祀为在山川所在地举行祭祀活动的两种最为常用的方式。

地方常祀即每年定期举行祭祀活动，由地方官员充任祭官，时间固定，无具体的祭祀事由，由中央制定祭祀的时间、等级与程序，而不遣使前往参与或监督，这一祭祀方式在唐代即已确立。

遣使代祀即由使者（道士或大臣）替皇帝代行祀事，这一祭祀方式源自古代的告礼，其特点在于非定期、因事祭祀。皇帝在都城授香币于各道的使者，再由使者基于驿传系统赶赴四方，至山川所在地后与当地官员共同完成祭祀过程，使者在主要祭祀人员（献官）中为先。

唐宋时已有不定期的遣使告祭五岳四渎，金代以后这一方式被愈加重视，并普及至镇山，但其程序以地方常祀为参考，除以皇帝派遣的使者为中心外，最初并无

---

1   现今五座镇庙中唯有北镇庙保存较完整，但其建筑主要反映明清时的庙貌，其他镇庙则或为近代、近年新
     修（东镇庙、西镇庙），或只存遗址（南镇庙、中镇庙）。

其他差别，至明清时才进一步在牲礼方面有所差异（遣使代祀用太牢、地方常祀用少牢）。[1]

就文献记载而言，以《大唐开元礼》和《政和五礼新仪》为代表，既反映出对前代礼制的吸收糅合，又结合了本朝的实践兴革，《大金集礼》则基本仿效《政和五礼新仪》，故本文以前二者分别作为唐和宋金的研究对象，而明清时期的研究对象则选用明弘治（1488—1505）颁布的《明会典》。

以上三个时期的文献对于岳镇海渎祭祀程序的描述均体现出一种通用性，如《大唐开元礼》在吉礼中分别撰写"祭五岳四镇"和"祭四海四渎"，除遵循《尔雅·释天》"祭山曰庪悬，祭川曰浮沉"[2]的大原则外，内容基本类同，《政和五礼新仪》则进一步合并为"诸州祭岳镇海渎仪"。相同的仪式程序决定了建筑空间即使有所差异，对祭祀的举行影响也不至过于明显。

祭祀程序可概括为三大部分，即准备、正祭和结束，明清时在初献之前、撤馔之后分别增加了迎神和送神的过程。[3]

准备：斋戒、扫除、省牲、开设瘗坎、设定站位、陈设祭器和盛放馔食等，一般在祭祀开始的前三天内陆续进行。

正祭：在众官就位后按次序进行初献、亚献和终献，以初献为上，需完成献币（明清时改为献帛）、献爵和读祝文三项程序。亚献与终献则基本相同，只有献爵一项。

结束：即在三献后行饮福受胙礼，并处理馔食、币（或帛）和祝版等，其中饮福受胙礼亦通常由初献完成，唐代饮福受胙礼被结合到三献礼时进行，初献在前述三项程序完成后饮福受胙，亚献终献则只饮福。

祭祀程序对建筑空间的使用主要表现在两个方面：其一，正祭过程往往围绕某一主体建筑进行，唐时为祭坛，宋之后则转入殿堂；其二，仪式的举行过程中，三位献官的站位表现为渐进的三个层次，即南门外的等候位、坛下（堂下）东南的等候位和坛上（堂上）中央的祭祀位，献官需依次至前两个位置就位并揖拜，继而至祭祀位进行祭祀。

1　（明）徐一夔. 明集礼 [M]. 卷十四. 吉礼十四. 专祀岳镇海渎天下城隍. 文渊阁四库全书本. 台北:商务印书馆，1983 ;（光绪）临朐县志. 卷五. 南京:凤凰出版社，2005.
2　即祭山时需将祭品埋藏或悬于山林中，祭水时需将祭品沉于水中。
3　本文所引用的三个时期对于祭祀程序的描述分别来自《大唐开元礼》卷三十五《祭五岳四镇》、《政和五礼新仪》卷九十六《吉礼·诸州祭岳镇海渎仪》和《明会典》卷八十六。

就山立祠：镇庙

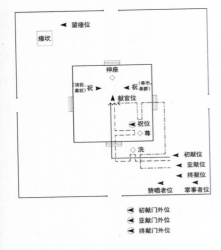

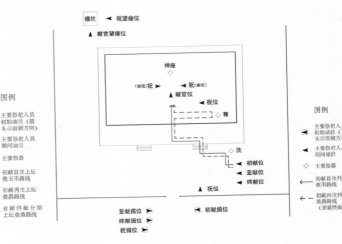

$\overline{1}$ 唐代地方常祀的三献程序图解
$\overline{2}$ 宋代地方常祀的三献程序图解

唐时的祭坛与宋时的露台

按《大唐开元礼》，唐代的岳镇海渎祭祀活动均以室外的祭坛为中心（海渎为埳内筑坛）。祭坛是一个四面设阶、以墙围护、每面墙在中间设门的空间。坛外又设南门和东门，掌馔者进奉馔食由东门出入，其他人员则均从南门出入，即辅助、准备或仪式的出入口各有所属。

宋代以后的主要祭祀空间则转入室内，出现由坛至殿的转变，但祭坛并未完全消失。就岳庙而言，岱庙、中岳庙和南岳庙的今日规模和基本布局均奠定于宋大中祥符间（1008—1016），大殿前的院落中均有被称为露台（路台）的方台或其遗迹，[3] [4]露台也同样出现在类似的国家祠庙建筑如后土庙、济渎庙中。镇庙虽然未能保存下来反映宋制的建筑实物，但近年在重建东镇庙时根据考古资料复原了位置与上述岳庙相仿的宋代祭坛。东镇庙在宋初的建隆三年（962）至乾德二年（964）经历了大规模的重修，[1]而该时固定的镇山祭祀制度尚未成熟，在各镇山中也仅曾祀东镇一处。[2]

本文认为上述露台实为唐时祭坛的遗迹，并体现出早期岳庙、镇庙建筑发展的

1 东镇庙的碑目中有《宋太祖诏修东镇庙碑》和《东镇庙落成记》二碑. 见：临朐政协编. 东镇沂山 [M]. 临朐：临朐县印刷厂，1991：9.
2 （宋）欧阳修. 太常因革礼 [M]. 卷四十九. 续修四库全书本，上海：上海古籍出版社，1985.

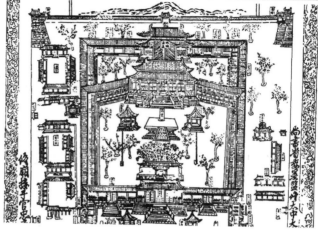

3　岳庙和镇庙中的露台或祭坛遗迹。
　　左：中岳庙；中：岱庙；右：东镇庙
4　《大金承安重修中岳庙图》碑中的中岳
　庙大殿院落，示主殿前的露台
　引自：张家泰《大金承安重修中岳庙图》碑试
　析 [J]．中原文物，1983(1)：41

同步性。原因有二：

　　其一，露台的功能与祭坛存在一定的联系。受到后土庙、中岳庙等重要官式建筑的影响，露台在宋金时期的祠庙建筑中开始普遍出现，且可同时用于拜祭供馔和献艺演出，[1] 如金泰和三年（1203）山西芮城县岱岳庙《岳庙新修露台记》中将之描述为"□牲陈皿者，得以展其仪，流宫泛羽者，得以奏其雅"。[2]

　　其二，露台在岳庙、镇庙建筑群中的核心位置。在傅熹年先生的宋代岳庙平面布局研究中，以庙的大殿院四角间画对角线，交点通常落在大殿前月台的前缘，但以庙的四角楼处画对角线，其交点则落在露台上（南岳庙）或稍偏南处（岱庙、中岳庙），[3] 反映出露台更接近整个庙域的中心 5，在整体布局中具有特殊的地位。然而，宋时露台也逐渐演化为一个民间祭祀献艺演出的空间，官方祭祀活动则既不用乐，也无献艺演出，其功能与地位难以相称。故这一地位的获得极有可能受到唐代以祭坛为主要祭祀空间，并可能将其置于建筑群核心地位的影响。

1　曹飞．略论露台、勾栏与舞楼之关系 J．戏剧（中央戏剧学院学报），2011(2)：121-122
2　冯俊杰．山西戏曲碑刻辑考 [M]．北京：中华书局，2002：53-54
3　傅熹年．中国古代城市规划、建筑群布局及建筑设计方法研究（上册）[M]．北京：中国建筑工业出版社，
　　2001：42-45

就山立祠：镇庙

宋代为国家祠庙建筑发展的重要时期，尤其在真宗时期，不断提升诸神封号并按新规定的规格修庙，也正是在这一时期此类建筑规制渐趋完善，等级渐趋分化，而由于历代沿用的特点，宋代所奠定的建筑规模和基本布局基本被保留至今。

对神祇所加的不同级别的封号为决定此类祠庙建筑等级分化、规制差异的主要因素。《礼记·祭法》中已有"天子祭天下名山大川，五岳视三公，四渎视诸侯"的等级雏形，《明集礼》中将封爵对祭祀的影响阐述为"谓视其牲币、粢盛、笾豆、爵献之数，以定隆杀轻重"。[1]唐中期开始陆续对岳镇海渎神上以封号，历代沿用并累加，但唐代只有王和公两个级别，宋代则出现更高的帝一级别，不同等级的封号间接反映了官方的重视程度和祭祀的隆重程度，进而对其建筑规格必然有所影响。

在明洪武（1368—1398）初撤去所有封号之前，综合封号的级别及获得封号的先后顺序这两个因素，自唐宋至金元，官方对于岳镇海渎诸神的重视程度依次为岳、渎、海、镇，岳不仅等级最高且获封最早，渎、海、镇则低于岳且最终等级相同，但渎获封的时间却往往最早，如唐时渎与镇封公的时间相差 4 年，分别在天宝六年（747）和天宝十年（751）；宋代封王的时间则相差 73 年之多，分别在康定元年（1040）和政和三年（1113），并由此出现了同时存在帝、王、公三个级别的特殊时期。

傅熹年先生对宋代国家祠庙建筑的研究和比较分析中，已试图将其建筑等级按照封号分为以中岳庙、岱庙为代表的帝一级别和以济渎庙为代表的王一级别，并归纳出帝一级别的祠庙自庙门至大殿所在院落需经过三重门：庙门、横墙上门和殿门；三门的制度同样载于北宋大中祥符五年（1012）颁布的宫观建筑规制，大殿通常为面阔七间、加副阶形成重檐屋顶后外观九间，王一级别则为两重门（无横墙上门），大殿面阔七间，单檐屋顶。[2]

上述归纳突出反映了在通用仪式下区分祭祀的隆重程度和建筑等级的方式，大殿等级所展现出的是整个建筑群的最高建筑规制，门的数量则展现出了由庙门至大殿的建筑序列和层次，二者与祭祀程序关系密切，献官在祭祀时依次行进、最终步入殿内，这些很容易被感知和体验，从而对祭祀的重要性有所判断。

然而并未引起注意的是，描述王一级别的建筑等级时仅有保存较完整的济渎庙一个实例，而五镇虽然在北宋时属同一级别，其获封的时间却已近北宋末的政和三

1　（明）徐一夔. 明集礼 [M]：（光绪）临朐县志. 卷五.
2　同上。

年（1113）。在历代继承沿用建筑实体的前提下，文献所描述的明代早期各镇庙中并没有保存下来任何一个正殿面阔七间的实例，间接说明修庙的盛期已被错过，北宋时并没有足够的时间重修镇庙并提升、完善其建筑规制，其级别仍客观停留在唐代所封的公这一级别，最终出现了封号与建筑不相称的结果。

那么，公一级别的建筑与王一级别的差别如何？文献记述中所能推知的最早的镇庙布局和建筑已是明代早期的，这一时期各镇庙已于整体布局和规模上开始出现一定的差异，若抛开其他，只从上述门的数量和大殿建筑形式这两点上对其作一归纳，则可以发现除西镇庙外，其他四座在明代的大部分时间内均为两重门，大殿面阔五间、单檐屋顶，基本统一，而西镇庙的大殿在嘉靖（1522—1566）重修之前亦为五间（也很有可能是单檐），重修后则变为面阔五间、加副阶形成重檐屋顶后外观七间。作为对比，同时考察与官方祭祀活动基本无关的寝殿，则会发现同一时间内各镇庙寝殿中至少同时存在三间、五间和七间三种不同的形制，东镇庙甚至在明中期的成化六年（1470）方创建寝殿[表1]。

祠庙	门数	大殿形制	寝殿形制	参考资料
东镇庙	两重门	五间单檐	五间单檐	明万历《东镇沂山志》及附图，东镇庙在成化六年（1470）方创建寝殿，后正殿倾圮，改寝殿为正殿，并在其后新建寝殿
西镇庙	一重门	原五间单檐，后改为七间重檐	三间单檐	明嘉靖《吴山志》及附图，嘉靖八年改换寝殿形制
南镇庙	两重门	五间单檐	五间单檐	明万历《会稽县志》
北镇庙	两重门	五间单檐	七间单檐	明成化王宗彝《北镇庙记》
中镇庙	两重门	五间单檐	三间单檐	清顺治《重修中镇庙记》、乾隆《重修中镇庙记》

表1　明代镇庙基本形制比较

　　以上在一定程度上表明，对国家祠庙建筑而言，与官方祭祀活动密切相关的建筑更有可能被加以引导和规范，并最终形成较统一的规制，而与其无关的建筑单体则相对而言没有严格的控制。同时，自庙南门至大殿所在院落间需经过两重门，大殿面阔五间、单檐屋顶不仅是明代较统一的做法，[6] 也间接反映了在北宋时可能已经形成的公这一级别的建筑形制，从而为宋代国家祠庙建筑按神祇所加封号进行等级划分的研究提供了更加完整的参照。

⑥　北镇庙大门、二门与大殿。左：大门；中：二门；右：大殿

结语

　　建筑的形式与使用之间相互影响，岳/镇庙的建筑格局演变和分化与祭祀活动的举行以及神祇在国家祭祀系统中的地位呈现出密切的关系，且对于此类国家祠庙建筑而言，与官方祭祀密切相关的建筑更容易被加以掌控，从而形成共同的规制。唐宋时期祭祀活动由祭坛转入殿堂，以及北宋对祠庙所祀神祇的帝、王、公三个级别的划分，是祠庙布局演变发展的两个关键点，而因镇山获封较晚，又最终出现了王一级别的封号、公一级别的建筑这一特殊现象。

官方态度与管理模式：镇庙建筑群规模差异的缘由探析*

基金资助：国家自然科学基金青年科学基金项目(51308100)，主持：沈旸。

原文刊载：沈旸、周小棣、梁勇《官方态度与管理模式——镇庙建筑群规模差异的缘由探析》，《建筑史》第34辑，北京：清华大学出版社，2014.

五岳与五镇同属于古代岳镇海渎祭祀体系，并均在山川所在地建有国家祠庙以行祀事。

据杨博、王贵祥《"因庙营城"——明清时期中国五岳岳庙与所在城市空间格局初探》一文对明清五岳庙的研究，其建筑规模排序为：中岳庙周长 1.77 里，南岳庙周长 2.03 里，西岳庙周长 2.07 里，北岳庙周长 2.88 里；岱庙最大，周长为 3 里，是最小者中岳庙的 1.7 倍。

因于五岳和五镇在岳镇海渎祭祀体系中的地位差别，镇庙的规模普遍在岳庙之下[表1]，如以周长相比较，清代镇庙中规模最大的北镇庙恰与岳庙中规模最小的中岳庙大致相当（分别为三百四十丈和三百二十丈）。[1] 仅就满足祭祀活动的空间需求而言，各镇庙中与其相关的建筑大同小异，如正殿大多为五间，门两重，并建有斋房、宰牲房和库房等附属建筑。但较之岳庙，镇庙间的规模差异尤为明显，基于同样的祭祀礼仪及布局模式，在已知规模的四座镇庙中，北镇庙的规模竟达西镇庙的 5 倍之多。

显然，如此悬殊的差异并非偶然，缘由何在？

1　杨博、王贵祥．"因庙营城"——明清时期中国五岳岳庙与所在城市空间格局初探 [J]．建筑师，2012(2)：51-58

就山立祠：镇庙

镇庙	宋代规模	清代规模
东镇庙	据《沂山东镇庙落成记》，乾德二年（964）重建时建筑共九十三间。	今址南北长约 180 米，东西宽约 210 米，面积 37 800 平方米。
西镇庙	据阎仲卿《吴岳庙记》，大中祥符三年（1010）重修时建筑共一百五十三间。	今址南北长约 90 米，东西宽约 105 米，面积 9450 平方米。
南镇庙	据王资深《修南镇庙记》，崇宁五年（1106）重修时建筑共四十三间，庙址规模广四十五丈，南北二十五丈，按宋尺长短合今尺在 29.5 至 32.8 厘米之间，通常为 31 厘米左右，取这一数字可计算出其庙宇范围约合 139.5 米 ×77.5 米 ≈10 810 平方米。	今存遗址，规模不详。
北镇庙	不在疆域范围内。	清代光绪时周长三百四十丈，与现状大致相当，即南北长 280 米，东西宽 178 米，面积 49 840 平方米。
中镇庙	缺少记载。	今存遗址，规模不详。

表 1 镇庙规模比较

官方态度的两个传统

　　巫鸿《五岳的冲突——历史与政治的纪念碑》一文，探讨了唐代帝王对五岳中的东岳泰山和中岳嵩山重视程度的微妙变化，其主要论据为"封禅"这一重要的国家祀典。[1] 五镇（或早期的四镇[2]）亦与五岳类似，虽然在正式的礼制文献中通常宣称"崇号所及，锡命宜均"（《唐会要》），历代并未将镇山划分为不同等级，但通过祭祀、加封及祠庙的建设和管理，均反映出在特定的历史时期国家对于某一镇山的重视程度在其他镇山之上，其原因通常与以下两个传统有关。

1　巫鸿. 礼仪中的美术——巫鸿中国古代美术史文编 [M]. 北京：生活·读书·新知三联书店，2005：616-641.
2　唐代时祀四镇，基于霍山在李渊开国时"神灵幽赞，引翼王师，爰定大业于关中（吕諲《霍山神传》)"的传说，霍山的祭祀在唐代被认为具有某种却敌藩边的功能，其地位相当于守护神，但不等同于霍山已被作为中镇看待，见：朱溢. 论唐代的山川封爵现象——兼论唐代的官方山川崇拜 [J]. 新史学，2007（12）：71-124

一个传统是距离政治中心较近的山岳被予以特别的重视，无外乎京师所在的政治意义和护佑京畿的军事意义。

　　这一传统可以唐长安（京兆府）周围的山岳祭祀为参照，以终南山为代表。该山指秦岭山脉北坡、西自武功东至蓝田以西的一段，位于长安南约 30 公里处，在地理上是其南部的天然屏障。开成二年（837）敕封终南山为广惠公，命有司立庙祭祀，并规定其祀典与四镇等同，最终于季夏日[1]对终南山的致祭，实际上填补了在五郊迎气日框架下季夏只祭岳山、无镇山可祭的空白。其祭祀理由一是"如闻京师旧说，以为终南山兴云，即必有雨，若晴霁，虽密云沲至，竟不濡沾"，即谓此山能为长安兴云致雨；二是"兹山北面阙庭，日当顾瞩"，则谓此山之地理位置重要。[2]

　　唐代除四镇、霍山与终南山外，剩余的两座获封公一级别的山昭应山（即骊山）、太白山也同样处在长安附近。[3]

　　靠近关中地区的西镇吴山也备受重视，突出表现在其祠庙的建设和管理上。西镇庙自隋代起已与五岳四渎的祠庙一样置有庙令，为镇庙中所独有，唐至德二年（757）又敕"吴山宜改为吴岳，祠享官属并准五岳故事"。唐代岳镇的祭祀礼仪是通用的，因此，此敕并不能曲解为按五岳之礼祭祀吴山，而是指将之继续类比五岳四渎的祠庙，置正式的国家管理机构。五代后唐清泰元年（934），废帝因祈祷有应获帝位，遂将吴山单独从成德公升为灵应王；[4]至北宋元丰三年（1080），再次因祷雨而应封吴山为王。[5]该时西镇庙的规模已达一百五十三间，远在同时期的东镇庙（九十三间）和南镇庙（四十一间）之上。

　　金元以后，北京成为新的政治中心，距之最近的北镇医巫闾山被愈加重视。元代代祀使臣在碑记中已称"矧兹山迩于邦畿，作镇惟旧"[6]"实主镇幽州，皇都京畿系焉。乃我国家根本元气之地，较之异方山镇，尤为□□□焉"。[7]明代同样注重北镇巩固边防、拱卫京畿的作用，如永乐帝称其"卫国佑民，盛绩尤著"，[8]修庙记中也强调北镇"御我边疆，利我边民"。[9]

1　唐代的岳镇祭祀选在五郊迎气日举行，即分别在立春、立夏、季夏（立秋前十八天）、立秋和立冬祭祀东南西北方位上的岳山和镇山，见：（后晋）刘昫等．旧唐书．文渊阁四库全书本：卷二十四：志第四：礼仪四。
2　（宋）王溥．唐会要．文渊阁四库全书本：卷四十七；封诸岳渎。
3　同上，其中骊山天宝七年（748）被封为玄德公，位于唐长安城东约 30 公里、京兆府昭应县（今陕西临潼县）城东南约 1 公里处，太白山天宝八年（749）被封为德公，位于唐长安城西南约 110 公里、京兆府眉县（今陕西眉县）城南约 20 余公里处，山的位置均参考《唐代长安词典》，此外有研究认为两山的册封也与其中出现道教祥瑞有关，见：朱溢《论唐代的山川封爵现象——兼论唐代的官方山川崇拜》。
4　（宋）王溥．五代会要．文渊阁四库全书本：卷十一：封岳渎。
5　（清）徐松．宋会要．续修四库全书本：礼二十一：四镇："（元丰）八年四月五日，陕府西路转运司言：'吴山祷雨而应，乞加爵号'，诏封成德公为成德王。"
6　元延祐四年（1317）《代祀北镇之记碑》，见：北镇庙碑文解析委员会《北镇庙碑文解析》第 16 页。
7　元至正六年（1346）《御香代祀碑》，见：北镇庙碑文解析委员会，第 41-42 页。
8　明洪熙元年（1425）永乐帝《敕辽东都司碑》，见：北镇庙碑文解析委员会，第 63 页。
9　明弘治八年（1495）《北镇庙重修记碑》，见：北镇庙碑文解析委员会，第 77 页。

明永乐十八年（1420）北京紫禁城建成，次年正月永乐帝迁都北京，两个月后即敕辽东都司择日兴工重建北镇庙。与通常的镇庙在重门之后置正殿和寝殿的布局方式不同，此次重建奠定了一个新的格局，即重门之后以前、中、后三殿相接，又建御香殿于前殿之前，四重殿宇"通为一台，高丈余，周凿白石为栏"。[1] 受洪武时（1368—1398）曾大量修缮祠庙建筑以严祀事的影响，北镇庙在门的数量和大殿建筑形式上表现出与其他镇庙相同的规制，但在总体规划和单体建筑方面仍有别于他处，表征了永乐帝君权意识的支配：

其一，在于"工"字形台基之上前、中、后三殿的布局。宋代岳镇海渎的祠庙布局中，通常只有正殿和寝殿，二者之间常以穿廊相连呈"工"字殿形制，并无中殿。中殿的出现可能与此类祠庙的建设在一定程度上类比宫室的传统有关，宋元时重要宫殿及祠庙建筑通常采用工字殿，但以明北京紫禁城外朝部分与太庙为代表，说明明代已开始摒弃这一形式，改为前、中、后三殿，但这一布局形式在其他相关祠庙中未见他例。综合时空上的接近与布局的相似性，此次北镇庙的重建极有可能受到了北京宫殿建筑的直接影响。

其二，在于创建了用于存放朝廷降香的御香殿，并置于台基之上、正殿之前，且面阔五间的规模和体量使其实际上取代了正殿在主殿院内的视觉主体地位，为各镇庙中所仅见。[2] 御香殿的出现，在皇帝遣使降香代祀被逐渐提升为岳镇海渎祭祀主要方式的背景下，指代了祭祀活动中的绝对皇权。

其三，在于正殿内东、西、北三面墙壁上所绘人物乃徐达、常遇春、刘基等32位明初开国功臣像。[3] 与岱庙正殿天贶殿墙壁上绘以泰山神启跸回銮图表现神仙叙事不同，北镇庙正殿中的壁画则是为人物绘像以示配享，隐喻了主祀者山神与帝王之间的对应关系，用表现神权的方式呼应了世俗权力。

至清代，康熙、雍正二帝赞北镇"为神京之翊辅"，[4] 并对祠神庙宇多次敕命重修。[5] 而乾隆帝的亲祭行为更使之达至顶峰，且仪典除不用乐外概与五岳之祭等同；为便亲祭，又依庙敕建广宁行宫，[6] 供其东巡途中驻跸。包括行宫在内，最终使北镇庙成为各镇庙中规模最大者，并与中岳庙大致相当。

1　明成化十九年（1483）《北镇庙记》，见:（民国）王文璞等修，吕中清纂. 北镇县志:卷六. 艺文. 民国二十二年刻本.
2　西镇庙、东镇庙中均建御香亭，但西镇庙将其建于主殿院以外，东镇庙则虽然建于正殿之前，但仅为一间，其作用可能为焚香而非储香。对于正殿主体地位的影响就微乎其微，南镇庙和中镇庙则并未出现相关建筑。
3　郑景胜、郑艳萍、刘旭东. 北镇庙壁画艺术与技术探究 [J]. 古建园林技术，1995（3）:15-17.
4　清康熙四十七年（1708）康熙帝《北镇庙碑文碑》，见：北镇庙碑文解析委员会，第125页.
5　清康熙四十五年（1706）和雍正元年至四年（1723—1726）两次敕命重修，康熙五十九年（1720）雍正为亲王时又曾捐资重修.
6　相关考证认为，广宁行宫的建设时间在乾隆四十八年（1783）间，见：倪尔华、周洪山. 传统祀镇建筑研究（下）[J]. 古建园林技术，1993（1）:26-29.

1 北镇庙主殿院
2 北镇庙大殿内壁画

另一个传统则源于少数民族建立的政权对发祥地山岳的重视。

这一传统同样可以金代和清代东北地区山岳祭祀作为参照，以长白山为代表。金代以"今来长白山在兴王之地，比之其余诸州镇山更合尊崇"，于大定十五年（1175）敕封其为兴国灵应王，并援引唐代祭祀霍山为范式，定于每年春、秋二仲月择日遣使降香致祭两次，[1] 仅以致祭次数而言，重视程度已在镇山之上。至清康熙十六年（1677），再次以长白山为祖宗发祥重地，议准照祭岳镇之礼，遇国家庆典时同时遣使致祭岳镇海渎和长白山，正式的祭祀自康熙五十二年（1713）始，长白山与北镇共同遣使一人；又由宁古塔将军遣官于每年春秋常祀，雍正时又改为宁古塔将军（吉林将军）主祭，乾隆十九年（1754）帝东巡时亦亲往致祭，并依照中岳嵩山之祭礼用乐，[2] 不输岳镇。

受到这一传统的影响，清代诸帝同样强调北镇为"发祥兆迹，王气攸钟"，或"灵瑞所钟，实护王气"，[3] 甚至将其类比为西周时的丰岐。[4]

而上述两个传统，最终在清代被叠加于北镇庙一身，使之在五镇中独树一帜，获得前所未有的尊崇。

---

1 （金）不著撰人. 大金集礼. 文渊阁四库全书本：卷三十五：长白山。

2 （清）不著撰人. 钦定大清会典则例. 文渊阁四库全书本：卷八十三：中祀三。

3 清康熙二十一年（1682）御祭祝文和四十七年（1708）康熙帝《北镇庙碑文》，见：北镇庙碑文解析委员会，第113、125页。

4 清雍正五年（1727）《御制碑文》，见：北镇庙碑文解析委员会，第139页。

岳镇海渎的祠庙由国家设置专职管理人员最早见于隋代，"五岳各置令，又有吴山令，以供其洒扫"，[1] 令即庙令，五岳、四渎皆置，镇山中仅西镇吴山独有；唐代又增设祭祀的辅助人员祝史和斋郎各三人，[2] 组成了一个小型的国家管理机构。其他镇山则只是在就山立庙时"取侧近巫一人，主知洒扫"。

至宋太祖开宝五年（972），"诏岳渎并东海、南海庙，各以本县令兼庙令，尉兼庙丞，专掌祀事，常加案视。"[3] 即北宋初的五岳、四渎和四海（就河渎庙望祭西海、济渎庙望祭北海）的祠庙均已置有庙令，或由本县知县兼之，或由年老的州官担任，另置有庙丞和主簿，同样以地方官员兼任，且"庙之政令多统于本县令"。[4]

而从现存的两则宋代镇庙重修碑记来看，大中祥符（1008—1016）初重修西镇庙时举陇州司马兼任庙令，[5] 崇宁时（1102—1106）南镇庙的重修则以会稽县尉专董其事，[6] 可能为《宋史》所载"判、司、簿、尉为庙簿，掌葺治修饰之事"的具体体现，证之宋代镇庙有可能借鉴岳渎海庙的管理模式，但官员级别明显较低。[7]

至迟在金代，国家已开始放开对岳镇海渎祠庙的直接管理权，改由道士主持，这一管理方式始自中岳庙并扩展至所有：大定十三年（1173），"送下陈言文字：该嵩山中岳乞依旧令本处崇福宫道士看守。礼部拟定，委本府于所属拣选有德行名高道士二人看管，仍令登封县簿、尉兼行提控，蒙准呈。续送到陈言文字：该随处岳镇海渎神祠，系民间祈福处所，自来多是本处人家占守，及有射粮军指作优轻数换去处，遇有祈求，邀勒骚扰深不利便，乞选差清高道士专一看守。契勘岳镇海渎系官为致祭祠庙，合依准中岳庙体例，委所隶州府选有德行名高道士二人看管，仍令本地人官

1 （唐）魏征. 隋书. 文渊阁四库全书本：卷二十八：百官。

2 （唐）张九龄、李林甫等. 唐六典. 文渊阁四库全书本：卷三十：三府督护州县官吏："五岳四渎令各一人，正九品上（古者神祠皆有祝，及祭酒或有史者令盖皇朝所置）。庙令掌祭祀及判祠事，祝史掌陈设、读祝、行署文案，斋郎执俎豆及洒扫之事。"参见：（宋）孙逢吉. 职官分纪. 文渊阁四库全书本：卷四十三：五岳四渎官。

3 （清）嵇璜、曹仁虎. 钦定续通典. 文渊阁四库全书本：卷五十：山川。又见：（元）托克托. 宋史. 文渊阁四库全书本：卷一百零二：志第五十五：礼五："又诏：'岳、渎并东海庙，各以本县令兼庙令，尉兼庙丞，专管祀事。'"

4 （元）托克托. 宋史. 文渊阁四库全书本：卷一百六十七：志第一百二十：职官七："庙令、丞、主簿：旧制，五岳、四渎、东海、南海诸庙各置令、丞。庙之政令多统于本县令。京朝知县者称管勾庙事，或以录老耄不治者为庙令，判、司、簿、尉为庙簿，掌葺治修饰之事。凡以财施于庙者，籍其名数而掌之。"又见：（宋）孙逢吉. 职官分纪 [M]. 卷四十三. 五岳四渎官. 文渊阁四库全书本. 台北：商务印书馆，1983："兴国中，以令录钱官老不给者为庙令，判、司、簿、尉为主簿，由是不置丞，欲有专置者，景德中，澶州别置河渎庙，亦令顿丘县令掌。庙之政令多统于本县令，京朝知县者云管勾庙事。"

5 （清）吴炳纂修. 陇州续志. 卷八. 艺文. 清乾隆三十一年刻本.

6 （明）杨维新修，张元忭、徐渭纂. 会稽县志. 卷十三. 祠祀. 万历三年刻本.

7 宋代县令为从八品，州长史为正九品，见：（元）托克托. 宋史. 文渊阁四库全书本：卷一百六十八：志第一百二十一：职官八。

员常切提控外，其余不系官为致祭祠庙，止合准本处旧来例施行，蒙准呈。"[1]

以道士管理镇庙的最早记载为金大安间（1209—1211）东镇庙的知庙道士杨道全，其人曾在明昌六年（1195）请封五镇，[2] 故任职时间可能更早，说明上述管理方式确已在镇庙中开始推行。

元初，全真教的发展达到鼎盛，道士与统治者的关系极为密切，[3] 不仅承袭了以道士知庙的方式，更首次出现以道士作为遣使代祀。镇庙中有四庙明确由道士管理，[表2] 唯独中镇庙以兴唐寺兼管，此例可能自宋代即已出现，金代又予以明确，并作为传统延续下来，[4] 虽然在明代曾被官方短暂干预。

其他信仰建筑的介入

道士介入岳镇海渎祠庙的管理，在满足国家祭祀需要的同时，必然添加进更多的宗教因素。如中岳庙，将《大金承安重修中岳庙图》所反映的金承安五年（1200）的庙貌与今日遗存做一对比，可明金代以来主殿院左右原本服务于祭祀活动的附属建筑大部分被改作了道教宫观[3]。

与中岳庙类似，东镇庙亦将道教建筑建于主殿院一侧，作为祠庙的一个组成部分；东镇沂山和西镇吴山均为道教较为兴盛的地区，[5] 但西镇庙却是于庙外另立道观兼管，[4] 与镇庙形成两组并列的建筑群，究其原因如下：

其一，国家虽然放弃了对祠庙的直接管理权，但仍牢牢掌控着对诸神的专祀权，完整的祭礼依旧由官方操作，除元初和明初曾一度遣道士代祀外，主持和参加祭典的人员皆以朝廷官员为主，而道士却在很大程度上被排斥在外。

其二，与五岳诸神相比，五镇诸神在道教神祇体系中的地位平平，若将其奉为主祀之神，则可被安排作为陪祀供奉的神祇相当有限。在东镇庙神佑宫和西镇庙会仙

1　（金）不著撰人. 大金集礼. 文渊阁四库全书本：卷三十四：岳镇海渎。
2　（元）托克托. 金史. 文渊阁四库全书本：卷三十四：志第十五：礼七。
3　马晓林. 国家祭祀、地方统治与其推动者：论元代岳镇海渎祭祀 [J]. 西南大学学报（社会科学版），2001(9)：193-196.
4　民国《兴唐寺妙筋大和尚入院碑记》，见：（民国）释力空《霍山志》第98-100页："建寺于山麓，锡嘉名'兴唐'。宋、元、明、清，国家举行霍山祀典之时，各官之斋宿，有司之供张，诸生之习礼，胥役百执事之奔走，群萃于是，盖千五百年于兹矣。"
5　关于沂山为山东历史上道教中心之一的论述，参见：范学辉. 宋代山东道教的发展及其文化意义 [J]. 东岳论丛，2005(3)：118-123.

就山立祠：镇庙

镇庙	管理方	文献记载
东镇庙	道士	北宋庆历时（1041—1048）即有道士利用庙址举行宗教活动的记载，元代《东镇沂山元德东安王庙神佑宫记》载金大安间（1209—1211）以道士杨道全为知庙，并在庙内西侧建道观会仙宫。
西镇庙	道士	元延祐四年（1317）所立代祀碑记中有"本庙提点赐紫仁和虚大师张德祥"的记载，可知西镇庙为道士管理，明成化以后在庙外西侧另建道观会仙宫兼管。
南镇庙	道士	元至正四年（1342）《重修南镇庙碑》载南镇庙最初无守庙方，此次重修后才开始安排道士守庙，但直至明清并未建设道教殿宇或道舍。
北镇庙	最初为道士，后改为僧众	元皇庆二年（1313）《御香碑记》所立代祀碑记中有"北镇庙主持提点宝光洞玄大师张道义、通祯希玄大师周道真"的记载，明代又称为"侍香道人"或"侍香庙祝"等，可知北镇庙在元明两代为道士管理。清顺治十三年（1656）在庙内东侧建寺庙兴隆庵，至康熙二十九年（1690）建筑倾圮难支，广宁知县已"与住持僧众，亟商所以护持神像者"，康熙五十四年（1715）重修兴隆庵并改称万寿寺，碑记中载"犹虑住持乏高僧……礼部延禅僧六雅，为北镇庙主，朝夕焚香，晨钟暮鼓，庶以祝国佑民"，从以僧人作为"北镇庙主"来看，此时庙宇已在很大程度上改由僧人管理。
中镇庙	僧众	由庙外东侧的兴唐寺兼管，以至于兴唐寺被视为中镇庙的下院或中镇神的"香火院"。金大定重修中镇庙时即规定"庙侧有崇胜院，特委僧一员岁主其事"。明弘治六年（1493）一度改为道士管理祠庙，但"田地未能足食"致使道士散去，仍为兴唐寺兼管，至清乾隆时这一管理方式得到认可，正式定由兴唐寺选僧人移居守庙。

表 2：宋以后镇庙管理的文献记载

宫中均以供奉道教最高神的三清殿为主殿，但同样的建筑在岳庙中并未出现，反映出相对岳庙而言，镇庙的守庙道士并不满足于既有的神祇格局，在可能的信仰需求下，仍努力试图按照道教教义的一般要求构建专属的精神世界。

其三，道士入主之前的镇庙已与岳庙在规模上存在相当差异，主殿院两侧可用于道教宫观建设的用地有限，且镇庙大多远离城市，两侧既有的斋宿用房及宰牲房、库房等又必不可少，不易改建。

上述对于东镇庙和西镇庙的分析均以当地道教信仰兴盛作为基本背景，然而道教自身的传播也有一个渐进的过程，并非所有的镇庙都会时时处在同样的背景之下，其管理及建筑规模的发展也会呈现出不同的结果。最突出的例子即北镇庙，其在元、

3　中岳庙布局变化示意
参照《大金承安重修中岳庙图》碑及《中岳庙平面图》碑绘制。

205

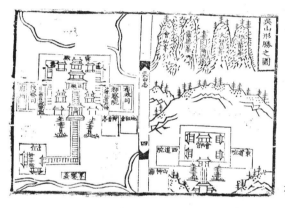

4　《吴山志》中的西镇庙（左）、会仙宫（右）

明两代均由道士管理，入清后管理权被移交给僧人，可能与当地佛教兴盛远胜道教有关。

　　唐大和元年（827）在闾山出现了最早的佛寺——万古千秋寺（今青岩寺上院），[1] 会昌灭佛之后辽西的佛教中心逐渐向闾山转移，而道教直到明末清初才开始传入该地，[2] 明正统时（1436—1449）成书、嘉靖时（1522—1566）刊印的《辽东志》在"寺观"一节中记载了广宁境内的十三处佛寺，但尚无一所道观。其后，虽然道教亦选择于闾

1　李树基. 锦州佛教史简述 J. 锦州师范学院学报（哲学社会科学版），1995(4)：100-106.
2　北镇满族自治县地方志编纂委员会. 北镇县志 [M]. 沈阳：辽宁人民出版社，1990：630.

山创建宫观，但据清乾隆《钦定盛京通志》所载《医巫闾山图》，明清时的闾山仍基本被佛教寺庙所占⁵。

清代北镇庙管理权的转换始于顺治时（1638—1661）兴隆庵的建设，此时经历战乱之后的庙宇建筑残损不堪，¹无人管理，而道教不仅在这一地区立足未稳，也缺少地方官员的支持，广宁的建置乃始于康熙（1662—1722）初，地方管理上存在一定的空白期。因此，以僧人管理北镇庙很有可能为当地民众的自发行为，其后这一做法被地方官员被动接受，最终基于民众信仰取向的强大支持，北镇庙在主殿院一侧相继建设了佛教建筑兴隆庵（后扩建为万寿寺）和观音堂，做法同东镇庙，只是道观换成了寺庙。

其他两座镇庙——南镇庙和中镇庙，同样处于道教不兴地区。南镇庙虽由道士管理，但没有出现任何宫观建设活动，中镇庙则虽然一度在地方官员的支持下也被改为道士管理，但道士主动放弃了管理权，表面的原因似是"田地未能足食"，其实却是缺乏信众、香火冷清，这从兴唐寺被称为中镇庙的"香火院"即可窥端倪。

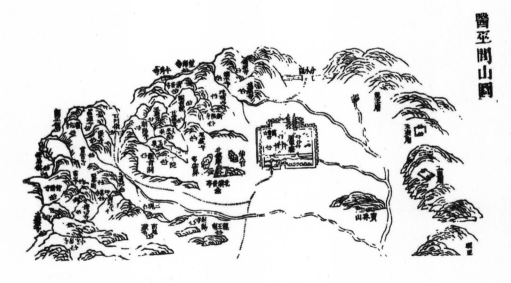

5　清乾隆《钦定盛京通志》所附医巫闾山图局部
　　引自：（清）阿桂、刘谨之纂．乾隆钦定盛京通志：
　　卷一 [M]．清乾隆四十四年刻本．

1　清康熙二十九年（1690）《新建北镇医巫闾山尊神板阁序》，见：北镇庙碑文解析委员会，第117页："乃山
灵有赫，而庙貌已湮，其前后左右，一片荒基，俱鞠为荒草矣。仅存正殿与享殿二层，亦倾圮难支。"

官方对镇山重视程度的不同与镇庙自身管理方式的不同，可以说是其建筑群规模差异的主要原因。在隋唐时，来自官方的格外重视赋予了西镇庙与众不同的管理模式；在明清时，又赋予了北镇庙与众不同的布局模式，对其建筑规模的扩大具有重要影响。道教（或佛教）守庙方同样在镇庙中建设了用于宗教用途的殿堂，如果将其排除在外，仅从反映礼制和便于祭祀的角度考虑，9000 至 10 000 平方米基本是一个适合于镇庙的规模区间（西镇庙、南镇庙）；反之镇庙的规模则会突破这一区间，甚至达到四倍或五倍之多（东镇庙、北镇庙）。

社稷庙

神地之道

＊基金资助：城市与建筑遗产保护教育部重点实验室开放课题（KUAHC1002），主持：沈旸。原文刊载：周小棣、沈旸、高婷《山西民间社稷神崇拜的建筑空间表征》，《兰州理工大学学报》2011年9月（第37卷）。录入本书有增删。

民间社稷神崇拜的建筑与空间：以山西境内为例 ＊

山西境内有大量的与社稷神崇拜相关的建筑遗存，尤其是南部地区地理条件优越，为农业发展提供了良好的土壤，是农业文明的重要发源地，历来重视对土地神、农神的祭祀，除了官方设立的社稷坛外，也出现了众多祭祀土地神、农神的庙宇，包括后土庙、稷王庙、社稷庙等，其中万荣县后土祠是祭祀后土的皇家本庙，稷山县城的稷王庙也是官方建置的祭祀农业始祖后稷的庙宇，在本庙文化的影响下，形成了巩固的祭祀后土、后稷的文化信仰圈。

社稷神崇拜的场所正是以其建筑设置表现出来的，而作为实物形态的建筑设置势必反映出其所蕴含的信仰文化。民间信仰庙宇建筑是中国古代就有的一种满足特定社会需求的公共建筑，它不同于大型的寺观建筑，是民间社会经济发展的产物，更多地体现出民间的自发性质。各地分布的后土庙、稷王庙等，虽然规模大小不一，形态各异，但是每个庙宇所反映的文化内涵和发挥的社会作用是有目共睹的。

民间信仰庙宇在建筑形制上有着很大的趋同性，本文即试图从社稷神崇拜这一国家至民间广泛重视的信仰为出发点，并选取山西境内主要的后土庙、稷王庙等为主要研究对象，综合实例调研与文献考证，展示其独特魅力。

今山西境内已无社稷坛遗迹，各地方县志中关于社稷坛的相关记载主要是明清以来的建置情况，其选址基本都是城西侧、北侧，《山西通志》[1]中所示各府州社稷坛位置亦是位于城西、北侧。社稷坛之制多为纵横广二丈五尺，高三尺，出陛各三级，缭以周垣，置石主及神牌，祭祀时间为春秋仲月[1]。

官方于北郊或汾阴祭祀后土，祭祀活动主要包括斋戒、升坛献祭、瘗埋等几个程序，整个仪式过程伴随乐舞，强调祭祀位次、方位的设定。这种从上至下由官方设立的社稷坛，是一种权力的象征，民众很难参与其中。再如稷王祭祀，每年的农历四月十七日，朝中会遣派官员亲自登上稷王山的稷王庙举行隆重的祭典。[2]

民间对社稷神的崇拜经过发展演变，表现出不同于国家社稷祭祀的形态，民间

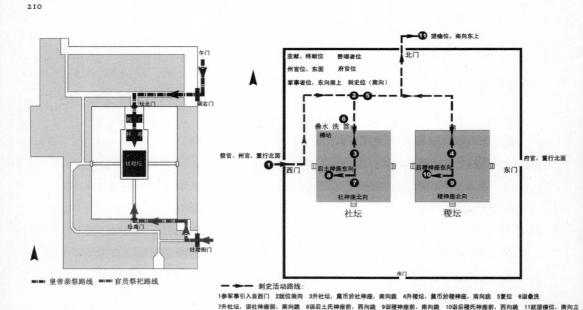

┃ 明清官方社稷坛祭祀路线

1 康熙《山西通志》卷一《图考》第 46 页。
2 同治《稷山县志》卷二《祀典》第 168 页。

的祭祀自发性、可变性较强，将神灵人格化，往往将社神、稷神分别祭祀，塑造神像，建立庙宇。后土庙是祭祀后土圣母的庙宇，后土神即为社神，民间赋予其女性之神的形象，称其为后土圣母，也将其职司扩大，加入更多的求子祈福等功能。稷王庙是祭祀农业始祖后稷的庙宇，资料记载及现今遗存的稷王庙分布于山西西南部地区，主要集中于稷山县及其周围，稷山相传是后稷教民稼穑之地，自古就流传着后稷的传说，也流行着对后稷的祭祀，所以稷山县周围一带广泛存在着稷王庙。

国家祭祀后土的仪式过程对民间祭祀后土的迎神赛社活动产生了深远的影响，民间祭神活动中的"迎神""献乐""送神"等程序与国家祭祀基本是一致的。位于自然村落中的后土庙及稷王庙，民间除了用于祭祀后土、后稷之外，还有明显的地方文化活动中心的功能，常见的活动内容就是每年的大型庙会。庙会的实质在于群体性的祭祀，是一种围绕着神庙而进行的集体活动，常通过歌舞和供奉等礼仪行为来实现人神相通的目的。同时，庙会的商业贸易功能也不可忽视，民间经贸活动是构成中国城乡庙会的重要实践内容，中国城乡的庙会普遍兼有祭神和集市的双重目的，这反映了在古代社会，民间信仰和世俗公众娱乐生活的紧密结合。

概括而言，官民之间的社稷崇拜差异主要体现在以下三方面：

（1）祭祀的性质不同：官方的祭祀是政治的需要，是统一权力的象征；而民间的祭祀是生活的需要，是情感的表达方式，具有更多的功利性。

（2）对社稷神的认识不同：官方祭祀的后土、后稷被视为国家的保护神，是道德化的人神；而民间祭祀的后土、后稷是执掌阴阳生育、保护农业生产的神灵，更贴近人们的生活。

（3）祭祀的形态不同：官方的祭祀庄严隆重，祭品丰厚，程式严格，社会等级分明；而民间的祭祀则比较简朴随意，欢乐祥和，体现出一种节日的轻松和快乐。

再比照官方与民间祭祀的流程，可以看出官民之间明显的不同：官方强调仪式的象征性，其严格的祭祀路线，祭祀活动的高潮围绕祭坛或是主殿内的祭主本身展开；而民间祭祀的活动空间主要是位于主祭大殿外，即大殿与戏台之间的空间，通过献戏的形式兼顾娱众的目的，甚至是通过庙会的形式辐射到周围的广场、街道空间，起到村落的文化经济中心的作用，推动了村落的社会民众整合。

后土庙、稷王庙等作为民间祭祀的庙宇，是承载神灵祭祀活动的物质载体，其最根本目的是为了满足祭祀活动的进行，因此在选址、布局及建筑组成等方面都是以祭祀神灵的活动为出发点：往往选址于近村落外部，周边有较多的活动空间，便于庙会时大量人群的集中；其布局则力求突出神灵的尊贵地位，建筑组合以轴线布置，主要建筑包括正殿、献殿、戏台，正殿是供奉神灵之所，献殿是存放贡品之处，戏台是娱神献戏之所。

后土庙、稷王庙作为村落中较为重要的建筑类型，通常是整个村落外部空间的中心，必然与广场、街道等发生直接关系。

（1）庙宇与广场的关系：位于村落外部或高地上的庙宇，往往成为公共领域的中心，周边留有空地，形成一个无方向性的小型广场空间，便于祭祀活动的进行。

（2）庙宇与街道的关系：位于村落中的庙宇，与街道直接发生关系。庙宇往往是多面临街，院墙高筑，是以内向封闭型为主的空间，这种神圣空间的边界较为明显，以便于区分两种不同层次的场所，与民宅有所界定，体现出神灵居所与世俗居所的不同。正面入口前往往留有一定空间，在前方或周边组成了自由开敞的外部空间，便于祭祀活动时人流集散，日常则成为村落中民众聚集的场所。平日对神灵的祭祀活动主要在庙宇中进行，随着庙会等祭祀活动的介入，活动的人流则以庙宇自身为中心，向四周发散，外部空间的利用也不以庙宇周边的限定物为界，而是扩展到附近的街道、广场之中。

现存的后土庙、稷王庙多数有完整的围墙进行围合，亦有少量庙宇仅存正殿、戏台等建筑，位于一片空地之中，周围空间较为开阔，可以自由进出。其入口方式有以下几种：[2] 表1

（1）山门入：一般的庙宇都建有山门，作为整个建筑群序列的起点，但村落中的后土庙、稷王庙从山门进入的并不多见，有些庙宇因年久失修山门已经不存，有些庙宇则是通过其他方式进入。由山门进入庙宇后，在山门与戏台背面形成一横向的过渡空间，人们需要通过戏台两侧进入到正殿之前，来到主要祭祀活动空间。

（2）正面侧门入：离石区后瓦窑坡村后土庙、河津县阳村乡连伯村后土庙均从中轴线侧面的门进入，庙宇中的戏台往往位于庙宇中轴线最前端，代替山门的位置，遂在旁侧辟门，进门后则可以较为直接地来到主要祭祀活动空间。

（3）戏台下入：山门戏台是山西乡村中常见的一种山门形式，将山门与戏台合建，一般为两层建筑，一层为门洞，二层为戏曲舞台，底层通行，上层演戏。山门戏台大约出现于明初期，至明中叶，山门戏台成为了一种重要的戏台形式，一些碑刻相继出现"山门戏台""山门舞楼""山门乐楼"等描述，山门戏台已作为一种重要的建筑形制而存在。[1]自山门戏台进入庙宇后，正对正殿，活动空间开阔。

（4）侧面入：有些庙宇从侧面进入院落，稷山县稷峰镇太社村稷王庙即为此种形式，侧面建有门楼，村民讲述原有两座门楼，后道路扩建时将正殿后的一座门楼拆毁。

1 薛林平、王季卿. 山西传统戏场建筑 [M]. 北京：中国建筑工业出版社，2005：23.

在由中轴线山门进入的方式中，山门与戏台背面之间的空间往往较为狭窄，在使用过程中仅作为流线中的过渡，群众一般不会停留，庙宇中主要的活动及祭祀是在正殿与戏台之间进行。因此，在使用中入口逐渐由山门进入改为由戏台两侧或戏台下入，进入庙宇后，即可来到庙宇的主要祭祀活动空间，这也促进了山门戏台在民间的广泛流行。

庙宇	入口空间
阳曲县黄寨镇大牛站村圣母庙	中轴线山门入，前有空地。
离石区后瓦窑坡村后土庙	偏侧钟楼下入，侧面有空地。
石楼县前山乡张家河村后土庙	中轴线山门入，前有空地。
吉县谢悉村圣母庙	入口方式不详，前有空地。
河津县阳村乡连伯村后土庙	中轴线侧面入，前有空地。
河津县樊村镇古垛村后土庙	入口方式不详，前有空地。
万荣县贾村乡贾村后土庙	正面入，前有空地。
万荣县荣河镇庙前村后土庙	中轴线山门戏台下入，前有空地。
芮城县学张乡上段村后土庙	侧面入，靠近农田。
芮城县西陌镇奉公村后土庙	入口方式不详，临街。
尧都区土门镇东羊村后土庙	中轴线山门入，前有广场、水池。
灵石县静升乡静升村后土庙	现侧面入，临街。
介休市后土庙	现侧面入，临街。
汾阳市栗家庄乡田村后土庙	现从正殿侧面入，临街。
稷山县城稷王庙	山门入，临街。
稷山县太阳乡西王村稷王庙	入口方式不详，临街。
稷山县稷峰镇太社村稷王庙	侧面门楼入，临街。
万荣县南张乡太赵村稷王庙	中轴线偏侧入，临街。
闻喜县阳隅乡吴吕村稷王庙	现侧面入，临街。
新绛县阳王镇阳王村稷益庙	中轴线侧面入，临街。
新绛县阳王镇苏阳村稷王庙	中轴线侧面入，靠近农田。

表 | 后土庙的入口空间概况

山门入　　　　　　正面侧门入

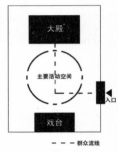

3　庙宇组成及内部空间分析

戏台下入　　　　　侧面入

2　入口方式及流线分析

内部：单体与关系

　　通过考察具体的后土庙、稷王庙的史料与遗迹，可知其建筑设置并不整齐划一、自始而定，地域、时代、功能的不同，民间经营的兴衰使其呈现出各种不同的状态。其基本建筑设置主要包括：戏台、献殿、正殿等。[3] 表2

　　戏台：民间祭祀庙宇中迎神赛社的戏曲歌舞表演，是祭祀活动的一个重要组成部分，"近古矣，惟尚淫祀，村必有庙，醵钱岁课息以奉神，享赛必演剧。"[1] 戏台不可或缺，后土庙、稷王庙亦不例外。戏台通常位于后土庙、稷王庙建筑群的前端，是庙会祭祀时唱戏娱神场所，故建置时都与正殿正对，满足神灵看戏的视觉需求，[4] 另一方面，庙会时的戏曲表演也逐渐成为民众生活中的娱乐活动。

　　献殿：于北宋开始出现，元明以降，一般祭祀性神庙中均开始建献殿，后土庙、稷王庙也不例外。献殿，亦名献厅、拜厅、拜殿、享殿、享亭等，是举行祭拜礼仪

1　乾隆《蒲县志》卷十《艺文》第 592 页。

的场所，内部摆设祭品，通常于献殿中央施以条形石桌，上面放置香客敬献的贡品、香烛，这样也使得祭祀活动空间领域扩大。多为四面或两面开敞式建筑，形制不高，规模小于正殿，多为一开间或三开间，屋顶形式多样，有歇山、悬山、硬山及卷棚等。由于其位于正殿与戏台之间，较为通透，台基一般高出地面，是庙内最佳的观剧位置，在演戏时还可以做看亭，同时，还可以作为祭祀时遮蔽风雨之所。

正殿：是供奉主神及其他神灵的殿宇，是整个庙宇的核心。因民间庙宇布局较为简单，通常只有一座正殿，为了增强神圣性和纪念性，强调其纵深感，正殿通常位于中轴线最后端。与之相比，在一些大型庙宇中主祀殿宇往往位于中后部，其后尚有后祀的殿宇。[5] 后土庙、稷王庙的正殿多为三开间或五开间，屋顶形式多样，有悬山顶、硬山顶、歇山顶及庑殿顶等。[5~6] 正殿平面分无廊式和前廊式，其中前廊式较多，其侧面山墙伸出，常绘以壁画，廊下形成灰空间。[5~7] 其内部空间通常用作两部分，即供奉神像和来者崇拜。[8]

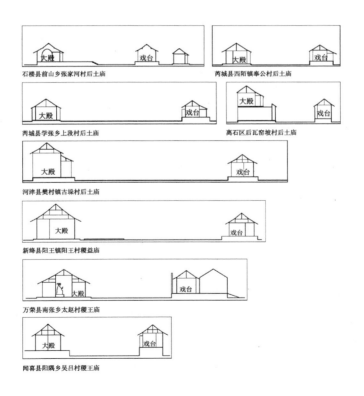

石楼县前山乡张家河村后土庙

芮城县西陌镇奉公村后土庙

芮城县学张乡上段村后土庙

离石区后瓦窑坡村后土庙

河津县樊村镇古垛村后土庙

新绛县阳王镇阳王村稷益庙

万荣县南张乡太赵村稷王庙

闻喜县阳隅乡吴吕村稷王庙

4 戏台与正殿剖面关系

庙宇	正殿形制	戏台	献殿	钟鼓楼
阳曲县黄寨镇大牛站村圣母庙	面阔三间、进深五檩前廊、单檐悬山	/	/	/
离石区后瓦窑坡村后土庙	面阔五间、进深四檩前廊、单檐硬山	面阔三间、进深五檩、单檐硬山	/	两层均砖砌、一开间、戏台两侧
石楼县前山乡张家河村后土庙	面阔三间、窑洞、前廊、单檐悬山	面阔一间、进深一间、单檐歇山		
吉县谢悉村圣母庙	面阔三间、进深五檩无廊、单檐歇山	/	/	/
河津县阳村乡连伯村后土庙	面阔三间、进深六檩前廊，单檐硬山	面阔三间、进深三间、双坡顶	面阔五间、进深五檩、单檐悬山	/
河津县樊村镇古垛村后土庙	面阔三间、进深五檩无廊、单檐悬山	面阔三间、进深五檩、单檐悬山	/	/
万荣县贾村乡贾村后土庙	面阔五间、进深六檩前廊、单檐悬山	/	面阔五间、进深三檩、单檐悬山	/
万荣县荣河镇庙前村后土庙	面阔五间、进深七檩前廊、单檐悬山	山门戏台：面阔三间、进深五檩、内加披檐、单檐歇山；东（西）戏台：面阔三间，进深五檩、单檐硬山	面阔五间、进深五檩、单檐悬山	/
芮城县学张乡上段村后土庙	面阔三间、进深三檩无廊、单檐硬山	面阔三间、进深四檩、单檐硬山	/	/
芮城县西陌镇奉公村后土庙	面阔三间、进深五檩无廊、单檐硬山	面阔三间、进深四檩、单檐硬山	/	/

尧都区土门镇东羊村后土庙	面阔三间、进深六檩前廊、单檐悬山	面阔一间、进深一间、十字脊	/	底层砖砌、上层木构、一开间、仪门两侧
灵石县静升乡静升村后土庙	面阔三间、进深七檩前廊、单檐悬山	/	面阔一间、进深一间、单檐歇山	/
介休市后土庙	面阔五间、进深七檩前廊、重檐歇山	面阔三间、重檐歇山	面阔三间、进深六檩、单檐卷棚	
汾阳市栗家庄乡田村后土庙	面阔三间、进深六檩前廊、单檐悬山	/	/	/
稷山县城稷王庙	面阔五间、七檩围廊、重檐歇山	/	面阔三间、进深五檩、单檐悬山	两层木构、均单开间、献殿之前
稷山县太阳乡西王村稷王庙	面阔五间、四檩前廊、单檐硬山	/	/	/
稷山县稷峰镇太社村稷王庙	面阔五间、五檩无廊、单檐悬山	/	/	/
万荣县南张乡太赵村稷王庙	面阔五间、七檩无廊、单檐庑殿	面阔三间、进深三檩、单檐歇山	/	/
闻喜县阳隅乡吴吕村稷王庙	面阔三间、五檩无廊、单檐悬山	面阔三间、进深五檩、单檐悬山	/	/
新绛县阳王镇阳王村稷益庙	面阔五间、七檩无廊、单檐悬山	面阔五间、进深五檩、单檐歇山	/	/
新绛县阳王镇苏阳村稷王庙	面阔五间、五檩无廊、单檐悬山	/	/	/

表 2 后土庙、稷王庙主要建筑概况

主祀

配祀 配祀

主殿居后

后祀

主祀

配祀 配祀

主殿居中

5　正殿位置分析

大殿

汾阳市栗家庄乡田村
后土庙正殿

大殿

汾阳市上庙村
太符观后土殿

大殿

阳曲县黄寨镇大牛站
圣母庙正殿

大殿

稷山县太阳乡西王村
稷王庙正殿

大殿

稷山县稷峰镇太社村
稷王庙正殿

大殿

新绛县阳王镇苏阳村
稷王庙正殿

6　正殿剖面例举

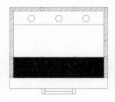

7　正殿平面形式分类

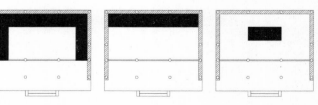

8　神像布局方式示意

实地考察的后土庙 ●
资料记载的后土庙 ○

图 山西境内的后土庙分布

后
土
庙
*

田
野
考
察
（
一
）
：

基金项目：城市与建筑遗产保护教育部重点实验室开放课题（KUAHC1002）。主持：沈旸。原文刊载，沈旸、布超、于娜《山西后土庙建筑遗存探析》，《兰州理工大学学报》2011年9月（第37卷）。录入本书有增删。

所谓"百里异习，千里殊俗"，山西境内的民间信仰分布亦不例外，有着明显的地域差异，后土信仰即为典型代表。其建筑载体——后土庙主要分布于晋中和晋南地区，[1] 在晋南又呈现出晋西南多于晋东南的现象；而在太原以北地区则尚未发现后土庙的建置记载图。

汉至宋，都有天子亲祭汾阴后土祠的活动；宋以后，天子不亲祭后土；金元时期尚遣官致祭；明清以来则降为民祀，成为乡社之所。后土在宋以后由国家官方正祀转化为民间祭祀，使得元明清时民间涌现了大量的后土庙，后土信仰在乡土社会中作为一种重要民间信仰的特点越来越突出，民众的力量使后土信仰得以一直延续到今天。

后土庙所承载的是民间的后土信仰，而民间信仰的多样性和自发性使它的信仰体系呈现十分杂芜和零散的状态。尽管如此，民间信仰并没有随着经济的发展、社会的进步以及文化上的变迁而消失，反而以各种各样的方式流传至今，作为民间信仰物质载体的庙宇也自然随着信仰的演变、社会的发展而不断发展演变。如今这些庙宇仍作为村落的活动中心，是民间信仰的文化场所，除了修建庙宇外，庙宇的日常维持，包括日常的祭祀以及庙神诞辰的祭祀、献戏也是全村共同进行，人人捐资出力，村民对庙宇的修建和祭祀也起到了村落整合的社会文化意义。

1　后土庙分布的县市有：吕梁的离石、汾阳、石楼，晋中的和顺、介休、灵石，临汾的曲沃、乡宁、尧都、翼城、吉县，运城的河津、万荣、芮城、闻喜等地。

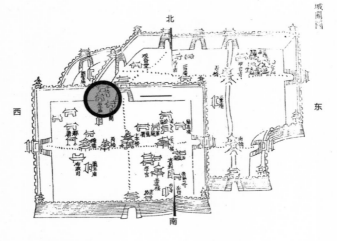

《介休县志》中的后土庙

底图来源：（清）徐品山修、陆元惠纂．介休县志 [M]．中国方志业书．山西省
（据清嘉庆二十四年刊本影印）．台湾：成文出版社有限公司印行，1976 年

选址特点

  介休市后土庙是目前已知的仅有的一座位于城市中的后土庙[2]，位于旧城西北隅，由后土庙、三清观、吕祖阁、关帝庙、土神庙等数个庙院组成，是一座规模宏大、体系完整且保存完好的全真派道观古建筑群。据庙内明碑记载，北魏文成帝拓跋睿太安二年（456）即有此庙，西魏文元帝大统元年（535）重修，现存后土庙建筑主要是明代遗存。

  其他现存后土庙靠近村落外部，位于村落西、北侧的居多[3][表1]。后土庙在自然村落中占据着重要的地位，是村民的公共活动场所，属于大众化的神性空间。庙宇多选择在比较平坦开阔的高地，并且远离人声喧闹以有利于神祇的栖息；村民们也有村中不建庙的说法，当然因地制宜，庙址在各处还是有不同的选择。其特点如下[4]：

  （1）位于村中：为村民日常聚集的场所，在庙会等活动时，更成为村落的活动中心。

  （2）位于高地：选址居高临下，有助于显示庙宇的威严，并让神灵更加眷顾整个村落。

  （3）位于村外：大致分为两种，一种是位于村落入口处，处于较明显的位置，便于庙会祭祀活动的进行；另一种是位于村落外靠近农田的位置，诸如后土庙、稷王庙等，都是与农业有关的庙宇，位于农田之中也可以使得神祇更好地显灵。

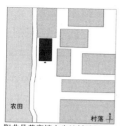
阳曲县黄寨镇大牛站村圣母
庙位于村外西侧

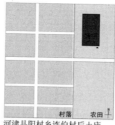
河津县阳村乡连伯村后土庙
位于村外东北

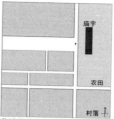
芮城县学张乡上段村后土庙
位于村外南侧

离石区后瓦窑坡村后土庙位
于村中西北高地上

吉县谢悉村圣母庙位于村北
土垣上

石楼县前山乡张家河村后土
庙位于村西南殿山梁上

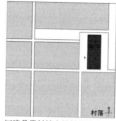
河津县樊村镇古垛村后土庙
位于村中东南

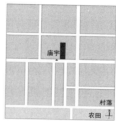
芮城县西陌镇奉公村后土庙
位于村中

万荣县贾村乡贾村后土庙位
于村中北侧

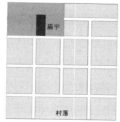
尧都区土门镇东羊村后土庙
位于村中北侧

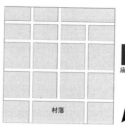
灵石县静升乡静升村后土庙
位于村中西南

汾阳市栗家庄乡田村圣母庙
位于村中东侧

3　村落中的选址示意

221

4　村落中的选址方式

神地之道：社稷庙

庙宇	地点	位置
圣母庙	阳曲县黄寨镇大牛站村	村外西侧
后土庙	离石区后瓦窑坡村	村中西北高地上
后土庙	石楼县前山乡张家河村	村西南殿山梁上
圣母庙	吉县谢悉村	村北土垣上
后土庙	河津县阳村乡连伯村	村外东北
后土庙	河津县樊村镇古垛村	村中东南
后土庙	万荣县贾村乡贾村	村中北侧
后土庙	万荣县荣河镇庙前村	村北高崖上
后土庙	芮城县学张乡上段村	村外南侧
后土庙	芮城县西陌镇奉公村	村中
后土庙	尧都区土门镇东羊村	村中北侧
后土庙	灵石县静升乡静升村	村中西南
后土庙	汾阳市栗家庄乡田村	村中东侧

表 I：村落中后土庙位置统计

布局类型

简单类布局的后土庙空间形态多见于广大农村地区，脱胎于北方地区典型的居住形式四合院。戏台、正殿是其基本的构成要素，组成一个简单的院落，由围墙对院落进行围合[5]，建筑单体数量较少，空间敞亮[6]。如：

河津县樊村镇古垛村后土庙，坐北朝南，仅存戏台与正殿，戏台为元构，庙宇周边已无围墙；

芮城县学张乡上段村后土庙，坐北朝南，仅存乐楼、正殿，亦无围墙环绕，位于一片农田之中；

阳曲县黄寨镇大牛站村圣母庙，坐北朝南，仅存正殿；

万荣县贾村乡贾村后土庙，坐北朝南，中轴线有献殿、正殿，两侧有配殿，正殿与献殿距离较近，献殿前有月台；

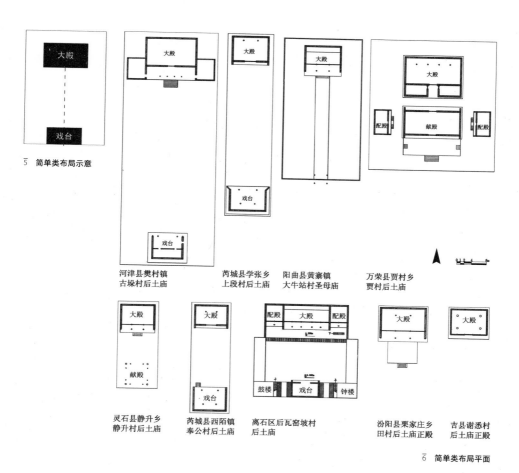

5　简单类布局示意

河津县樊村镇
古垛村后土庙

芮城县学张乡
上段村后土庙

阳曲县黄寨镇
大牛站村圣母庙

万荣县贾村乡
贾村后土庙

灵石县静升乡
静升村后土庙

芮城县西陌镇
奉公村后土庙

离石区后瓦窑坡村
后土庙

汾阳县栗家庄乡
田村后土庙正殿

吉县谢悉村
后土庙正殿

6　简单类布局平面

灵石县静升乡静升村后土庙，存正殿、献亭，原献亭之前有戏台已毁，现位于村委员会院内；

芮城县西陌镇奉公村后土庙，坐北朝南，现中轴线有戏台、正殿。

离石区后瓦窑坡村后土庙，坐北朝南，一进院落布局，中轴线上建有戏台、正殿，戏台两侧有钟楼、鼓楼，院中两侧为配殿，正殿上下两侧，下层为窑洞，上层正殿中供奉后土圣母，两侧有耳殿。旧时"上奉九天圣母，中奉诸神，月台左右建钟鼓楼，溯创建于明景泰年间（1450—1456），历补葺至清嘉庆十一年（1806），风移雨剥，圮非一区，庀材鸠工事赖首领经理吴士智善期先举谋及，村人无不乐布己资，是择吉兴工，而住持杨嘉栋协力经营钟鼓两楼，并东房后楼门重新建立，庙门地址加石基，洎乎废者与之残者补之，庶楼宇无殊乎旧，而角楹焕然一新"；[1] "迨至乾隆四十七年

1　碑刻《重修钟鼓楼碑记》，现存于离石区后瓦窑坡村后土庙内。

（1782）增其旧制，新修砖窑五孔，塑神像于内，两廊乐楼皆焕然一新，嘉庆十一年（1806）忽然山崩，土压正殿，两廊皆杳无踪迹，止留乐楼一座，当此之时，本村人等忧闷不悦，过斯境者其谁不唏嘘长叹哉，数年来报赛之典亦废而不举，十四年（1809）合村公议，本地于此先建砖窑五孔，以为住持安歇之地，越明年上建楼阁九间安置神像，两廊六间，又将乐楼钟鼓楼移修在此。"[1]

汾阳市栗家庄乡田村后土庙，仅存正殿，《汾阳县金石类编》中所录明嘉靖二十八年（1548）《重修田村里神母庙碑记》载："越今年已酉夏告厥成，广正殿为三楹，列廊房为六楹，虚轩特起，层楼耸立，振以钟鼓，缭以周垣，神像焕然一新，金碧交映，云烟相连，足以妥神明而表奠安。"[2]清道光十年（1830）"营建正殿三间，两廊钟鼓，对面乐楼，庙貌颇亦严整"，[3]至光绪七年（1881）"就本村地亩起，将乐楼补修后又出四方捐募"，十一年（1885）"将圣母正殿卷棚、钟鼓楼、马王殿、两廊庑、住持房屋、周围墙壁、街上门面皆重新补葺"。[4]可见旧时后土庙之布局亦颇为壮观。

吉县谢悉村圣母庙，现仅存正殿，为元代遗构。

当简单类布局的后土庙不能满足祀神需求时，就有必要在单进院落的基础上，形成多进或多跨院落。组合类布局的后土庙建筑一般是多进院落的纵向组合方式，组合后的建筑群体依然需要保持明确的中轴线，中轴线上主要以山门为前导空间来依次布置戏台、献殿、正殿等，建筑的规模和等级有严格的划分——正殿无论屋顶形式、开间数还是斗栱、鸱吻的级别都要明显高于其他建筑[7]。正殿两侧也常常附属有耳殿，正殿形成的主要院落两侧会有配殿；戏台与山门之间形成的院落中，往往两侧无配殿。[8]如：

万荣县桥上村于宋景德二年（1005）所建之后土庙，建筑规模较为宏大，记载有神殿七座，有圣母正殿、后宫、真武殿、二郎殿、庄口娘娘殿、六甲殿、崔相公殿、舞亭一座，中山门和大门楼各一座，中轴线上有大门楼、中山门、舞亭、正殿、后宫。[5]

石楼县前山乡张家河村后土庙（殿山寺），坐北朝南，二进院落布局，中轴线上有山门、戏台（元）、正殿，两侧耳房、配房，后由于庙会献戏活动空间需求扩大，在山门外的空地上增建了一座戏台。

河津县阳村乡连伯村后土庙（也称高媒庙），坐北朝南，多进院落布局。中轴线上有山门、戏台、四明亭、献殿、正殿，两侧为东西厢房、配殿。

---

1 碑刻《移建圣母庙碑记》，现存于离石区后瓦窑坡村后土庙内。
2 廖奇琦. 神灵与仪式——山西汾阳圣母庙圣母殿壁画研究 [D]. 中央美术学院硕士学位论文. 北京:中央美术学院人文学院，2004：64.
3 碑刻《重修圣母庙碑记》，现存于汾阳市栗家庄乡田村后土庙内。
4 同上。
5 廖奔. 中国古代剧场史 [M]. 郑州：中州古籍出版社，1997：113.

后土信仰在发展过程中渐为道教吸收，一些道教庙宇也出现了共同供奉后土与道家各神的现象；又因于后土圣母地位显赫，而被供奉于重要的正殿。尧都区土门镇东羊村后土庙、介休市后土庙即是供奉后土的道家庙宇。如：

尧都区土门镇东羊村后土庙也叫东岳庙，是祭祀泰山神的庙宇，现存有山门、戏台、仪门、后土圣母殿、钟鼓楼和东、西配殿等建筑，共同组成三进院落布局，后土圣母殿位于东岳天齐殿（现仅存址基）之后，是整个建筑群的终点。

介休市后土庙是一座全真派道观，现主要包括三清观和后土庙两大部分，共有四进院落，建筑空间先抑后扬，前两进空间是影壁与天王殿、天王殿和护法殿之间的院落，之后是三清楼、献殿及配殿围合的院落，戏台与后土殿形成最后一个院落，后土殿作为整个建筑群的终点[9]。

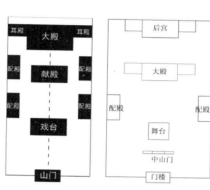

7　组合类布局示意　　8　万荣县桥上村后土庙平面推测

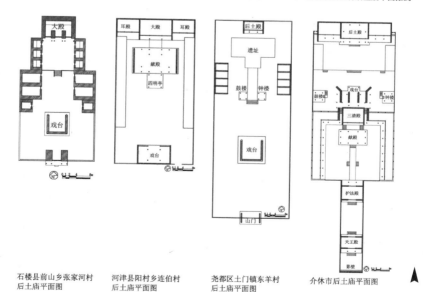

石楼县前山乡张家河村　　河津县阳村乡连伯村　　尧都区土门镇东羊村　　介休市后土庙平面图
后土庙平面图　　　　　　后土庙平面图　　　　　　后土庙平面图

9　组合类布局平面

神祇

汉武帝于汾阴立后土祠后，后土更成为村社民众广泛祭祀的对象。"后土圣母"是后土庙中供奉的主神，也称为"后土娘娘""后土夫人"。后土圣母本是执掌阴阳生育、万物之美与大地山河之秀的女神，其职司随着民众利益诉求的增多也不断扩大，人们向后土圣母求子、求财、求平安、求丰收等。后土圣母成为人们心中权威的神灵，表现出民间信仰的"面目多变性"，[1] 其中"送子、保平安"的职能在信徒心中占绝对主要的地位。

就后土庙中供奉的神灵来看^{表2}，后土圣母不仅具有"送子"的职能，配祀的圣母（娘娘）均在护佑子孙健康成长，是供奉主神为后土圣母的庙宇所普遍采取的方式，她们共同承载了人们对子孙后代寄予的美好期望。

226

仪式

1980 年发现的清宣统元年（1909）《扇鼓神谱》手抄本，记录了曲沃县裴庄乡任庄村的赛祭礼仪，载有许氏家族历代傩祭活动内容、形式、仪礼规范和傩戏演出的节目。许氏家族的傩祭活动在每年正月十四至十六日举办，祭祀主神为后土娘娘，整个活动分为傩祭和傩戏演出两部分。傩祭包括游村、入坛、请神、参神、拜神、收灾、下神、添神、送神等内容；傩戏表演共有六个节目，为《坐后土》《攀道》《打仓》《吹风》《猜谜》《采桑》；此外，还有锣鼓、花鼓等表演。可见一些地区的祭神活动已形成固定的程序。

迎神仪式，即将庙中之神像抬出来游街，常常又配以戏剧装扮的各种舞队。迎神来源于佛教的"行像"仪式，原是纪念佛祖释迦牟尼诞辰的群众性活动，行像队伍中一般会穿插各种乐舞杂戏的演出。该仪式逐渐由中国本土神庙采纳，转为民间习见的奉神游行和队列装扮表演，这种古老的迎神仪式至今仍鲜活在晋中和晋南地区的庙会上。

在整个迎神赛社的过程中，一般要有一个"放生"的仪式。《河东府万泉县新建后上圣母庙记》碑文中描述了迎请后土圣母之时，神马停止不前，即在此处修建了这

1　贾二强. 唐宋民间信仰 [M]. 福州：福建人民出版社，2002：11.

庙宇	供奉神灵	庙会日期（农历）
阳曲县黄寨镇大牛站村圣母庙	后土圣母、送子娘娘、司药娘娘	七月初一
离石区后瓦窑坡村后土庙	后土圣母、送子娘娘、催生娘娘	二月十九、三月十八
石楼县前山乡张家河村后土庙	后土圣母、九天圣母、使令圣母、催生娘娘、豆生娘娘	三月十八
吉县谢悉村圣母庙	原供奉后土圣母，现正殿残破不用	/
河津县阳村乡连伯村后土庙	高媒、大禹、后稷	三月十八、九月十八
河津县樊村镇古垛村后土庙	原供奉后土圣母，现北壁有圣母画像，无塑像	/
万荣县贾村乡贾村后土庙	后土圣母	三月十八
万荣县荣河镇庙前村后土庙	后土圣母、送子娘娘、司药娘娘	三月十八、十月初五
芮城县学张乡上段村后土庙	现荒废不用	/
芮城县西陌镇奉公村后土庙	现荒废不用	/
尧都区土门镇东羊村后土庙	后土圣母、女娲娘娘、碧霞元君	三月十二
灵石县静升乡静升村后土庙	现已改为展览用	/
介休市后土庙	后土圣母	三月十八
汾阳市上庙村太符观后土殿	后土圣母、通颖娘娘、智慧娘娘、婚配娘娘、奶母娘娘、护佑娘娘、瘫疹娘娘、如意娘娘、子孙娘娘	/
汾阳市栗家庄乡田村后土庙	后土圣母	七月初七

表 2 后土庙供奉的神灵及庙会日期统计

227

座庙宇的传说。这个传说普遍流行于晋中和晋南等地，民间还以"即地为殿"演绎了一些故事，并改编成戏曲曲目在祭祀后土圣母时上演，其中最有代表性的当属《扇鼓神谱》中所记的小戏《坐后土》。

送神仪式中，根据《扇鼓神谱》的记载，收灾是傩祭活动的一个重要内容，即请后土娘娘将全村各家各户的灾难收走，这是举行傩祭的根本目的。送神在享赛后一日或当日进行，用车马送诸神回原在神庙，或焚烧纸马、神镙，以示诸神回归天界。

现存举行庙会的后土庙，会期多数为农历三月十八日，也有些庙宇的会期有所改变，各地的后土庙在庙会之日都会有唱戏等酬神活动。

河津县阳村乡连伯村后土庙的庙会规模较大，旧时"每岁三月十八日圣会之期，邑中士庶谒其庙者纷至沓来，人摩肩，车击轮，庙内几不能容东西两社乡老，议欲扩大其局"。[1] 现今庙会活动仍非常热闹，邻近村落的人也都知晓，前来参加，会期为农历三月十八日及九月十八日，每次赛会四天，即三月十六日到三月十九日，及九月十六日到九月十九日，庙会时会连续唱戏四天，在庙会当日最为热闹。村民于三月十七日夜里就来到庙里排队插花求子，通过捐功德的方式争取夜里零点抢插第一朵花。红色花代表想要女孩，白色花则为男孩，如果求的愿望灵验，还要到庙里还愿，还愿时要放红色绸缎，此种拔花求子的做法与万荣县后土祠庙会进行的活动相同。

庙会当日，村民将姜嫄的神像放在轿子里，一早抬到村子里走一圈，中午抬回，放到献亭里供奉[10]。在汾阳市上庙村太符观的后土殿中，前端也摆放着小木作楼阁式圣母神轿[11]，在后土圣母神像的旁边摆放着缩小的木质神像替身。据村民讲述，之前村里举行庙会时，会将神像的替身请到轿子里，在村内巡行。

21世纪以来，后土祭祀活动也再度复兴。山西万荣县后土文化节的举办，使得对后土的祭祀活动与经济贸易、观光旅游、文化娱乐、寻根溯源等紧密结合在一起，带有更多的市场化倾向，是以经济利益为先导的官方主流与民间大众的又一次不谋而合，或是某种程度上对后土存在意义的新认可。

管理

后土庙与其他民间信仰庙宇一样，面临着日常运作的问题，如果一座庙宇缺乏必要的管理者和稳定的收入来源，用不了多久就会破败下去。庙宇的管理者多是由当地人或聘请或招募而来的，主要掌管庙宇的日常洒扫、维修和祭祀等事务。多数庙宇会由道士或僧人等来主持，如：上文河津县阳村乡连柏村后土庙中碑刻记载"众必

1 碑刻《重修后土庙碑记》，现存于河津县阳村乡连伯村后土庙内。

10　河津县阳村乡连伯村后土庙正殿内姜源坐轿
11　汾阳市上庙村太符观后土殿内坐轿

来已不惟不忍卖树，尤欲更植柏树，当下存银六两交付僧人，以为载植十株"；离石区后瓦窑坡村后土庙在清嘉庆十八年（1813）重修时"于此先建砖窑五孔，以为住持安歇之地"，[1]主持即为庙宇的管理者。

　　庙宇也可以有些庙产，在适当的时候用来添补维修所需，庙院中栽植的树木，在一定时候可以转成维修银钱，信众的布施也是庙宇日常的主要收入。现今有些庙宇已经废弃不用，仍在使用的庙宇多数在平日亦不开放，多由村中的老者进行看管，一

神地之道：社稷庙

些年代悠久的庙宇亦有作为旅游开放，宣扬传统文化。由于后土庙在村落中是较为重要的庙宇，规模亦较大，因此在祭祀功能逐渐消褪时，又常被用作学校表3。[1]

庙宇	保存状况	利用状况
阳曲县黄寨镇大牛站村圣母庙	一般	平日不开
离石区后瓦窑坡村后土庙	一般（正在修缮）	平日不开
石楼县前山乡张家河村后土庙	较好（有在新建）	平日不开
吉县谢悉村圣母庙	破损	废弃不用
河津县阳村乡连伯村后土庙	较好（有在新建）	平日不开
河津县樊村镇古垛村后土庙	一般	平日不开
万荣县贾村乡贾村后土庙	一般	平日开放
万荣县荣河镇庙前村后土庙	较好	旅游开放
芮城县学张乡上段村后土庙	破损	废弃不用
芮城县西陌镇奉公村后土庙	破损	废弃不用
临汾市土门镇东羊村后土庙	较好	平日不开
灵石县静升乡静升村后土庙	较好	改做他用
介休市后土庙	较好	旅游开放
汾阳市上庙村太符观后土殿	较好	旅游开放
汾阳市栗家庄乡田村后土庙	较好	平日不开

表 3 后土庙保存及利用概况

---

1 荣河县民国年间将后土庙用作学校的村落有：安昌村、北胡村、程村、程村、大甲村、北火上村、东装庄、东王村、东张村、东赵庄、杜村、范家庄、冯张村、高村、何庄村、贾寺村、坑西村、邻居村、临河村、刘村初、罗池村、庙前镇、庙前镇、南坑东村、南屈村、年村、秦村、青谷村、青谷村、三甲村、沙石范村、上朝村、师家村、新城、孙吉镇、铁北村、王午村、王显镇、王张村、卫阳庄、吴村、吴庄村、西蔡村、西效和、西赵村、贤胡村、小谢村、许村、扬蓬村、扬庄村、寨子村、周王、庄头（见于：加俊. 晋南万荣县后土祠俗民后土信仰调查研究 [D]. 西安：西北民族大学，2004：50）。芮城县民国年间将后土庙用作学校的村落有：坑头村、洪源沟、新庄村、梁家村、许霸坡、地皇泉、杏堤村、夏阳村、石湖村、伏龙村、曲李村、坑北村、西峪村、南礼教、东董村、沟村、陈家村、下窑村、东关、兴耀村、东张村、上石门、西陌村、朱吕村、三甲坡、菜村、沟渠头、水峪、关家磨、董村、兴耀村、太安村、上郭村见于（民国）芮城县志. 卷三 "学校志". 228-232

* 基金资助：城市与建筑遗产保护教育部重点实验室开放课题（KUAHC1002）。主持：沈旸。原文刊载：于娜、沈旸、周小棣《晋南现存稷王庙调研与探析》，《华中建筑》第 27 卷 2009 年第 3 期（总第 142 期）。录入本书有增删。

田野考察（二）：
稷王庙*

后稷是农业的始祖，"周后稷，名弃，其母有邰氏女，曰姜嫄……及为成人，遂好耕农，相地之宜，宜谷者稼穑焉，民皆法则之。帝尧闻之，举弃为农师，天下得其利，有功。帝舜曰：'弃，黎民始饥，而后稷播时百谷。'封弃于邰，号曰后稷。"[1] 关于后稷的时代、地望、族属等起源问题，学术界一直存在着不同观点，此非本文探讨的主旨。[2] 晋南地区民间对稷王的祭祀尤为广泛，其主要原因在于晋南的稷山是传说后稷教民稼穑之地，稷山位于晋南的稷山县与万荣县交界处，《隋图经》文曰："稷山在绛郡，后稷播百谷于此山。"[3] 通过资料记载[4]与调查发现，晋南地区存在大量的后稷文化现象，在这里它物化和表现于大量后稷庙宇和历代绵延不断的祭祀活动中。

1　（西汉）司马迁．史记 卷四．文渊阁四库全书电子版 [M]．上海：上海人民出版社，迪志文化出版有限公司，1999
2　关于后稷传说相关论述详见：曹书杰．后稷传说与稷祀文化 [M]．北京：社会科学文献出版社，2006
3　转引自：曹书杰，第 63 页。
4　本文考察的晋南稷王庙资料记载来源于：国家文物局主编《中国文物地图集（山西分册）》．北京：中国地图出版社，2006.

神地之道：社稷庙

丛问集

232

● 稷王庙

稷山县 稷峰镇太社村中
稷山县 太阳乡西王村中
稷山县县城内（步行西街）
万荣县 南张乡太赵村北
　　　　新绛县 阳王镇苏阳村东南
　　　　新绛县 阳王镇阳王村中
　　　　闻喜县 阳隅乡吴吕村中

▲

⌐ 晋南现存稷王庙分布

晋南地区是个典型的"后稷信仰圈"，现存的稷王庙也主要集中于晋南地区，[1]主要分布于稷山、万荣、新绛、闻喜一带⌐。地理与历史条件是稷王庙呈区域状分布的主要影响因素，山西境内南北地理、气候差异较明显，南部的运城、临汾盆地有适宜农业发展的自然环境，自古就是农业文化比较发达的地区。晋南是华夏民族先祖开创和发展华夏文明的活动中心，传统文化积淀较深，后稷信仰即起源于古代农业社会中对于谷神的崇尚，过去几乎村村都有稷王庙，[2]宋金至元明清一直进行着祭祀后稷庙宇的建置。

根据资料记载，本次田野考察了晋南现存的7座稷王庙，除1座位于县城内，其余6座皆分布于村落中[表I]。

稷山县城内的稷王庙现位于步行西街，据《同治稷山县志》卷二"祀典"记载："后稷庙，在汾南五十里，稷神山顶，……是谓王之寝宫。"[3]"后来由于路途遥远，为了便于祭祀，元代时在县城内创建了这座规模非凡、建筑宏伟的稷王庙。"[4]《同治稷山县志》卷一《图考》里的《县城图》显示稷王庙原位于县治之西，县治南侧有后稷古治坊。

村落中的稷王庙选址并无一定规律，或位于村落偏外部靠近农田的位置，或临街建于村落的中心地带，是村民们公共活动的场所。⌐

1　陕西省武功县武功镇尚存有后稷祠和姜嫄庙，但主要的稷王庙遗存集中于晋南地区，并形成了一定的祭祀范围。
2　李玉明、杨子荣：《社稷缘由与山西》，山西新闻网：http://www.daynews.com.cn/sxrb/108399.html
3　（清）邓嘉缉纂、沈凤翔修：《中国地方志集成·山西府县志辑 62：同治稷山县志》，据清同治四年（1865）刻本影印，凤凰出版社、上海书店、巴蜀书社，2005。
4　高丽.农业始祖的祠宇——稷王庙[J].文物世界，2003（6）：58.

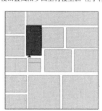

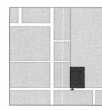

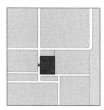
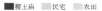

稷山县太阳乡西王村稷王庙 位于村中　　稷山县稷峰镇太社村稷王庙 位于村中　　万荣县南张乡太赵村稷王庙 位于村中北部

新绛县阳王镇阳王村稷益庙 位于村中　　新绛县阳王镇苏阳村稷王庙 位于村东南　　闻喜县阳隅乡吴吕村稷王庙 位于村中

■稷王庙　□民宅　□农田

2 村落中的位置

使用功能

　　祭祀是稷王庙的主要使用功能。本质上讲，祭祀活动就是把人与人之间的求索酬报关系，推广到人与神之间而产生的活动。在传统农业社会中，稷神是民间信仰记忆中影响农业生产的某种力量，因此，民间的后稷信仰包含着民众祈求农业丰收的直接生活愿望。

　　稷王庙中除供奉后稷外，往往也会同时供奉多方神灵，满足人们的各种愿望，如关公、送子娘娘、药王、文王、火神、东岳大帝、西岳大帝等，反映出民间信仰较强的功利性、包容性和渗透性；诸如关公、娘娘等神祇位于稷王的左右，成为稷王的陪侍神像的现象，也说明了稷王信仰在晋南的重要地位。

　　《同治稷山县志》卷二"祀典"载，后稷的诞辰为农历四月十七日，朝中会遣派官员登上稷王山，在山上的稷王庙中举行隆重的祭典。现存的稷王庙平日多已不开放，但每年也会在后稷诞辰举行大型的庙会活动，如万荣县南张乡太赵村稷王庙，主要内容即为祭祀与唱戏，庙会演戏的本意在于娱神、敬神，到了后期逐渐由娱神转向娱人，成为民众生活的重要组成部分。不过，一些地方的庙会也会更改会期，如稷山县太阳乡西王村稷王庙于正月十五举行庙会；新绛县阳王镇苏阳村稷王庙则在农历六月二十四举行庙会，提前一天在庙前空地上搭建戏台表演；新绛县阳王镇农历二月初二的阳王古庙会社火即源于祭祀稷益庙的庙会，已延续千百年，当天各村村民会到稷益庙烧香，并在镇上举行盛大的庙会表演活动。

神地之道：社稷庙

分布	具体位置	修建年代	建筑组成	大殿形制	供奉神像	庙会日期	备注
稷山县城内稷王庙	县城西侧,现位于步行西街	创建于元至正五年(1268年)	山门、献殿、大殿、姜嫄庙钟鼓楼、八卦亭	面阔五间七檩围廊重檐歇山	后稷、姜嫄	农历四月十七	重修的康熙版《平阳府志》刻本,第十卷"祠祀"篇载:"后稷庙在县南五十里稷神山顶,东南有塔,镌'后稷名堂'字,元至正五年(1268)创建。"
稷山县太阳乡西王村稷王庙	村中	创建年代不详,清修	大殿	面阔五间四檩前廊单檐硬山	后稷、西岳大帝、东岳大帝、先锋	农历正月十五	年代记载见《中国文物地图集》山西分册第1115页,村民讲述原大殿前有戏台
稷山县稷峰镇太社村稷王庙	村中	创建年代不详,清修	大殿、门楼	面阔三间五檩无廊单檐硬山	不详	无	年代记载见《中国文物地图集》山西分册第1114页
万荣县南张乡太赵村稷王庙	村北部	创建年代不晚于北宋熙宁元年(1068),元、清修	大殿、戏台	面阔五间七檩无廊单檐庑殿	后稷、关公、药王、送子娘娘	农历四月十七	据徐新云、徐怡涛《试论建筑型制研究成果对碳十四测年数据分析的关键性作用——以山西万荣稷王庙大殿为例》,载《故宫博物院院刊》2016年03期第41-54页
闻喜县阳隅乡吴吕村稷王庙	村中	创建年代不详,明清修葺	大殿、戏台	面阔三间五檩无廊单檐悬山	原供奉后稷、娘娘、火神	无	年代记载见《中国文物地图集》山西分册第1126页
新绛县阳王镇阳王村益庙	村中	创建年代不详,元、明、清修	大殿、戏台	面阔五间七檩无廊单檐悬山	原供奉后稷、伯益	农历二月初二	庙内碑刻记载,元至元、明弘治、正德、清光绪年间均有修建
新绛县阳王镇苏阳村稷王庙	村东南	创建于元代,明清重修	大殿	面阔五间五檩无廊单檐悬山	后稷、关公、观音、送子娘娘、王母	农历六月二十四	年代记载见《中国文物地图集》山西分册第1100页

表1 晋南现存稷王庙概况

稷王庙的建筑组成主要包括供奉神灵的大殿及祭祀神灵的献殿和戏台。晋南村落中现存稷王庙的布局较为简单，多为坐北朝南的单进院落布局，中轴线上存大殿与戏台 ̄ ̄3~6̄ ̄，稷山县县城内的稷王庙与新绛县阳王镇稷益庙则相对完备。

稷山县县城内的稷王庙是已知现存最大的一座祭祀后稷的庙宇，也是保存最为完好的。《同治稷山县志》卷九《艺文》篇《重修后稷庙记》中记载了明隆庆间（1567—1572）重修稷王庙后的规模："正殿三间前砌露台，方十四丈五尺，周筑萧蔷，露台东过萧蔷，别殿三间祀姜嫄，台南甬道左神厨三间，自甬道东行折北为官厅三间，稍西钟楼一间，外砌石垣厚六尺，高倍二之三，缭亘几十丈几尺。"[1] 稷王庙现有山门、献殿、大殿、姜嫄庙、钟鼓楼、八卦亭等，其中姜嫄庙为元构，大殿及钟鼓楼等为清道光二十三年（1844）重建。

新绛县阳王镇阳王村稷益庙现仅存大殿与戏台，庙内明嘉靖二年（1523）碑刻《重修东岳稷益庙之记》载庙宇之规模："东岳稷益庙也，罔知肇自何代，元至元间重修，正殿旧三楹，国朝弘治间恢复为五楹，增左右塑室各四楹，正德间复增山门三楹，献庭五楹，舞庭五楹。"清光绪二十七年（1901）碑刻《重修东岳庙暨关帝土地诸神庙碑记》中记述了进一步扩建稷益庙的情况："由殿而下东西两廊，俱各建盖市房，约共六十余间，尽安生意；庙中间建设戏楼，……戏楼左右钟楼枞焉，鼓楼喤焉，维修无异于创建。"也显示出稷益庙在当地民间祭祀庙宇中的重要性。

大殿是稷王庙的核心，晋南地区现存稷王庙的大殿多为三开间或五开间，屋顶形式多样，有悬山、硬山、歇山及庑殿顶等，以悬山顶居多。稷山县稷王庙的大殿为五开间、带围廊的两层歇山顶建筑，而且在大殿之后还有姜嫄殿，祭祀后稷之母姜嫄氏，这种设置在一般的稷王庙中是没有的。大殿内部空间通常分为两部分：一是供奉神像，一是供人礼拜。规模较大的庙宇中，如稷山县稷王庙和万荣县南张乡太赵村稷王庙，供奉神像的平台位于大殿的中间，在神像周围有一圈贯通空间；一般的稷王庙中供奉神像的平台则紧挨后墙，往往利用殿内的一排内柱限定其领域，稷王像左右一般会有陪伺神像，排列方式有"一"字形和"凹"字型两种。礼拜空间一般在神灵塑像前搁香案，放置祀奉神灵用的贡品，香案前还会留出空间，供来者跪拜祈愿。大殿的结构均采用抬梁式，多用减柱或移柱造以使内部便于施放神像，或扩大礼拜空间，减少视线遮挡等。

1　（清）邓嘉绅纂，沈凤翔修：《中国地方志集成·山西府县志辑 62：同治稷山县志》。

献殿在民间祭祀庙宇中是一个重要组成部分。稷山县稷王庙，献殿与大殿相邻，共同建于一米高台基之上，献殿为两面开敞的三开间悬山式建筑，其前的丹墀足以表明后稷的尊贵地位；闻喜县阳隅乡吴吕村稷王庙，村民讲述原大殿前有献殿；新绛县阳王镇稷益庙，据碑记载明正德间（1506—1521）增建献庭五楹。

戏台与稷王庙的祭祀功能相关，多建在大殿对面，考察的几座稷王庙戏台与大殿的距离在 20 米到 40 米左右。稷山县稷王庙的山门过去是个戏台，[1] 现已被毁；万荣县南张乡太赵村稷王庙，据庙内石碑载，于元至元八年（1271）修建舞亭一座，现存戏台为民国十年（1921）重建；新绛县阳王镇稷益庙的戏台规模较大，面积 120 多平方米，碑记载建于明正德间（1506—1521），明三暗五减柱造，前檐明间达 10 米，表演区域宽阔；闻喜县阳隅乡吴吕村稷王庙的戏台为明嘉靖二十五年（1546）建，面阔三间，面积 70 多平方米，为扩大台口活动面积，明间平柱向两侧外移。

236

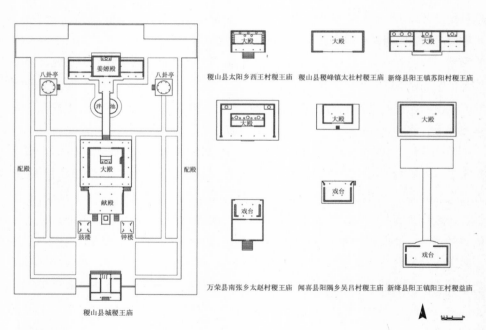

稷山县稷阳乡西王村稷王庙　稷山县稷峰镇太社村稷王庙　新绛县阳王镇苏阳村稷王庙

万荣县南张乡太赵村稷王庙　闻喜县阳隅乡吴吕村稷王庙　新绛县阳王镇阳王村稷益庙

稷山县城稷王庙

3　平面

1　高丽：《农业始祖的祠宇——稷王庙》。

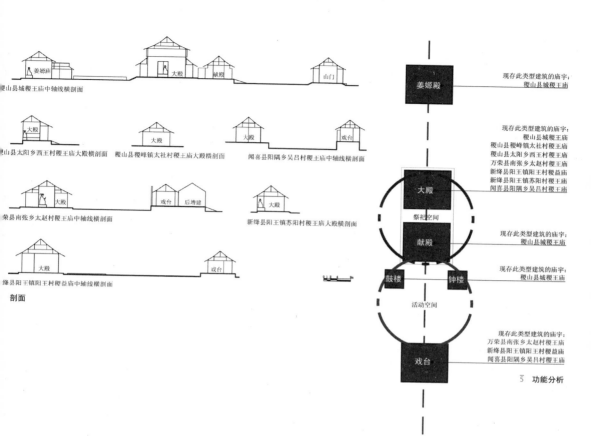

稷山县城稷王庙中轴线横剖面

姜嫄庙　　大殿　献殿　　　山门

稷山县太阳乡西王村稷王庙大殿横剖面　　稷山县稷峰镇太社村稷王庙大殿横剖面　　闻喜县阳隅乡吴吕村稷王庙中轴线横剖面

大殿　　　　　大殿　　　　　大殿　　戏台

万荣县南张乡太赵村稷王庙中轴线横剖面　　　戏台　后增建　　　新绛县阳王镇苏阳村稷王庙大殿横剖面

大殿　　　戏台

绛县阳王镇阳王村稷益庙中轴线横剖面

剖面

姜嫄殿

现存此类型建筑的庙宇：
稷山县城稷王庙

大殿

祭祀空间

现存此类型建筑的庙宇：
稷山县城稷王庙
稷山县稷峰镇太社村稷王庙
稷山县太阳乡西王村稷王庙
万荣县南张乡太赵村稷王庙
新绛县阳王镇阳王村稷益庙
新绛县阳王镇苏阳村稷王庙
闻喜县阳隅乡吴吕村稷王庙

献殿

现存此类型建筑的庙宇：
稷山县城稷王庙

鼓楼　　　钟楼

现存此类型建筑的庙宇：
稷山县城稷王庙

活动空间

戏台

现存此类型建筑的庙宇：
万荣县南张乡太赵村稷王庙
新绛县阳王镇阳王村稷益庙
闻喜县阳隅乡吴吕村稷王庙

5　功能分析

稷山县城内稷王庙大殿　　稷山县太阳乡西王村稷王庙大殿　　稷山县稷峰镇太社村稷王庙大殿　　万荣县南张乡太赵村稷王庙大殿

闻喜县阳隅乡吴吕村稷王庙大殿　　新绛县阳王镇阳王村稷益庙大殿　　新绛县阳王镇苏阳村稷王庙大殿　　稷山县城内稷王庙献殿

万荣县南张乡太赵村稷王庙戏台　　闻喜县阳隅乡吴吕村稷王庙戏台　　新绛县阳王镇阳王村稷益庙戏台　　稷山县城内稷王庙姜嫄殿

6　建筑外观

神地之道：社稷庙

晋祠

一脉泉随

基金资助：国家社会科学基金项目〔18BGL278〕主持：沈旸。原文刊载：沈旸、申童、周小棣《晋祠山门移位的时空误读》，《建筑学报》2019年第1期，总604期。

去过晋祠的人，通常会在位于晋祠三大国宝建筑（献殿、鱼沼飞梁、圣母殿）轴线开端上的大门（晋祠博物馆正门）前留影纪念[1]，广场提供了最好的拍摄角度，人、建筑与建筑之名在这里一起留下记忆的证据。《晋祠文化遗产全书》甚至将晋祠大门称为"膜拜的起点"，[1]11，它符合开启古建之旅时对中国传统建筑群山门的所有期待。一入其内，水镜台古风扑面，苍柏参天，瞬间就沉浸在朴远幽静之中，进而循序渐进，一路感受古人的伟大创造，顺理成章。

但在八十年前，梁、林二位先生初入晋祠时映入眼帘的却是另一番景象：

"一进了晋祠大门，那一种说不出的美丽辉映的大花园，使我们惊喜愉悦，过于初时的期望。无以名之，只得叫它做花园。其实晋祠布置又像庙观的院落，又像华丽的宫苑，全部兼有开敞堂皇的局面和曲折深邃的雅趣，大殿楼阁在古树婆娑池流映带之间，实像个放大的私家园亭。"[2]343

很明显，山门的位置和随之而来的游线，与今日不同。

晋祠大门（晋祠博物馆正门）实际建于1964年，而在1961年出版的《中国建筑史》中尚可寻觅到晋祠山门的位置，大概位于现在大门南十几米的地方[2]。换言之，原来的晋祠山门，并不在三大国宝建筑的轴线上。无论研究文献还是官方介绍，也从未试图掩饰过晋祠大门的移位新建，[3]10, [4]93, [5]28-32, [6]20 仿佛因为

---

1 晋祠原山门的位置很难被忽视，亦有不少学者关注这一问题，只是讨论的焦点多集中于山门变化的时间和方位考证。

1　东南 + 有方 2016 中国建筑遗产研学工
作营的晋祠合影
曾翰摄

2　晋祠山门位置变化示意
底图引自: 刘敦桢 中国古代建筑史 [M]. 北京:
中国建筑工业出版社, 1980: 184 其余自绘

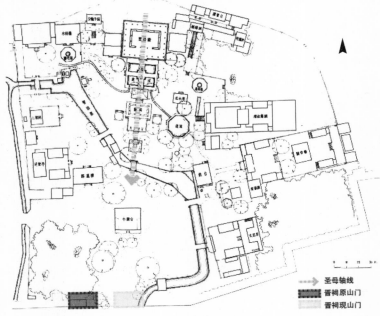

圣母轴线
晋祠原山门
晋祠现山门

"不在轴线上" 而新建是理所当然、不需解释的事情。

　　然而, 从新建山门作为主入口之时起, 进入晋祠的路径和感受与过去的晋祠相比, 已经天壤之别了。

　　存在时间超过一千五百年的晋祠, 经历了主神易位、庙宇易主、功能变化等诸多重大事件, 时间的痕迹刻印在建筑之上, 也在潜移默化地影响着观看建筑的人。晋祠山门的移位, 折射了从 "认知的" 到 "实物的" 变化过程, 其变化之因果, 印证了晋祠空间认知的诸多误读, 并可借此展演祠神空间曾经的构成轨迹, 凸显建筑群中一处不起眼的建筑也存在的未知匠心。

叔虞祠与圣母庙：从晋王祠到晋源神祠

晋祠，不能因为圣母殿的著名，就等同于"圣母庙"；事实上，在相当长的时间内，圣母并不是晋祠的主要祭祀对象。

目前所知关于晋祠最早的记载见之于《水经注》的"叔虞祠"："沼西际山枕水，有唐叔虞祠。水侧有凉堂。结飞梁於水上。"相传周成王以"剪桐封弟"封叔虞于唐国，此为晋国之发端。叔虞后人将唐改晋，至今三千年，山西仍称晋。《汉书》载"唐有晋水，及叔虞子燮为晋侯云"[1][7]，封于太原的李渊亦称"唐国公"，曾表示"唐固吾国，太原即其地焉"。[8] 可见在当时的意识中，唐国封地在太原，因于晋水，国号改为晋。"晋叔虞翦桐封地，子燮因地号国，祠因以名，故至今称之"，[2][9]51 在晋水旁，建晋王祠庙，祀唐叔虞，以开国之主的姿态保佑三晋，合理且正统。

直至清中期，对晋祠的记载仍表述为："唐叔虞之庙，在县西南一十里，今晋祠是也……惠远庙，即昭济圣母庙，在（晋）祠中东向晋水源上，旧经谓之女郎祠。"[10] "苗裔庙，在晋祠……晋源神祠在晋祠，祀叔虞之母邑姜……唐叔虞祠，在县西南悬瓮山麓晋水发源处，故名晋祠。"[11]

这里的"晋祠"明显指代以叔虞祠为主的整个建筑群，圣母庙只是晋祠中一处完整的、有祭祀活动的、相对独立的建筑群，又因为历代对圣母的封号不同而出现了"昭济""惠远"等名。与晋祠中的其他庙宇一样，圣母庙始终只是晋祠组成之一，能够代表"晋祠"的只有叔虞祠。

只是宋代以后，晋祠主神祇的殿宇被偏置一隅，空间的主宰成了一位女神的殿堂——圣母殿。该殿是晋祠内规模最大、形制最高的建筑，"后拥危峰，前临曲沼"，[3][9] 难老善利二亭、周柏左右对应，轴线天成[3]，自山下村落直指山峰，串联起晋祠内最古老的智伯渠、金人台、献殿、鱼沼飞梁等，错落有致而高潮迭起。

种种迹象表明，圣母有被塑造为水神的意向：女性神祇本身就有"水神"的特征，圣母殿又多龙纹、水纹装饰[4]；圣母殿背靠晋水发源之山脉，面对晋水源头的难老、善利二亭，鱼沼飞梁又为"祈雨"仪式提供了适宜的天人感应之所，与宋代祈雨法的要求对应[4][12]153-156……而圣母的封号从"昭济"到"广惠"亦都是水神泽被众生的象征。"山西地寒，惟晋祠一带略有水田，尚能种稻。"[13] 明清时期受晋水灌溉的村落

---

1 根据近年学术考证及考古，种种迹象表明晋国最初的封地应在山西省南部，并不在晋阳（太原）。
2 〔明〕高汝行：《隆庆重修晋祠庙碑记》。
3 〔宋〕赵昌言：《新修晋祠铭并序》。
4 宋代官方颁布"祈雨法"：祈祷的对象是龙，所以坛地的选择以"左侧有龙潭或湫渌东或水泉所出，水边林木郁茂或有洞穴深邃堪畏之处"为佳。

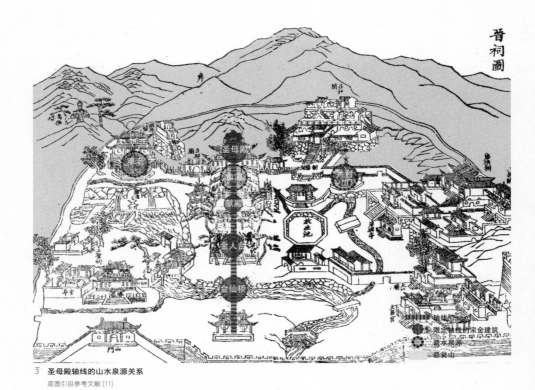

3　圣母殿轴线的山水泉源关系
底图引自参考文献 [11]

4　圣母塑像、须弥座、龙柱
晋祠博物馆提供·自摄

时间	封号
宋熙宁十年（1077）	昭济圣母
宋崇宁三年（1103）	赐号"慈济庙"
宋政和元年（1111）	显灵昭济圣母
宋政和二年（1112）	赐号"惠远庙"
明洪武二年（1369）	广惠显灵昭济圣母
明洪武四年（1371）	晋源神
清同治六年（1867）	广惠显灵昭济沛泽圣母， 御书"惠恰桐封"匾额
清同治十三年（1874）	御书"惠普桐封、功资乐利"两额
清光绪四年（1878）	广惠显灵昭济沛泽翊化圣母， 御书"惠流三晋"匾额

注：据《宋会要》《晋祠志》《光绪山西通志》《晋祠碑碣》等整理。

表 | 圣母的历代加封

就有 36 个。水神的权限，无论是天降甘霖还是生活水源，都与民众的生产生活息息相关，更加亲切且易被接受。圣母又不负众望地屡有祷应，进而受到加封。借着晋水源头的位置，到了明初，圣母已是国家认定的名副其实的晋源神^表。

随着宋代晋阳城地位的急转直下，曾经保佑唐王李渊荣登大宝的叔虞，政治上失去了皇家地位之依托，位置上远离了晋水发源地，神职上也缺少了民众基础。宋末，圣母庙的香火旺盛已经远超叔虞祠。入元，元好问只能感慨："然晋祠本以祠唐侯，乃今以昭济主之，名实之紊久矣！" [14]

宋以后，大多民众信奉人格化神灵，而人格神背后又无一例外地需有道德故事方能位列神位，但晋祠的圣母却是个例外。

圣母在宋中期被称为女郎，1 [15]194，并未出现任何对她身份的解释。元好问称其"圣母曰昭济" [14]卷三十三，直接将官方的封号作为圣母的名字，说明直至此时，圣母仍没有任何身份故事。明时民间塑造了"柳氏坐瓮"的故事作为圣母的人格象征，

1 　引自《郝居简残碑》："（叔虞）至宋天圣中（1023—1032）改封汾东王，今汾东殿者是也。又复建水郎祠于其西。"郝居简残碑不知何时起成为了飞梁的石柱础，在 1953 年重修飞梁之时发现，字多漫漶。

一脉泉随：晋祠

万历间（1573—1620）建了圣母梳妆楼来巩固这个故事的地位，此后的《成化山西通志》《大清一统志》等又开始解释圣母的身份，称其为《宋史》中曾经帮助过宋军的娘子庙主神。

然而，文士官员们始终无法接受圣母作为地方神的风头远胜儒家正统的叔虞，迨至清康熙初，终于由阎若璩根据《谢雨文》考证出圣母是邑姜，正统文化意识群体对于圣母占了叔虞地位的不甘才告一段落。邑姜为叔虞之母，其空间地位高于其子，供奉香火盛于其子，就都可以解释了。《光绪太原县志》载"同治六年（1867）八月，巡抚赵因本人入夏以来渐形亢叹，祷于晋祠。圣母甘霖旋需，奏请颁匾额加封号"，[16] 只字不提"叔虞"，晋祠已经基本被认可为圣母主导的祠庙了。

圣母自宋中期入主晋祠，到清中后期约八百年间，至少在主流意识之中，圣母作为神祇的地位，远不如叔虞正统；而这些为叔虞辩护的文士官员们，却恰恰是历次维修晋祠并留下记录的主导者。[1] [9] 那么，这里所讨论的晋祠山门，至少在清乾隆间（1736—1796）已是晋祠正门⁵。彼时，晋祠仍是"叔虞祠"，其正门当然不应该出现在圣母庙的轴线上。

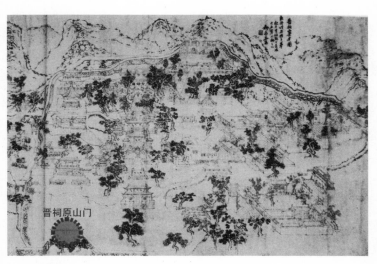

晋祠原山门

5　**杨二酉绘晋祠图（1736—1780）**
引自参考文献 [24] 第 3 页

1　如明隆庆《重修晋祠庙碑记》开头指明"晋叔虞翦桐封地，子燮因地号国，祠因以名，故至今称之"；清顺治《重修晋祠碑记》表明"晋阳有唐叔虞祠。愚意必后人改国号因晋水而为之者。宋天圣间因德水之泽，又复建女郎祠"；清乾隆《太原晋祠记》表明"然常考之前世，以唐叔为晋始封之君，故庙食焉，是以为晋祠"。元后，修缮晋祠的碑刻在文章开头便会对"晋祠"主祀进行一番讨论。

神的边界：圣母的空间完形与圣母庙门

正如海德格尔所说："一个空间乃是某种被设置的东西，被释放到一个边界中的东西。边界并不是某物停止的地方……边界是某物赖以开始其本质的那个东西……诸空间乃是从诸位置那里而不是从'这个'空间那里获得其本质的。"[17]1188 空间，因为有了限定"空"的边界才完整，一个空间的结束和开始都需要边界来确认。

又如范热内普指出的："经过一个被分成两半之物体中间，如从树枝之间，或在某物下面通过之礼仪，其实践相当广泛，必须阐释为直接过渡礼仪，借此一个人离开原来的世界进入新世界。"[18]16 门，位于边界之上，提示了空间的存在，同时作为仪式的标志物，提供了穿越的可能。既然圣母庙只是晋祠的一部分，就需要"边界"来限定圣母的空间以区别于他者，也需要"门"作为空间的进出通路。"门"作为空间区域的界定，可以不是一处具体的建筑物；"门"的作用，完全可以通过一个类似于门的意象来实现，使人们在心理上、习惯中认为完成了进出空间的仪式，这便是门的象征。

明万历四年（1576）建对越坊，三十四年（1606）又在坊之两侧建钟鼓楼。牌坊由坊门演化而来，有非常明确的"门"的意象。坊在献殿台基之上，从这里到圣母殿，台基始终相连、不断升高[6]，相较对越坊地坪不过高出地面3个踏步，鱼沼飞梁"桥面东西平坦，南北两面下折，视之如鸟之双翼"，圣母殿台基地坪高出地面已达2米[7]，而其间却没有明确的离开的导引。高差、视线、轴线、习惯等空间手段的连续运用，使圣母拥有了隐蔽的空间边界；而边界之内，建筑又限制了行进路线的停靠点，在不自觉的不断升高中，空间情绪也随之不断高涨。

正是因为没有实体围合的边界，观看视线可以始终与周边保持通畅，空间感受也就更加丰富而开阔。边界之外的自然、人文，如难老、善利二亭，台骀庙、苗裔堂等，对称地出现于轴线两侧，面对轴线的三圣祠、昊天神祠等又加深了轴线，成了为圣母"壮神仪"的部分。由于高差的区别，边界之外的一切之于边界之内都显得尺度偏小，也更加烘托了圣母高高在上的"势"。

其实，自会仙桥过智伯渠始，行进路线就已经被限定在以圣母殿为终点的轴线之上了。会仙桥、金人台两侧虽保留了可以离开轴线的道路，但正面开阔与两侧狭长形成的视觉对比、轴线的限定、终点的引导等，皆暗示了行进的方向。而横跨智伯渠的会仙桥，本身即具有过渡的意义；或者说，后建的对越坊将原本一体的空间分为两段，自会仙桥过智伯渠、金人台是为前导，即进入圣母空间的第一重仪式；过对越坊、钟鼓楼，则是完全置身于圣母空间的第二重仪式。

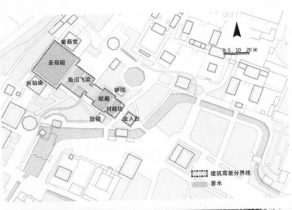

6　圣母庙高差边界及分隔

底图由晋祠博物馆提供；对越坊照片由晋祠博物
馆提供；其余照片为自摄（2011.10）或自绘

0 2.5 5   10 米

7　圣母庙院落剖面
　　自绘

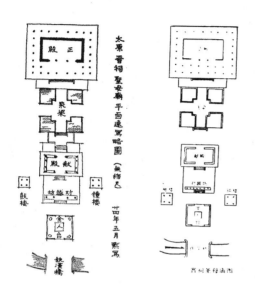

8　20 世纪 30 年代绘圣母庙图
　　左图：《晋汾古建筑预查纪略》晋祠图，引自参考文献 [2] 第 74 页
　　右图：《山西古迹志》晋祠图，引自参考文献 [20] 第 43 页

　　圣母空间几乎串联起晋祠内最古老的诸般元素——智伯渠、金人台、献殿、鱼沼
飞梁、圣母殿，[1][19]55-58 明代金人台增加琉璃小楼、对越坊、水镜台、山门等，均未
破坏圣母空间的核心完整性，而是延展了空间的深度和广度。如此感受，在 20 世纪
三四十年代中、日建筑学者所绘"太原晋祠圣母庙"图中亦可以得到证实 8。

　　而晋祠山门，却自始至终未与圣母空间发生实质性的联系。

1　智伯渠是晋祠内最古老的设施，相传是春秋末期智襄子引晋水灌晋阳时修筑的水渠，此战最终导致"三家
　分晋"；金人台原称莲花台，据《晋祠志》建于宋代，后以四角站立"金人"为名，金人原位于圣母殿檐下，
　康熙年间被移至金人台；献殿修缮时发现了金代年款，其建成时间应不晚于金大定八年（1168）；圣母殿与
　飞梁连成一个整体，应为同一时间建造，圣母殿无论形制、样式，以及木构 C14 检测，属宋构无疑。

出于晋祠的晋水用于灌溉的历史可上溯至汉，晋祠周边形成村落的时间大致在这以前。明中期，为抵御蒙古入侵，太原附近许多村镇修建堡城。成化五年（1510）晋祠镇筑北堡、中堡；万历十年（1582）又筑南堡。晋祠西靠悬瓮山，东、南、北三面原就靠近晋祠镇，建堡城后，晋祠围墙成了晋祠堡墙的一部分，晋祠原山门也成了晋祠堡门之一，直至 20 世纪 50 年代拆除堡墙[9]。《嘉靖太原县志·晋祠图》中示意了晋祠堡墙的位置，其中一座西向的晋祠堡门应为晋祠山门[10]。清顺治四年（1647）《重修晋祠碑记》载"门之外则合南北轮蹄冲衢，其堡堞峙于上，是为庙之所由出入者"[1][9]57，也明确了明清时期晋祠山门所在。

9　晋祠堡与晋祠位置关系
底图为 2002 年地形图，引自：平遥世界遗产研究中心和太原市文物局. 晋祠古镇保护整治规划，2004；其余自绘

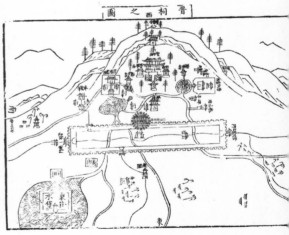

10　《嘉靖太原县志·晋祠图》
引自：（明）高汝行. 嘉靖太原县志 [M]. 明嘉靖刻本. 国家图书馆馆藏，1990

1　（清）吕宫：《顺治重修晋祠碑记》。

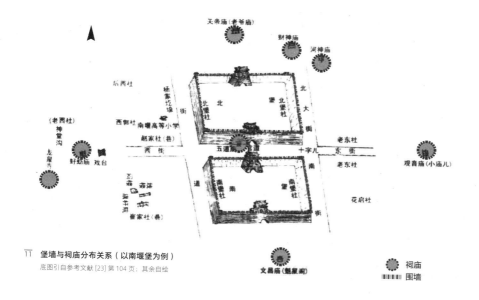

11　堡墙与祠庙分布关系（以南堰堡为例）

底图引自参考文献 [23] 第 104 页；其余自绘

"世俗世界与神圣世界之间不存在兼容，以至一个体从一世界过渡到另一世界时，非经过一中间阶段不可。"[18]2 祠庙内祀奉的多是"生前有为，死后封神"的神灵，即便"封神"也只能是"死后"，阴森鬼气也就避免不了了。晋祠也不例外，与之有关的"北海眼""诸神争位""金人逃跑"等传说，都是诸神在夜深人静之时商讨事务的故事，若有凡人参与其中，则不是飞升成仙，就是天降责罚。祠庙虽受人供奉，却并非与居住生活真正融为一体，尤其是以祀奉自然神为主的祠庙，其选址多与城镇保持一定距离，自成一区 11。不仅如此，在真正进入祠庙之前还需要一个过渡空间以衔接世俗与神圣，在一步步远离"凡尘"迈向"神域"的过程中，逐渐酝酿崇神的情绪。这个空间也是彰显建筑个性的第一步，既不能太过张扬、与祠庙身份不符，也不能过于局促导致情绪不足。在空间的深度和广度不能满足前导序列要求的情况下，增加路径的曲折以延长距离是常见的手法。1

晋祠山门同时是晋祠堡门，晋祠与晋祠堡仅一墙之隔，"出城门"与"入晋祠"同时发生。山门偏离圣母轴线，一方面可避免祠庙正对城镇凶煞，又可将轴线以南的风景纳入行进路线，延长世俗到神圣的过渡。晋祠的这段距离，闲静清新而充满古意，又有建筑掩映其间时隐时现，时时处处表征着祠庙的主题。

在晋祠有文字记载的一千多年后的明天顺二年（1461），为不受"牧竖樵青之亵渎"方建造围墙，"昔未有周垣之栏槛也，今则始设之。"2 [9]42 可见，对于晋祠来说，

1　如民居中为趋吉避凶，大门一般不开在轴线上，而开在阴阳八卦的巽位或乾位。再如寺观，五台山的罗睺寺、显通寺，皆因中轴线上的场地有限而扭转入口，也使得空间层次更为丰富有趣。

2　（明）茂彪：《天顺重修晋祠庙记》。

围墙原本不是一个"必需品",而是与城镇互相积压发展而形成的一道"分界线"。这也表明,不在圣母轴线上的晋祠山门,并未被赋予太多世俗与神圣之间的仪式意义。而且"进门后是一片广场,广场对面正对着门的是一座叫做胜瀛楼的楼阁……过了这里再向里走,到处都是繁茂的绿树,几抱粗的古槐老柏,枝权交错,形状奇异。在绿荫之下,是美丽的石铺小径,蜿蜒萦回,清冽的大小溪流,流水叮咚作响。两边靠中央的圣母殿是最大的建筑,也是整个晋祠内的中心"。[20]42

晋祠,更像是一个靠近城镇的花园;晋祠山门既是限定花园的空间之门,也提示着祠庙的存在。过山门后,胜瀛楼如照壁般提示转向,随道路与流水,转而至会仙桥,才真正开始步入神圣(圣母)空间。晋祠山门虽不属于圣母庙,却是整个祠庙前导空间的开端,并与自然山水结合,渲染和升华了进入圣母庙前的空间氛围。

水镜台:被排除在圣母空间之外的戏台

演剧是祭祀活动不可缺少的部分,大致到明代,戏台已经是祠庙建筑的必备配置。晋祠的戏台——水镜台,出现于明中期,《嘉靖太原县志·晋祠图》中已有重檐乐楼,水镜台正脊下有"万历元年(1573)六月吉"的字样,[21]38 应该是在这个时候进行过重建或者大修。但是在1731年的《雍正太原县志·晋祠图》中,这座已经有一百五十多年历史的建筑却没有出现 [12]。最早关于水镜台的文字记录迟至建成三百多年后的清末《晋祠志》方才出现。而在《晋汾古建筑预查纪略》《山西古迹志》的手绘图中,也未标注通常被认为是圣母庙轴线开端的水镜台。

水镜台被有意忽略了!水镜台不属于圣母庙!

有司岁时祭祀神灵意在宣扬神的功德,祈求保佑。神崇高而正直,不会对物质生活有任何要求,不应享受娱乐色彩强烈的表演。"剧者,戏也,非敬也。台上演剧名曰敬神,实属侮神,而何以相沿成俗,自唐以来永不之禁耶?" [22]卷三演剧是一种亵渎神灵的陋习,倡优地位低下,却以演剧舞乐的形式向神邀福祉,"实属侮神"。

然而,对戏台合理性的质疑并没有妨碍其发展。戏台经历了从无顶的乐台到有顶的、独立的、位在组群之外的过程,其实就是民间与官方博弈和妥协的结果。基于将戏剧献给神灵的目的,以及演剧功能的需要,戏台一般需要对着正殿,规模体量较大,且需要实体的背景界面。这样的建筑若设在组群之内,必然会影响轴线和

图 12 《雍正太原县志 · 晋祠图》
引自参考文献 [25]

道路的通畅，尤其在需要官方岁时致祭的祠庙中，这样一个饱受争议的建筑却阻拦在行进通路之上，是断不能被接受的。因此，戏台比较多见于建筑组群之外，这样的戏台影响"神"的视线，却为官方"无视"戏台提供了便利。就算是组群内的也一般是"过路戏台"，平时允许交通穿越，仅在演剧之时用挡板挡住背面；或与山门或正殿结合，形成"依附戏台"。

与山西地区戏台建筑的发展轨迹不同，明中期的水镜台竟然是晋中地区现存最早的戏台建筑。据考证，晋中地区一直是政治中心，受官方意识影响比较大，金人台、献殿大概都曾作为戏台使用，只是未设屋顶 [21]33。直到水镜台落成，晋祠才拥有了真正意义上的独立的戏台建筑，清代又增加了乐棚，明目张胆地完善了其作为戏台的功能。

偏离圣母庙轴线的晋祠山门，恰恰使祭祀的路线在水镜台前转了个弯直抵会仙桥，水镜台并未真正出现在祭祀的必经之路上 ¹³。虽看上去像是组群内建筑，但因为行进路径的转折，水镜台被排除在圣母空间之外，更类似于组群外建筑。圣母庙在宋金时已基本定型，没有过多的拓展余地，到明代只是增加了一些丰富性的小品，水镜台的体量与献殿相差无几，更加难以参与圣母庙的空间组成，其轴线甚至都不与主轴线重合 ¹⁴，大概有 6° 的夹角。

正是由于被排除在圣母庙之外，水镜台更应该被理解为"晋祠"的戏台。而且，晋祠除了祀圣母、水母、黑龙王这些水神，有关苗裔神、东岳神、孚佑帝君等的庙会活动都在水镜台进行演剧，也证明了水镜台的身份归属。

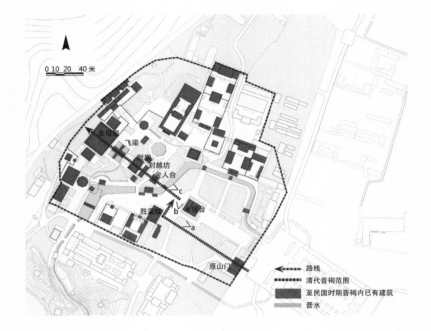

原山门进入正对胜瀛楼

右转至水镜台

再左转至圣母殿轴线

13 进入晋祠圣母庙的路径

底图由晋祠博物馆提供：其余自绘，照片为自摄

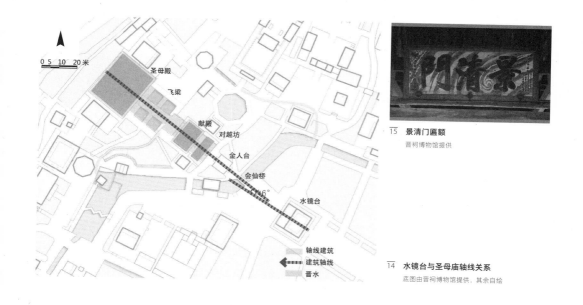

圣母殿
飞梁
献殿
对越坊
金人台
会仙桥
46°
水镜台

0 5 10 20 米

轴线建筑
建筑轴线
晋水

15 景清门匾额
晋祠博物馆提供

14 水镜台与圣母庙轴线关系
底图由晋祠博物馆提供，其余自绘

景清门与惠远门：合二为一的晋祠山门

晋祠山门匾额"景清门"的上款注解出自刘大鹏之手："此门之名载于志乘碑记，而人皆茫然不知，仅呼之曰庙门，憾事也，因题此款以谂出入是门者。"[22]卷三但同样为刘大鹏撰写的《晋祠志》又载："惠远门，祠之正门，东向，南北连堡墙。左右为四大天王神殿，中通行走，轩昂阔大，高车驷马均可容之门内，向胜瀛楼。"再征诸文献，却始终未见"景清"与"惠远"二门同一之记载。

北宋政和二年（1112）圣母庙赐号"惠远庙"，"惠远门"这个指向清晰的名称，只能是圣母庙之门。一百多年后的1241年，惠远庙曾新修外门，"晋溪神曰昭济，祠曰惠远，自宋以来云然……南北驿路使高侯天辅悯外门之废颓也，力为新之。"[14]卷五十六其中庙前的两汪泉水，拥有晋水灌溉的象征，应是以现在的圣母殿为主体的祠庙，新建的外门也就是圣母（惠远）庙门。再二十多年后的《重修汾东王庙记》载"居民利其出入之便，又当圣母殿开道而东，置三门焉"。圣母（惠远）庙有门，正对圣母轴线，这个门并未出现名称或匾额的记载，大概被称为惠远庙外门或者"三门"。

一脉泉随：晋祠

16 《道光太原县志·晋祠图》（1826 年）
引自参考文献[11]

17 《晋祠志·晋祠图》（1902 年）
引自参考文献[22]

　　元至元四年（1267）《重修汾东王庙记》载："王殿南百余步为三门，又南二百步许为景清门，门之外东折数十步，合南北驿路，则庙之制又甚雄且壮矣……然则景清门之北为游观之所者，甚丽且幽敞矣。"[1] [9]25 王殿指重修的汾东王庙，也就是叔虞祠，景清门在祠南。同一碑记中还确定了晋祠的四至边界，其中"南至小神沟旧墙、并碓臼北旧景清门根脚为界，出入通奉圣寺道"，景清门为晋祠南界，由"百余步""二百步"推算，元代的景清门可能位于胜瀛楼至晋溪书院附近。

　　可见，景清门与惠远门原本方位不同；并且，惠远门也不在晋祠山门的位置。一方面，惠远门"当道而东"，而晋祠山门偏移圣母殿轴线几十米，历代方志中的晋祠图都表明这个偏移的距离非常明显，并非无心之过16 17。另一方面，元代尚未建水镜台，晋祠山门的位置距离圣母庙轴线最前端的会仙桥不仅较远，且有轴线的转折，无论如何也不具备成为圣母庙门的条件。清顺治四年（1647）《重修晋祠碑记》载"（晋祠）旧制于广惠门东至三门焉"[2] [9]57，"广惠"是明洪武二年（1369）圣母的封号，广惠门与惠远门应指同一山门，而"其堡堞峙于上"的"三门"正是晋祠原山门，即晋祠山门在广惠门东。

　　至于位于晋祠南界的景清门，在明隆庆元年（1567）《重修晋祠庙碑记》中已成了"亭榭"，碑文表示这些亭榭"存毁各半"，也不能据此确定当时景清门的状况，而此后的文献中再未见关于景清门的记载，亦即，因于对越坊万历四年（1576）和钟鼓楼万历三十四年（1606）的出现，景清门即使仍然存在也已经很难和叔虞祠产生关系了，更不知具体湮没于何时。

1　（元）弋毂：《至元重修汾东王庙记》。
2　（清）吕宫：《顺治重修晋祠碑记》。

作为晋祠一部分的圣母庙的门——惠远门的规模应不会太大，且至明隆庆元年（1567）尚存，[1] [9]51 可能在水镜台前，只是不知没于何时。仅九年之后的万历四年（1576），献殿月台上便建造了对越坊，或许因与水镜台之间的空间太过局促，新建庙门选择了坊的形式，而不久之后，为了加深门的意象，又新建了钟鼓楼。

在刘大鹏生活的清末民初，圣母已经无可争议地成了晋祠主神，虽然他在《晋祠志》中详述了叔虞与圣母的关系，并认为圣母殿为晋源神祠"大失乎本意"，但也毫不否认晋祠祀圣母为"情理之常，无足怪者"。[22]卷一 虽然，清乾隆间（1376—1796）杨二酉称晋祠正门为"山门"，但根据考阅文献或民间流传，清末的晋祠山门也被称为"景清门"；又因为山门前有八字墙，与明隆庆元年（1567）《重修晋祠庙碑记》中的惠远门（圣母庙门）相符；在圣母已经完全取代叔虞之于晋祠主导地位的语境下，作为已经不是元代"晋（王）祠"的"晋祠"的山门"景清门"，与作为"圣母庙"门的"惠远门"终于"合二为一"了。

结语

1950 年，拆除晋祠堡墙，晋祠山门失去了晋祠堡门的作用。

1954 年起，对晋祠周边进行大规模修建，晋祠前鳞次栉比的民居逐渐消失，留下了大量空地。

1961 年 3 月 4 日，晋祠被列为第一批全国重点文物保护单位。

1964 年，在圣母殿、鱼沼飞梁、献殿被称为晋祠当之无愧的三大国宝的认知主导下，又没有了堡墙和城镇的束缚，前设广场的晋祠"新"山门（晋祠大门、晋祠博物馆正门）落成于圣母殿的轴线之上，几乎是必然的结果。

1979 年，具有元代建筑特征的晋祠山门 [8] [2] [4]93, [5]28-32 已弃用长达十五年，残损严重。曾有将之"迁回原址"的方案，并对疑似原址的晋溪书院附近进行过考古挖

1　明隆庆元年（1567）《重修晋祠庙碑记》记载"嘉靖四十二年（1564）……复以余力修惠远门八字墙"，引自：（明）高汝行：《隆庆重修晋祠庙碑记》。

2　晋祠山门五间四架，单檐歇山顶，明间次间开敞，设门板，梢间筑墙，内设四大天王像。也有学者基于《晋祠志》的描述，认为其为元代的"景清门"，明中期搬迁至后来的位置。建筑与晋祠发生关系的时间则要比建筑建成时间晚得多，大概如《晋祠志》所载"原为社仓即建为门，移社仓与其左"，原来是晋祠镇的社仓。

18　20世纪30年代及现在的景清门（现为奉圣寺山门）
左图自摄；右图引自参考文献[20]图版74

掘。[1] [4] "一种意见认为就地修复不适宜，因为地处偏僻而晋祠已另新建大门，故需改建在他处"，最终，将山门移至原奉圣寺位置，成了晋祠新景点奉圣寺的山门。

如今，晋祠"新"山门的位置似乎"理所当然"，基于这种貌似"毫无争议"的现状，对晋祠的解读也就所谓"水到渠成"了——其实，山门的移位与时空的误读，互为因果。

虽然山门是附属建筑，却是中国传统建筑群中不可缺少的一环，其所引导的空间特色，也是常常被忽视而需要给予更多关注的，任何一处从属于群体的单体，其细节可能就是价值载体，牵一发而动全身。面对先人的创造，首先应以谦逊的态度思考是否由于视野的狭隘阻碍了今人的理解，而非"理所应当"地进行修正。

晋祠在漫长的历史长河中从未停止改变，轴线、对称、方位、选址等诸般空间手段，给予了圣母庙作为晋祠主导空间之势的条件，伴随着建筑的落成而存在，但是却未必能够立刻扭转信众对于叔虞祠的记忆。伴随着时间的变迁，实物与认知的互相影响达到新的平衡，又不断地产生新的错位。晋祠山门及水镜台、对越坊、钟鼓楼等其他明清建筑，其价值或许远不及三大国宝，但作为晋祠发展的见证，每一座建筑都有其独特的建造意义，直接映射了晋祠由叔虞祠到圣母祠直至晋祠博物馆的变化过程，并共同组成了鲜活的晋祠。

1　根据《晋祠景清门搬迁工程技术报告》，晋溪书院山门附近的考古发掘表明，此处有宋元时期建筑，但是否是"景清门"则难以确认。另外，此处阻碍了通向奉圣寺的通道，只得另寻他处安置晋祠山门。本文亦不针对晋祠山门的来源做过多讨论。

参考文献

[1] 太原市晋祠博物馆.晋祠文化遗产全书：四季景观 [M].北京：文物出版社，2015.

[2] 梁思成.梁思成全集（第二卷）[M].北京：中国建筑工业出版社，2001.

[3] 张德一.晋祠揽胜 [M].太原：山西古籍出版社，2000.

[4] 孟繁兴，陈国莹.古建筑保护与研究 [M].北京：知识产权出版社，2006.

[5] 贾莉莉.晋祠之景清门、惠远门考略 [J].文物世界，2013（01）：28-32.

[6] 郭永安.晋祠风景名胜 [M].太原：山西人民出版社，1998.

[7] （汉）班固.汉书：地理志第八 [M].北京：中华书局，1962.

[8] （唐）温大雅.大唐创业起居注：卷一 [M].上海：上海古籍出版社，1983.

[9] 太原晋祠博物馆.晋祠碑碣 [M].太原：山西人民出版社，2001.

[10] 马蓉等点校.永乐大典方志辑佚：太原府：庙 [M].北京：中华书局，2004.

[11] （清）员佩兰，杨国泰.道光太原县志：卷三：祀典 [M].清道光六年（1826）刻本影印.南京：凤凰出版社，1977.

[12] 皮庆生.宋代民众祠神信仰研究 [M].上海：上海古籍出版社，2008.

[13] （清）齐翀.三晋见闻录：稻米 [M].清光绪六年（1880）刻本.北京：学苑出版社，2010.

[14] （金）元好问.钦定四库全书荟要：遗山集 [M].长春：吉林出版集团有限责任公司，2005.

[15] 张友椿.晋祠杂谈 [M].太原：北岳文艺出版社，2009.

[16] （清）王效尊纂，薛元钊修.光绪续太原县志：卷上.祀典 [M].清光绪八年（1882）刻本影印.南京：凤凰出版社，上海：上海书店，成都：巴蜀书社，2005.

[17] （德）马丁·海德格尔.海德格尔选集 [M].孙周兴，译.上海：上海三联书店，1996.

[18] （法）范热内普.过渡礼仪 [M].张举文，译.北京：商务印书馆，2010.

[19] 李明芳.晋祠金人台考略 [J].文物世界，2015(06)：55-58.

[20] （日）水野清一，日比野丈夫.山西古迹志 [M].太原：山西古籍出版社，1993.

[21] 冯俊杰.太原晋祠及其古代剧场考 [J].中华戏曲，2005（02）：34-38.

[22] （清）刘大鹏著，慕湘，吕文幸点校.晋祠志 [M].太原：山西人民出版社，2003.

[23] 杜锦华.晋阳文史资料第六辑 [M].太原：政协太原市晋源区文史资料委员会，2002.

[24] 彭海.晋祠文物透视——文化的烙印 [M].太原：山西人民出版社，1997.

[25] （清）龚新，沈继贤.雍正太原县志 [M].清雍正年（1731）刻本.国家图书馆藏，1731.

龙天与圣母：
晋水流域民间信仰的
在场与城乡关系 *

* 基金资助：国家自然科学基金青年科学基金项目(51308100)·主持：沈旸。
原文刊载：沈旸、周小棣、高婷《龙天与圣母·晋水流域民间信仰的在场
与城乡关系》·《建筑史》第 35 辑·北京·清华大学出版社·2015

位于晋阳古城基址上的太原县城，建于明洪武八年（1375），下辖百余村落，其西为包括蒙山、龙山等在内的太原西山带，境内晋水为该地提供了相对稳定的自然资源，著名的晋祠便在其境。太原县隶属于太原府，自建城以来一直毗邻政治中心，其境内民间信仰受城市影响深远，官方色彩亦较为浓厚，体现了城市对村落的控制与引领作用。在当地有这样的说法：“无庙不成村”，“明朝盖庙，民国修道”。一个村落的正式与否，往往是以村内祠庙的有无与多寡来界定的，也反映了明代推行礼制治国的效果。

太原县境内许多历史悠久的民间信仰是对晋阳古城恢弘时代的珍贵传承，其中，最具代表性的便是圣母信仰与龙天信仰，及围绕这二者所衍生的水神信仰。单就一种祠庙的数目看或许不算普遍，但若按信仰圈来划分，其数量与建设规模均大于关帝庙等官方主导的祠庙。究其原因，实由民间信仰的功利性所决定，即关系到民众生活重中之重的农业生产与繁育后代，在种类繁多的各项祭祀活动中，与此类神祇相关的祠庙也是最为隆重、分布最广泛的。

如此，太原县境内实质上有两个信仰势力范围，一个是太原县城城墙内的官方信仰体系，借由各种仪式彰显着帝国统治的存在，同时又借由对地方神龙天信仰的吸纳与改造，成为水神信仰的中心；而在城墙以外，晋水为民众提供着现世的利益，晋祠依靠其特有的天然优势并以姻亲的方式，使得圣母影响力尽可能地扩展，亦形成稳固的信仰体系。

传统农业社会的春赛秋报往往是民间祠庙祭祀活动中最为隆重的部分，还伴随

有庙会的举行，有些亦是结合神诞日开展，不仅周期较长，涉及的村落也众，多以游神形式展开，在更为广阔的空间中体现着各个村落之间的关系，有的甚至体现的是乡村与城市之间的互动。这些充满仪式感的场景，细节丰富生动，作为祠庙祭祀体系中最为隆重的部分，可以为研究城乡关系、村落关系提供微观的模本。本文即通过呈现信仰活动揭示迎神活动的内在联系与象征意义，试图纠正以往关于晋祠"圣母出行"仪式是以单一的圣母崇拜为主导的认识误区，揭示以明清太原县为代表的晋水流域民间信仰体系，是以太原县城龙天庙及晋祠两个场所为中心构建起来的。

圣母信仰：以晋祠为中心

晋祠圣母：晋源之神的身份来由

太原县境内因有汾水、晋水之利，成为北方内陆相对富庶的地区。尤其是发源于悬瓮山的晋水[1]开发历史悠久，明清时期更是灌溉了包括太原县城在内的30多个村落的土地，并衍生了磨坊业、造纸业等产业，在晋水流域的农业生产、经济结构、景观塑造等方面都留下了浓墨重彩，在信仰构建方面亦形成了太原县城以外的乡村信仰中心——晋祠。

晋祠作为尊奉周室诸侯、晋国始祖唐叔虞的宗庙，是中国最早的祖先崇拜祠庙之一，受到历代统治者的重视，得到累世建设，是有着深刻皇家背景的集宗教、祭祀及园林为一体的综合建筑群落。其在宋以后的命运可谓曲折，先是晋阳古城惨遭水灌火焚的灭顶之灾，宋之统治者为弱化唐国故地的象征意义及政治地位，又对晋祠进行了"信仰改造"。宋仁宗天圣间（1023—1032）修建了规模宏大的圣母殿"以祷雨应"，加号"昭济圣母"，唐叔虞则被奉为汾东王；金大定八年（1168）再于圣母殿前增建献殿。圣母作为单纯的地方性祈雨水神，获得新晋国家统治阶级的鼎力支持，从此逐渐成为晋祠这个众神杂处的祭祀建筑群中绝对的主角，以至于此后数代其真实身份扑朔迷离，直至清代学者遍寻历代残碑之蛛丝马迹，始还其叔虞之母的本来面貌。

---

1 晋水为奥陶系碳酸盐岩溶水的排点，在1950年代流量尚为2.18立方米／秒，此后因大规模工业开发，水流量急剧减少，1988年5月监测结果流量仅为0.18立方米／秒。

晋祠在明清两代得到大规模的修缮，一步步成为集各种民间信仰为一体的祠庙建筑群：明洪武（1368—1398）初加号"广惠显灵昭济圣母"，四年（1371）改号"晋源之神"，天顺五年（1461）再次重修；嘉靖四十二年（1563）于圣母殿侧建水母楼；万历间（1573—1620）在献殿前增建了对越坊与钟、鼓二楼，接着又在会仙桥东面重修水镜台；清乾隆间（1736—1795）重建舍利生生塔，扩建文昌宫等。[1] 依托晋祠，其东侧形成居民聚集区，在明代军事防御背景下，也有相应的堡城建设，称为晋祠堡，为北、中、南三堡并列式，堡墙门楼之上均为供奉各类神祇的阁楼，东门外亦分布了诸多祠庙建筑[1]。

圣母九姐妹：以神祇姻亲的方式

太原县境内存在着广泛的圣母信仰，唯晋祠圣母马首是瞻；而民间多俗称为奶奶庙，较著名的有董茹村的圣母庙[2]、古城营村的九龙圣母庙、古寨村的姑姑庙、店头紫竹林内配祀的范姑姑祠。这些母性神祇成神之前均有自己的地方身份，除去晋祠的圣母殿圣母、水母楼水母为水神性质外，其余的母性神祇多为生育神，兼顾祛病等职能。

在董茹村调研时，有几位老人不约而同地谈到：圣母一共是姐妹九人，各自出嫁到不同的村子，晋祠圣母是大姐，九龙圣母是最小的九妹，董茹村的圣母也是其中之一，还有几个嫁到了现在万柏林区的村子。经由记述、传说，加之时间等多重方式的重塑，民间信仰的神祇在历史的流传中不断得到重新演绎，往往有着多种看似相互矛盾的版本，但这恰恰是代表了不同时代的印记符号。如古城营村九龙庙的九龙圣母曾是窦太后[2]的化身，这是晋阳古城毁弃后最初的历史记忆，而其从窦太后到民间圣母群中小妹形象的演化，又映射了这片土地慢慢失却了帝都记忆，从一方霸主的中心地位转变为散落于乡野的众多村落群体的历史进程。正是基于这些民间信仰的演变，我们可以拨开历史的迷雾，摸清其发展的脉络。

从多方的口述中不难确定，圣母信仰以神祇姻亲的方式，在更广泛的范围内结成了村落的连系纽带，加强了处于这个神祇姻亲圈内村落的亲切感，缩短了距离，增进了交流。晋祠圣母以大姐的身份处于这一信仰圈的显著位置，晋祠更以其悠久的历史、多种神祇杂居的宏大建筑群成为这一信仰圈的中心。

晋祠圣母不仅在太原县境内，在其他地方也影响深远，如交城县的昭济圣母庙，

1　道光《太原县志》卷三《祀典》。
2　窦太后，传说名为窦漪房，是西汉时期汉文帝刘恒的皇后，汉景帝的母亲。其出身贫寒，后被选入宫中，吕后将一些宫女分给诸侯王的时候，窦氏被分给了汉文帝。与汉文帝育有一女二男，长子刘启即后来的汉景帝。

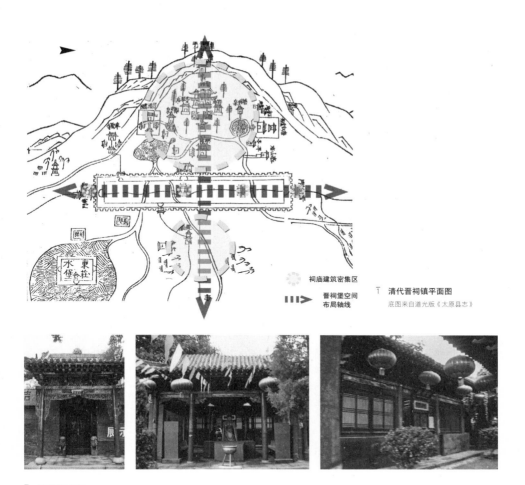

祠庙建筑密集区

晋祠堡空间
布局轴线

2　董茹村圣母庙

七月初二日致祭，当地人称其为晋祠圣母的行祠。而在圣母信仰之外，各个村落流行的观音堂、观音庙等实与之类似，所供奉的母性神祇也承担着生育神的职责。

水母祭：与圣母相争的水权自治

晋祠圣母累代受封，加之其所处圣母殿乃晋祠建筑群中形制最宏大者，似乎昭示着圣母应该是当之无愧的晋祠神灵主角。但明清之际，晋祠一年中开展的最为隆重的祭祀活动却是围绕着水母展开的。

通常认为水母与圣母本是一个神祇的双重解读，二者的祭祀也是重叠进行的，水母实是圣母的梳妆形式，其实不然。据《晋祠志》记载：从六月持续到七月的水母祭祀一直是以各个村落渠甲组合的方式按照严格的顺序依次进行的，周期最长，秩序井然，彰显着民众对水权分配的认同；在圣母七月初四出行在外时，水母祭祀并没有因此停顿；七月初五，中河的村落开始祭祀水母，而此时的圣母还在太原县城尚未返回；当圣母在七月十一返回晋祠之时，一年一度的水母祭祀却早已结束了。亦即，在祭祀水母的过程中，圣母是被排斥在外的，可以说是一个可有可无的角色。

民众对于圣母的感情其实是五味杂陈的，圣母作为被官方一手扶植起来的晋源水神，体现的仍然是对农业生产、晋水水利的关注与肯定，对此民众是领情的。明显的证据是，圣母殿圣母是民间圣母众姐妹中的大姐，可见民众还是很乐意将其纳入自己的信仰范围的。只是，晋水水利作为太过重要的资源，水权分配作为一个游离于官方统治之外的民间自治行为，需要也必须有一个不受官方染指的彰显水权自治的祭祀体系，从这一点讲，民众所认同的仍然是出自他们中间的水母——民妇柳春英。

水母祭祀是以各个河渠道来组织的，参与者为各个村落的渠甲，活动的场所也是固定的祠庙，一为晋祠水母楼前，另一为各个村落的公所，空间相对封闭且有限。由于场所与参与人的限制，大部分普通民众是被排除在外的。水母祭祀实际上是晋水流域村落对水权的确认仪式，是对渠甲制度的肯定与维系，其本身带有一定的官方祭祀特点，即重在彰显权威；同时，这也是在官方权威所不能触及的区域内乡村自治发展到一定阶段的产物。

龙天信仰：以县城为中心

太原县境的龙天庙：悠久的传统

近代学者关于龙天庙的考察与研究，最早的记录是 1934 年夏梁思成、林徽因两先生于《晋汾古建筑预查纪略》中关于汾阳城外峪道河畔山崖之上龙天庙的记载，其被认为是"山西南部小庙宇的代表作品"，根据林先生所见碑刻得知，此庙中所供之龙天乃介休令贾侯。据汾阳博物馆提供的资料显示，汾阳境内现存有 6 座龙天庙，均位于村落之中。[1]

1　分别是见喜村、牧庄村、石家庄村、北桓底村、太平村、石塔村。其中，石家庄村的龙天庙建于元代，其余的经碑刻显示现存建筑的建设年代均不晚于明代。

在太原县城的南关，也有一座龙天庙，[1]当地人称是供奉北汉皇帝刘知远的，故也称之为刘王祠。据当地民间文化爱好者搜集的资料显示，太原县城及周边共有13座龙天庙[3]，除去县城南关的这座外，其余12座皆位于周边的村落中。[2]但一次调研中，在西山一带的尖草坪区马头水乡意外地发现了一座规模约为500平方米、修整后焕然一新的龙天土地祠，其所在村口还遗存着石质的古堡寨门。祠中正殿里是龙天与土地并列的坐像，年代不详，殿前遗存两通清代重修碑刻，现状建筑则为近代重修。借由此次偶然的发现不难推断，目前所认为的太原县城境内龙天信仰的流布范围与祠庙建设情况尚有发掘空间。

龙天庙[4]往往是村落中较大的甚至是最大规模的庙宇。虽然现存龙天庙均是修建于明初以后，但可推断龙天信仰起源较早，原因有二：第一，龙天信仰的神祇多传为北汉刘知远；第二，如果没有广大的信仰基础与悠久的历史传统，在明代初建时就达到如此规模是断无可能的。

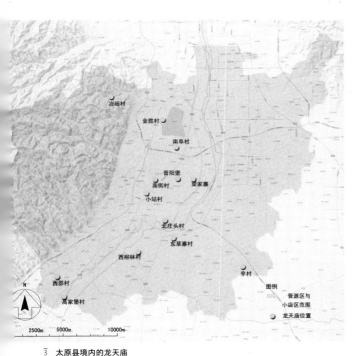

[3] **太原县境内的龙天庙**
底图来自 Google Map，其余自绘

[4] **龙天庙现状。**
上：北庄头；中：南石槽村；下：北邵村

1　龙天，民众解释为真龙天子。
2　分别为冶峪村、金胜村、南阜村、晋阳堡村、梁家寨村、小站村、北庄头村、西邵村、高家堡村以及汾河东部的东草寨村、辛村、西柳林村，目前仅北邵村、罗城村的龙天庙尚有遗存。

龙天与龙王：官方与精英的态度

明洪武（1368—1398）初曾下令"郡县访求应祀神祇、名山大川、圣帝明王、忠臣烈士，凡有功于国家及惠爱在民者，具实以闻，着于祀典，有司岁时致祭"。[1] 太原县城南关的赵襄子祠与西关的尹公祠，比龙天庙的规模要小得多，但无论府志、县志中均于"先贤祠"条下有记载，而与之形成鲜明对比的则是以龙天信仰传播之广、影响之盛，其祠庙却鲜有记载，只在道光版县志中有所涉及，且是与河神庙等民间祠庙并列一处。[2]

《礼记祀法》曰："夫圣王之制祀也，法施于民则祀之，以死勤事则祀之，以劳安国则祀之，能捍大患则祀之。"据此判断，龙天信仰的主角——刘知远是不符合统治阶层关于圣人先贤的标准的，是没有资格纳入国家正祠的，其曾篡位为王的历史本身即为正统意识所摒弃。在田野调查中，多位老人提及龙天庙曾经悬挂刘王祠的匾额，因官府反对而除去，更加证实了这种官方的态度。

太原县城南关作为八卦中乾的方位，对应季节为夏，官方信仰的祭祀建筑山川风雨坛便位于此，但需注意的是其意义与龙天庙的身在城外截然不同。城墙作为一个分界线，本身是等级的体现，官方所接纳的最为重要的信仰建筑，如城隍庙、关帝庙、文庙等都位于城中；三坛在城外，乃因要沟通天地须置于人工营建的城墙之外。而龙天庙被安置在城墙之外，实是官方忌惮态度的直接体现。

晋祠赤桥村人刘大鹏，于清光绪七年（1881）曾在太原县城的桐萌书院读书一年，其著作《退想斋日记》多次提到于县城观看"抬搁"的经历，对南关龙天庙及匾额、民间叫法等必定十分熟悉；而其另一著作《晋祠志》对县城及周边的民间祭祀仪式都详尽记录、细节清晰，以圣母出行作为书中祭祀部分的浓墨重彩，却仍然将龙天庙记述为龙王庙。龙天庙常被用于祈雨，刘大鹏将其记为龙王庙看似情理之中，实乃刻意为之，而绝非笔误，说明其或者说以其为代表的地方精英们，对龙天乃刘知远一说也持否定态度。

北汉是晋阳古城辉煌时期的最后一个割据政权，龙天庙的最初产生也许是地方官扶持的，甚至极有可能有着皇家背景。及至晋阳没落，官方介入缺失，龙天庙在历史的演变中被自然而然地披上民间信仰的面纱，成了彻头彻尾的民间之神。当地的许多老人很肯定地告诉我们：龙天庙的主人是刘知远。当问及"供奉龙天爷的好处是什么""龙天爷是管什么的"，回答多是"能下雨""好处多了""去病去灾""之前是皇帝，带兵打仗管着这地方"。可见，在民众的意识中，龙天庙不仅具有龙王的祈

1　道光《太原县志》卷三《祀典》。
2　玉皇庙、东狱庙、真武庙、河神庙、龙天庙，道光太原县志记载"以上五庙各乡镇多有"。

雨功能，更多是充当地方守护神的角色。对普通老百姓来说，信仰的功利性很有一种"神灵不问出身"的味道，信仰确立的标准仅仅是灵验与否。虽然官方有抵触的态度，但只要没有严厉地强行毁弃，并不影响其在民间的恭奉盛行。龙天庙的分布范围之广，规模形制之盛，与村落中有官方信仰背景的关帝庙、真武庙相比，可谓是有过之而无不及，官方与精英阶层当然也很愿意将其引导并改换成自然神祇的龙王庙。

县城南关龙天庙的存在与遭到排斥的选址，印证了官方与精英阶层的两难境遇，一方面排斥与否定龙天信仰，一方面又无法无视其在民间的影响力，不得不妥协为其留有一席之地来迎合民众。

南关龙天庙以其傲视周遭的宏大规模[1]成为龙天信仰的中心场所，并巩固了太原县城作为周边区域信仰中心的统领地位。其从刘王祠到龙天庙或者说是官方认可的龙王庙的演变，与宋代晋祠主神从晋侯唐叔虞到晋源神圣母的转变如出一辙，均为以国家信仰为主导的官方对地方民间信仰的改造。

游神：水神信仰及其展演

圣母信仰和龙天信仰从最初祭祀先贤的形式，演变为供奉地方守护神；而在以农为本的封建社会，庇佑农业生产尤其是保证水利供给更是地方守护神的首要职责；以这两大信仰为依托，太原县境衍生了大量与水有关的民间信仰。其中，最重要的有水母、十八龙王、黑白龙王、河神、台骀神、小大王、井神等。这些神祇均有自己主要的信仰祭祀圈，互相又多有重合，并借由"抬神"参与"圣母出行"与"抬搁（龙王）"两项晋水流域最为隆重的游神仪式，以这样的形式加以确认，它们之间相对固定的交流与互动又加强了区域内部村落之间的联系[5]。

龙天信仰的祭祀活动按举行的场所及参与的村落，可分为太原县城的龙天祭祀及县境内的十八龙王祭祀两项，每项均有特定的周期、场所与仪式，且在特定的日子里有了圣母的参与。必须指出的是：所谓的"圣母出行"其实不是一个神祇的巡视，而是以龙天崇拜为中心的多神参与的祭祀仪式，圣母的在场便是晋祠这个信仰中心在太原县城的在场。

1　在村落的田野访谈中，许多村落民众均强调县城南关的龙天庙是所有龙天庙中规模最大的。

太原县境内以实体祠庙为依托展开的各项民间信仰祭祀活动中，最具代表性的便是游神及相应的庙会活动。太原县城与晋祠因祠庙众多，为庙会活动最为频繁的区域，是太原县境内最为重要的两个信仰中心场所。而在围绕两者的各项活动中，又以七月初五的"抬搁"最为隆重，以龙天崇拜为核心，通过场所、路径的设置，参与神祇的选择等一系列象征仪式，呈现出众神参与的民众狂欢景象，进而达到整合区域空间、实现城乡交流与互动的目的。

"抬搁"本在农历七月举行，在解放前停止，2008年由南街村恢复举办，时间则改在二月二社火期间举行。民间多有农历二月初二"龙抬头"的说法，而太原县城南街村的二月二社火，则更多地与民间神祇灶王爷、真武大帝、龙天爷的故事相关。其实，在太原县境内流传着许多神祇之间及神祇与民众之间交往沟通的故事，在这些故事中，神祇体现的不是高高在上的威严，而是有着普通人的喜怒哀乐，当然也包含着民众所向往与认同的道德，如：土地爷、五道爷与王琼同玩铁球，城隍爷因害怕王琼而日日站立迎送；水母柳春英是贤惠孝顺的女性楷模，真武帝因为爱护百姓而以传授社火的方法来避免百姓受上天的惩罚；等等。[1]

二月初二当日，需将一尊别处的观音像[2]敲锣打鼓迎送到龙天庙前的宝华阁底层供奉（平日奉如来），县城及周边村落的民众前来跪拜进香、求子许愿，并伴有舞狮子、耍龙灯等民俗表演。当晚，在龙天庙西侧的空地上燃放焰火，从地面火开始，最后是老架火，达至整个二月二社火的最高潮。社火涉及两方面的民间信仰：一是龙天信仰，祈求农业生产风调雨顺；二是观音求子，是关于生育后代的。生存安然与延续后代是民众生活中最为重要的诉求，而二月二社火就是紧密围绕着这两大诉求展开的。且拜观音、燃焰火等活动均围绕着县城南关的龙天庙展开，亦凸显了其信仰中心场所的地位。

1　二月二社火起源于灶王爷因为恼怒民众对其招待不周，而在返回天庭时在玉帝面前讲县城民众的坏话，玉帝准备火烧南街，而身处北街瓮城内的真武爷出于对民众的爱护及与南关龙天爷的交情，奏请玉帝延期，并教会民众用社火的方式造成自焚的假象从而避免了玉帝的惩罚。

2　原来供奉地点不详，有待考证。

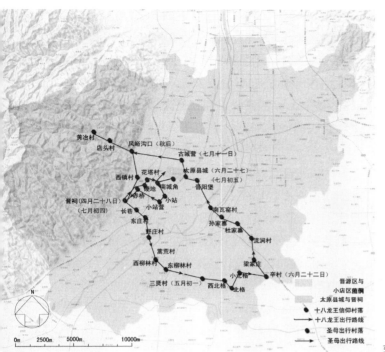

黄冶村
店头村
风峪沟口（秋后）
古城营（七月十一日）
西镇村
花塔村
太原县城（六月二十七）
（七月初五）
南城角
晋阳堡
晋祠（四月二十八日）
（七月初四）
赤桥
嘶地
小站
长巷
小站营
南瓦窑村
东庄村
圩庄村
孙家寨
杜家寨
嵩荒村
流涧村
西柳林村
东柳林村
梁家庄
小北格
辛村（六月二十二日）
三贤村（五月初一）
西北格
北格

晋源区与
小店区图例
太原县城与晋祠
十八龙王信仰村落
十八龙王出行路线
圣母出行村落
圣母出行路线

0m　2500m　5000m　　　10000m

5-a　十八龙王及圣母出行路线

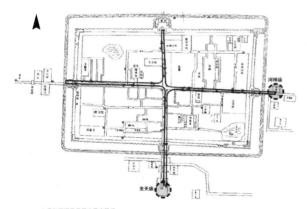

5-b　圣母出行县城内线路
底图引自：姚富生主编《太原县城
古迹图录》；出行路线依据《晋祠
志·祭赛》"圣母出行"一条绘制

七月初四迎圣母回龙天庙路线
七月初五迎请十八层龙王同回龙天庙路线

晋祠堡
堡镇
赤桥村
北
南城角村
小站
县城西关
小站营
县城南关

图例
所经村落、关城
迎神路线（去）
迎神路线（回）

5-c　圣母出行村落间线路
底图来自：刘大鹏《晋水志》

一脉泉随　晋祠

6 现代二月二社火现场

抬搁：神与民的盛大狂欢

制作与组织

"抬搁"是以一种主题事先搭好在铁棍上的场景，最为常见的是：梅降雪、金钟罩、金铰剪、祥麟镜、天官赐福、火焰山、铁弓橼、麒麟送子、犀牛望月、蝴蝶杯。这些内容多是民众对神界的想象，表达与神灵交流、祈福去灾的意思，也有部分是撷取自当地戏曲中喜闻乐见的精彩片段。

太原县城内分为四街（村）共二十四社，每社均由住家、商号若干户组成，据说抬搁的铁棍最全时有二十四根，即二十四社均出。这些铁棍为四街所有，平时由街道自行保管。抬搁时每根铁棍有不同的吹打班子，有时也由十字街上的商铺包下来，负责整体的装扮打理，有的商铺还会从外地雇佣吹打班，为自己添彩。

抬搁过程中，城隍与圣母均为出行像；十八龙王像则由榆木雕刻而成，饰以不同颜色，分别为左黑龙王、右黑龙王、左青龙王、右青龙王，以此类推，这其中有两组特殊的，即一对女龙王，一对小大王，女龙王为小大王的母亲，而小大王则是罗城村所供奉的赵氏伪孤，[1]女龙王手执"楮敲捆碌"（鞭子之类），若是小代王胡乱下雨，便会惩戒他。[2]

根据乡人对抬搁的口述回忆，[3]可以很明确得知，抬搁的所有权是属于四街共同的。在抬搁举行之前，先由无可争议的东道主——靠近龙天庙的南街，向四街发帖子通知，再由四街共同组织，各街又是以社为单位进行；与此同时，由四街共同推举的一个"报马"，负责踏勘抬搁所经的"神路"。抬搁时总是南街的抬搁走在最后面，这也是南街作为东道主的待客之道。

出于对神祇的敬畏，各村无不严肃恭谨。在抬十八龙王的态度上，南街人与其他村是有明显区别的，他们可以随便戏弄爷爷，摔打爷爷，别的村稍有闪失便会挨打，有的村甚至会因为对爷爷不敬而导致庄稼颗粒无收。十八龙王平时是轮流供奉于各个村落祠庙的，但在抬搁时有"谁家的爷爷谁家负责抬，不乱抬"的说法，可见十八龙王的归属是相当明确的，作为城镇基层结构的街道也通过这种方式来彰显各自的地位与特权。"爷爷是龙天庙的手下与子孙"，南街人抬十八龙王是"爷爷回家了"，作为南关龙天庙的拥有者，南街人对十八龙王的近乎不敬的态度也就不难理解了。而且南街人的特殊地位是被供奉龙王的村落所共同认可的，龙天爷是整个龙神体系中地位最高的，南关龙天庙自然也就成为整个抬搁活动的中心。

269

1　小大王为流传久远的"赵氏孤儿"故事中被屠岸贾所杀的伪孤，即程婴之子，当地传说其舍生取义之后成神并获得行云布雨的神力，小大王庙在罗城村、要子庄村，及太原县城西寺的偏殿中皆有供奉，因其祷雨，被列入太原县城十八龙王之列。

2　之所以有左右两路龙王，据说是因为县城王琼官任江南之时，为解地方旱情，将家乡极为灵验的九位龙王请去祷雨，后家乡民众急于祷雨，重塑九位龙王，此时被"南蛮子"借去的原来的九位龙王返乡，便有了左右对称的十八位龙王。

3　崔礼，南街人，1923年生，时年89岁，口述时间2011年12月。口述内容："从小就听父亲讲抬神求雨的事，那时父亲是南街的乡役，叫崔之鹏，小名叫正心，也是活动的组织者。后来年纪大了，就换上南街的地方（村里负责跑腿办事的人）姚天成、乡役（村里负责记账的人）崔中会。六月二十八日还要组织南街人去风峪沟口供献黄捷山庙，回来就赶紧组织七月初四、初五的活动。"……老人们说，抬的十八层龙王爷就是龙天庙的子孙，当咱们能办好事。每年六月十三日，南街就向城内四条街发出帖子，让准备今年的红火，每年组织祭龙抬神的都是南街，花销是各解决各的，有的买卖字号家、财主们也愿意出钱办。"

贾柱元，西街人，87岁，参与旧时抬搁的吹鼓手。口述时间2008年5月17日下午三时。口述内容："铁棍前面有两个拉绳子的，身穿黑衣服，带着黑帽子，受持令旗，背上插着令箭，跨着刀，骑着黄白色的大马，可威武了。报马跟现时人头前一天，骑着马，四道街转一圈，有障碍的进村给你下个帖子，限期拆除，搭棚子的绳子呀茸的，用刀给你割断，你声也不敢哼。报马由四道街（街长和乡绅）共同推举，推上的人一般不换。""抬晋祠娘娘，不容有半点失误。记得有一次，一个人失脚，摇闪了一下娘娘，脊背上当下就被人打了几拳头。""这十八个爷爷，就南街人如墩（戳打）他，其他村是不敢捣去。那是榆木做的，挺沉。南街人还能耍笑他，说那个爷爷看上谁家漂亮闺女啦，抬着爷爷就扔过去，人们哄堂大笑。爷爷墩坏了，修理，也是由南街人修理。"

佚连英，1925年生，时年87岁，口述时间2011年6月。口述内容："我记得是每年六月二十七，南街派人去河东宰村，去抬爷爷。有一回，过河时发下河涨来，都不会水，宋富奎、朱富心二人一急，抬的爷爷就被水漂走了。后来找到了，但人家不给，说你们是供奉我们也是供奉，所以没有要回来，这就成了十七层爷爷，抬回来时就供奉在东门外河神庙上。到七月初五时，再抬回龙天庙。南街抬爷爷，一路上戏弄爷爷，说爷爷回家了。抬神的看见人群中有年轻漂亮的媳妇，就把爷爷扔过去，向南街人摔打。其他地方抬爷爷可不敢有半点不尊，抬神的人必须恭恭敬敬，否则便挨打。有一年，罗城村往黄冶龙王爷头送爷爷，没有专门去送，是用拉煤的车捎上去龙王头，结果那年仅罗城村的庄稼被冰雹打的没收成，说是惹下（得罪）爷爷了。"

路线与场所

抬铁棍的历史悠久，"洪武八年（1375）修了城，又抬铁棍又抬爷。"刘大鹏《晋祠志》对整个过程有详细的记载。[1]

六月十二，在接到南街张贴告示之后，四条街道各个社均由社首出面组织筹备。首先挑选抬铁棍的年轻后生及上铁棍的女孩。抬搁者均为30至40岁青壮男子，身量相仿，以八人为一组，均以红布裹头，服装整齐，抬搁上的童男童女，更是精心挑选，并对铁棍做详细的检查。雇佣外地的民间器乐吹打手，有的甚至远至五台县，每根铁棍均有单独的一班民间器乐班子吹奏，乐器有萧、唢呐、云锣、镲等。白天曲目为《看灯山》，晚上是《灯影儿搅乱弹》，乐曲比较单一，但因为各个乐器班子配伍不同，演奏水平参差不齐，各个班子之间也会互相比试较劲，吹得好的，便会被民众堵住，要求再吹，场面热闹非凡。

七月初三下午，试行演习，名为"压铁棍"。

七月初四五刻，抬搁者、抬爷爷者、铁棍、社火、吹打班，都齐聚龙天庙前，乡役为城隍爷换上新衣服、新靴子，准备停当，城隍爷坐轿子走在最前面，一行队伍出发，经南城角、小站、小站营、赤桥，至晋祠堡，入北门出南门，然后返回晋祠圣母殿，抬着圣母出行像出北门，经赤桥、南城角，至县城西关。进入西门前由西街的妇女为圣母献上新鞋，并穿在圣母像脚上。其时已近黄昏，神舆、铁棍皆通明张灯，又从西门至十字街中央，然后出南门，将圣母与城隍神并列安置于龙天庙院内，安神礼毕乃散。

七月初五正午，仍从龙天庙出发进城，穿街过巷至县衙署领赏，然后往返西门外、北门外。日落时出东门至河神庙，迎请十八龙王一起回龙天庙。

七月初七为龙天神诞日，民众于龙天庙内焚香燃炮、献牛羊大供，并唱戏酬神。龙天神招待圣母、城隍神并十八龙王，[2]众神与民众同乐。

---

1 刘大鹏：《晋祠志：祭祀（下）》。"初四日，在城绅耄抬搁（俗名铁棍）抵晋祠，恭迎广慧显灵昭济沛泽羽化圣母出行神像（另塑一圣母神像，置肩舆中）至县南关龙王庙以祭之。是日，在城人民备鼓乐旗伞栖神之楼，并搁十数抬。午刻齐集南关厢，西南行经南城角村、小站村、小站营，由赤桥村南抵晋祠，入北门出南门，至南涧河休息，少顷遂反。迎请圣母出行神像，八抬肩舆出晋祠另行一路，由赤桥村中央东北行，经南城角村抵西关庙，日之夕矣，搁皆张灯（俗称灯铁棍，他处无此）入县西门至十字街（在城中央不偏不倚），折而南行，出南门抵南关厢，恭奉圣母于龙王庙，安神礼毕乃散。初五日，仍行抬搁，异神楼，游城内外。人民妇女填街塞巷以观之。官且行赏以劝。是日午刻搁仍齐集南厢关。先入南门，穿街过巷，进署领赏（官赏搁上童男童女银牌，官眷则赏彩花），遂成西门仍返入城，又出北门仍返入城。日落出东门，天既黑，搁上张灯，名曰灯搁。由东关厢河神庙迎龙王神像十七尊，仍返入城。出南门奉龙王神于龙王庙。安神礼毕，始散而归。十一日，古城营人民演剧赛会。前一日，由南关厢龙天庙恭迎圣母至该营之九龙庙（十七龙王随之而至）虔诚以祭。十四日，古城营人民恭送圣母归晋祠。"

2 相传城隍爷是晋祠圣母的外甥，迎请圣母也是随铁棍等至晋祠请唤外婆，这一天也要陪同外婆一同看戏、享祭。

七月十一，为古城营村九龙庙庙会正日，前一天全村百姓齐至县城龙天庙，恭迎晋祠圣母携十八龙王回九龙庙。圣母像进庙门时必须脊背先进，否则轿杆立断或者抬轿人肚疼。[1]众神在九龙庙聚会四日，享受供品，观剧看戏。

七月十四，古城营村民恭送圣母归晋祠，恭送城隍神归县城的城隍庙。

秋后，择日送十八龙王归风峪沟龙王庙。

以上是游神的大致程序，倒是其中的许多细节颇值玩味。

首先是游神的路径[7]，要力求行进路线的不重合，尽量扩大圣母巡行的范围。来回必经同一村落则要使用不同的路径，以此来表现对信仰区域的确认与庇佑。但在晋祠内是个例外，水母楼的建设初衷就是水母柳春英才是真正的"晋水源神"，而圣母出行所抬的是圣母殿中的圣母而非民众所认同的水母，这是民间信仰对官方权威的妥协与调和。与水母比邻而居的圣母此时暧昧不详的身份自然是不适合巡行晋祠的，所以只是简单的出南门而行，且迎接圣母的队伍要低调地从后门而入，尽量缩短路径与时间，尽快顺畅地将圣母迎接出晋祠。

7　"抬搁"所经太原县城的街巷及城门

1　民间传说晋祠圣母与九龙庙中奶奶是姐妹，小妹幼时好吃懒做，姐姐气得说："你将来若成气候，我头朝后见你。"七月十一姐妹相会，圣母像背面而进，正喻姐姐圣母当初夸口太大，不好意思与妹妹见面之意。

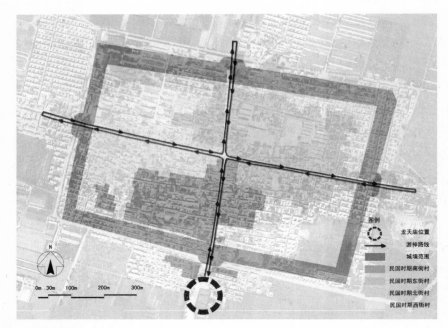

图例

　　　　龙天庙位置
　　　　游神路线
　　　　城墙范围
　　　　民国时期南街村
　　　　民国时期东街村
　　　　民国时期北街村
　　　　民国时期西街村

N

0m 30m 100m 　200m 　　300m

8　太原县城"抬搁"路线

　　游神的高潮是围绕太原县城展开的，祭祀的中心场所为南关的龙天庙，抬搁游神要穿街巷、出四关，充满了象征意义[8]：

　　一是沟通县城各个五道庙所在的街巷。从县城空间格局来看，四个街道分别为四个在城村落的中心轴线道路，四街的巡游正是对四个街道村落的确认。五道庙作为社庙，对其的关注与强调，实际上是对其所代表的各个里社边界与区域的确认。

　　二是进出城门具有强烈的象征性。城墙是城乡等级空间区分的界限，城门则是从乡入城的唯一通道。在一天的游行中，有四出城门、四进城门的重复与强调。从正午到黄昏一直到夜晚的连续活动，也打破了日常的宵禁制度，从空间与时间上，均消解了城墙的等级划分，模糊了城乡界限。

神祇的平等

　　城隍庙是太原县城内最大的祠庙，有相应的乐楼献殿，甚至有专供小摊买卖的回廊，非常适合大规模的酬神演戏活动，但是抬搁的中心场所却是城外的龙天庙，唯一合理的解释便是作为单一城市神的城隍神是没有这样的资格的，而作为当地有着悠久的信仰传统与广泛群众基础的地方守护神的龙天庙则是最合适不过的了，龙天神很自然地充当了东道主的角色，而城隍神、圣母等虽是官方的代表，却也只能以出行的方式移步到龙天庙聚会看戏，充当一个陪客的角色。

通过抬搁，民众对神祇的关系进行了重新的定义与解读。不论是在城的城隍爷，还是在乡的圣母，各个神祇之间不再是官方所认同的等级关系，圣母不再是平日历代受封高坐殿堂的神祇，城隍神也不再是城市冥界的最高官吏，而代之以民众所认同的朴素的血缘姻亲关系。[1]圣母接受新鞋、城隍神接受新衣，民众与神祇之间宛若亲朋好友之间日常往来。神仙们的生活亦得到展演与表现，凡人们则分享着神祇的福祉，此时的神祇不再是之前高坐尊位，让人敬而远之的膜拜对象，而是身处民众之间，二者水乳交融。神祇关系的重构，消解了彼此之间的政治等级差异，进而消解了神祇所代表区域的空间等级关系。

参与的广泛

是时，男女老幼从四面八方赶来，而此时晋祠及县城附近村落的居民则家家准备饭食招待远来的亲朋好友，平时少来往的亲戚朋友也得以团聚。有一年观看抬搁的民众因雨投宿，将晋祠周围的车马店尽行住满，位于赤桥村大路旁的刘大鹏家，竟住了七八人。劳顿一年的民众，终于可以堂皇地暂时放下手中的活计，打点收拾赶来过这一年一度的"大时节"。抬搁不仅在太原县境内影响深远，还波及周围县城，祁县、太谷的财主皆会坐轿雇车来观看，车马满通衢。

刘大鹏《退想斋日记》多次记录自己或是陪家人去各个村落的庙会游玩观戏，且对所演剧目极为熟悉，多有评论。对于抬搁的参与人员，他写道："初，晋城中大闹，而远近人民，全行赴县，踊跃聚观，老少妇女，屯如墙堵，农夫庶众，固不足论，而文人学士，亦随波逐流，肆狂荡之态。"[2]可见游神赛会的参与者是兼及男女老幼、农夫商贩、绅士文人等各个阶层的，打破了日常生活中尊卑有序、男女有别等一切传统道德的规范与限制。在丰收的时节里狂欢庆贺，在困顿的年景中更是沉浸于哪怕片刻的欢愉，成为民众日常生活的精神支柱与情感寄托，因为只有在此时，民间信仰及其所生发的意愿象征，凌驾于等级分明的城乡观念与空间体系之上，展现了民众祈望消融等级，实现公平正义的理想社会图景。

1　民众认为圣母与九龙圣母是姐妹，城隍神则是圣母的外甥，十八龙王则是龙天神的子孙。城隍神与龙天神
　　也有亲戚关系。抬搁活动是因龙天诞日，故亲戚皆来庆贺。
2　刘大鹏：《退想斋日记》第8页。

作为繁荣一时的地方民间信仰载体，如今的晋祠保留完好，也受到各界学者的广泛关注。而散落于乡间村头的龙天庙，毁弃严重，且长期不为人知，在新时期民俗文化遗产保护的大潮下，也有了新的波谲云诡的命运。

太原县城南关的龙天庙在民国时期已毁弃严重，后被木场所占，东侧院落拆毁，其前的宝华阁也于 1970 年代拆毁，木料被移作他用。查阅 2003 年的《晋阳文史资料》，龙天庙的主人仍记为刘知远，但如今再次走进龙天庙，会看到正殿主位塑汉文帝刘恒像，左右两侧为其皇室成员及大臣，殿旁立的新碑上的刘恒也赫然在目。

晋源地区民间的自发组织——晋阳文化民间研究会，邀请到高校的学者对龙天庙主人进行论证，将龙天庙主人定为刘恒，昔日相传供奉刘知远的刘王祠，虽被修缮一新，但庙主却改成了刘恒。龙天这一历经曲折的信仰在近代的信仰复兴热潮中又有了新的变化，从众说纷纭到统一定位为汉文帝刘恒了。

以晋源区南街村申报的"二月二南街焰火"和以晋源区申报的"龙天庙会"被评为山西省第二批非物质文化遗产，从 2008 年开始，二月二社火由南街村负责重新开展，政府部门积极参与，企业积极捐助，地点位于龙天庙西侧的空地，戏剧则在村内广场临时搭建的戏台上演出，恢复举行的几年得到了良好的反响，成为整个晋阳古城大遗址保护中的亮点。在整个过程中，凭借晋阳保护项目开展的社会背景，在非物质文化遗产保护的热潮中，地方精英阶层基于对地方文化的了解及对资源的有力支配的优势，无疑起到了决定性的作用，而民众的积极参与与支持也是其不可缺少的后盾。

其实龙天庙所祭祀神祇的真实身份并不是最重要的，重要的是民众怎样看待并使用这些祠庙，龙天庙主人从当地民众所认同的刘知远到南关龙天庙大修后变为刘恒，可以说是地方精英对民间信仰的自主改造，刘恒作为开明盛世文景之治的开创者，无疑比乱世霸主刘知远拥有更为雄厚的政治资本及某种意义上的历史价值。在太原县城作为晋阳古城历史文化街区被予以保护的契机下，这样的信仰"定位"，也更易得到政府以及精英阶层的认可，能更好地迎合社会的普遍认知，显然更宜于龙天庙未来的发展。

南关龙天庙的复兴，地方精英的积极主导，民众的积极参与，其中体现的是新兴的民间精英阶层对民间文化及民俗活动的热情与眼光。龙天庙不再是单纯的民间信仰的建筑载体，更多承载的是地方民众对自身文化的认同与热爱，以及对晋源地区新一轮发展的殷切期望。

* 原文刊载：沈旸、申童、周小棣《近现代社会转型中的晋祠及其保护》，《建筑遗产》2017年第2期（总第6期）。

275

伴随着西方文化的全面冲击和中国各种力量对这种冲击的回应，近现代中国社会经历了一场历时百余年的大规模社会转型。传统中国几千年沿袭的生产方式、生活方式和思维方式都发生了剧烈变化，名胜古迹与社会之间的依存关系也因此受到考验。

也正是在这个时期，文物的概念逐渐走入人们的视线。庙宇、祠庙、坛庙，甚至宫殿，这些曾经只与特定阶级、身份的人产生密切关系的建筑，逐渐成为普罗大众的"参观对象"，并随着经济发展、交通便利而越来越被人们所熟知。现代意义上的保护意识也与文物概念的传播同时兴起。世界范围内，对遗产保护认识的深度和广度都在不断增加。

晋祠既是中国历史上负有盛名的名胜古迹之一，也是当代全国重点文物保护单位。在近现代社会转型过程中，晋祠并非静止不动：文物观念和遗产保护意识的变化，生产发展、祭祀活动的兴废都在其变迁上有所体现。本文以晋祠为研究对象，试图通过将晋祠在这百余年变革中的兴衰融入太原地区百余年的历史大潮，来观察在剧烈的社会转型和逐渐兴起的遗产保护概念之间，文物与社会生活的联系方式随着人们意识的变化而出现的起伏，同时试图以此探讨文物在当代社会继续"健康生长"和"保持活力"的切入点。

晋祠不仅与其所在的地望，更与中国传统的文人—官僚社会及当地乡土民情有着密切联系。正是这些联系保证了晋祠千余年来生生不息，虽有变迁但一直延续。

《水经注》留下了最早的关于晋祠的文献记载，不多的文字强调了悬瓮山、晋水源头、池沼、唐叔虞祠、凉堂和飞梁等要素。[1] 其中"晋水源头"的地理位置决定了其与地方农业灌溉的密切关系，进而影响到其与当地乡土社会的互动方式；"唐叔虞祠"是其得到官方意识形态推崇的基础；各种风景名胜要素又将其与文人社会连接在一起。

太原是李唐王朝的龙兴之地，唐叔虞祠也因此在唐代依托于晋阳而盛极一时，并被赋予重要的政治意义。唐王朝终结后，随着政治经济中心转移，一位女郎以晋源之神的形象，象征水源与灌溉，在晋祠内的地位和香火逐渐超过叔虞。后来，晋祠内又出现了苗裔堂、昊天神祠、财神庙等祠庙。晋祠逐渐成为与灌溉、祈雨、生育、求财等日常习俗和人生礼俗息息相关的祠庙，堪称应有尽有、包罗万象，形成晋祠文化圈。到后来，晋源之神的"女郎"多被附会，最终被确认为唐叔虞之母邑姜，[2] 女郎祠"成为"圣母殿"，民间信仰又被正式纳入官方的等级秩序。而乡民却又在圣母殿旁建立了象征水神的"水母庙"。

晋祠经过了官方与民众的双重营建，进而引发了延续千年的叔虞与圣母、圣母与水母之争。晋祠是传统社会中当地民众与官方联系的纽带，其形成与发展反映了官方祭祀、民间信仰、习俗仪式、节日庙会的共同作用。晋祠中"圣母殿—鱼沼飞梁—献殿"的祭祀秩序，至今仍保留宋金时期的面貌，晋祠内建筑呈现百花齐放的状态，反映了不同时期各富特色的建筑传承，历代官方与民间共同营建与权力博弈功不可没。

而在近现代中国的社会转型中，晋祠与当地乡土社会的联系受到了前所未有的挑战。

"废"

对于传统建筑来说，一百年不算长，相当于晋祠两次大修之间的时间。但在近现代的这场百年变革中，人的变化及社会转型是天翻地覆的。晋祠周边在这期间经历了自然灾害、经济衰落、活动终止、晋水断流等，在这个过程中，祠庙建筑逐渐成为孤立的古迹，脱离了原有的社会生活。

晚清以后的命运多舛

太原一直受汾河水患之苦。明代开始，晋祠周边的西山风峪、明仙峪、马坊峪等季节性河流屡有水患，这种状况到了清中后期愈加严重，周边村落遭受自然灾害更加频繁[3-6]。如："同治十三年（1874）甲戌夏四月夜半，大雨如注，倾盆而至，雷电交加，势若山崩地塌。明仙、马坊两峪，水俱暴涨，马房峪更甚。晋祠南门外庐舍田园，淹没大半……"[7]755

水患之后，部分村落土地淤高，无法再受晋水之利，其中包括晋祠大米质量、产量最好的"三营米"所在——小站营、五府营、东庄营。雨季多灾，旱季却不雨，水田的收入不能果腹，旱田得不到保障。清末民初，山西全境遇上了百年难遇的饥荒，对已受到西方文明冲击的传统农业经济来说更是雪上加霜。

同时期，晋商的衰落也使晋祠周边受到影响，赤桥、纸坊这些以造纸为主业的村落难以维持，晋祠镇这样的商业市镇迅速衰退，晋祠的庙会也因此比以前冷清了很多。

"光绪二十年七月初三日（1894年8月3日）余去晋祠赶会,大小商人皆叹不卖钱,较前数年远甚,可见闾阎贫穷之甚也。"[8]34

"光绪二十三年七月初二日（1897年7月30日），今日晋祠赶会，气象萧条。会上人皆言，二十年前是何等热闹，今日仍是如此，则闾阎之困苦可知矣。"[8]74

"民国二十七年六月十五（1938年7月12日）而晋祠、纸坊、赤桥三村之村长副犹具籍祭祀晋水源神，向农民敛费肥己，每亩按一角七分起费，则三村之村长、副其胜可谓大矣。"[8]512

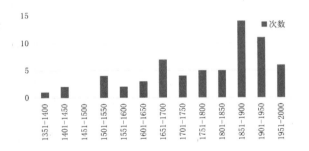

15

10

5

0

1351-1400 1401-1450 1451-1500 1501-1550 1551-1600 1601-1650 1651-1700 1701-1750 1751-1800 1801-1850 1851-1900 1901-1950 1951-2000

■次数

⌐ **1351—2000 年晋祠周边地区水患程度统计**
图片来源：根据参考文献[3] 卷一百六十二至卷一百六十三 祥异，参考文献[4] 卷十六 祥异，参考文献[5] 卷八十三至卷八十六 大事记，参考文献[6] 卷二十八 志第四 五行志一，整理。

一脉泉随：晋祠

与村落的衰败形成对比的是，这时候的晋祠镇新建了一批私人别墅。汽车等新兴交通工具缩短了太原市到晋祠的距离，晋祠前有横穿晋祠镇的商道驿路，晋祠后紧邻新修的公路，之前晋祠与太原府之间需走一日，此时不再那么遥不可及。

在这种情况下，晋祠镇因为依傍名胜之景并享受泉水之利，吸引了不少太原的显贵富商在这里修筑别墅，其中包括：荣家（荣鸿胪）陶然村、周家（周玳）在田别墅、孙家（孙殿英）花园及陈家（陈学俊）的息庐，以及奉圣寺江家（江叔海）花园。晋祠内的难老泉旁有黄氏（黄国梁）别墅，到建国初期这幢别墅还在，直接占压在晋水南河的河道之上 [2]。[9] 这些别墅大多受到西洋风格影响，与晋祠及周边民居并不协调。这些别墅的出现是现代技术发展导致城市扩张的结果，与当地乡土社会并无有机联系，而且占用了部分耕地，同时疏远了晋祠与村落间的关系。

1937 年日军占领太原，商路和交流受到严重影响，晋祠奉圣寺藏经楼和里面的全部古籍被毁。直到 1949 年新中国成立，这一地区才重归和平。在这一过程中，传统的农业生产面临挑战，晋祠祭祀活动所依托的生产方式被边缘化，祭祀的神祇自然受到了冷落，而晋祠与周围居民的关系又被疏远，逐渐远离民众的日常生活。

建国以后的社会改造

建国以后，祠神被认为是封建迷信，烧香活动被废止，晋祠内部的香炉、香案等被毁弃，各种民俗活动均被打压，充满巫术色彩的"祈雨"活动更是首当其冲。一些珍贵的族谱和手抄文件因此遗失。到了"文革"时期，唯一还在举行的祀圣母活

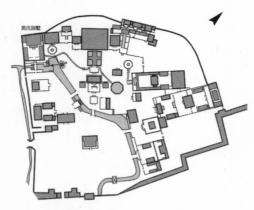

2 黄氏别墅在晋祠中的位置示意

图片来源：底图引自：Tracy Miller. The Divine Nature of Power: Chinese Ritual Architecture at the Sacred Site of Jinci[M]. Harvard University Asia Center, 2007: 4

动也停止了。这些民间的仪式活动多是一种行为的传承，通过言传身教代代延续，一旦中断就很难恢复。虽然晋祠建筑群作为珍贵的文物保留了下来，但是周边历史没那么悠久的奉圣寺、真武阁、魁星阁、三官庙、白衣庵、上生寺、下生寺、老爷庙，以及各个村落的村庙都遭到破坏，晋祠文化圈不再完整。

晋水收归国有，晋祠祭祀水母的仪式中断，与祭祀相关的集宴场所待凤轩、五云亭和同乐亭也均随之倾颓，原有的祀田都变成祠庙内的绿地。1972 年，晋水管理机构成为太原市水利局的直属单位，当地人失去了管理晋水的权力，渠甲制度也在运行六百多年之后走向了尽头。[10]

1994 年，晋水主要源头难老泉断流。相关水利设施，包括桥、涵洞、水磨、渠道等，都随着时代的更迭逐渐被拆除。当地人将晋水断流的原因归结为三点：一是西山煤矿的开采致使难老泉水源受到破坏；二是 1970 年代的清徐县平泉自流井的开凿分流了难老泉的泉水；三是为了发展生产，附近不少村落打了深水井，而这些井有很多直接开在难老泉的泉路上。现在晋祠的水只是作为景观的区域循环水，与周边村落没有任何关系。

"晋水断流了，不光是（晋祠）古镇的小事，而且是整个生活方式、意识的事。如果晋祠无法恢复的话，将来下一代人，也许他们觉得晋水根本与他们没有什么直接的关系，将来的人谈起晋水就会觉得离他们很遥远。" [11] 周边村落民众与晋祠最重要的情感纽带断裂了，晋祠遭到进一步孤立。

"立"

在这场百余年的巨大变革之中，晋祠建筑本体并未受到很大破坏。即使在社会最动荡的时候，仍然有人在不遗余力地保护、记述晋祠，并希望这份遗产流传后世。随着文物保护事业的发展，人们与晋祠的联系以另一种方式得以建立。

梦醒子：乡绅刘大鹏与晋祠

刘大鹏[3] [12] 出生于清咸丰七年（1857），1942 年去世，几乎完整地经历了中国社会发生彻底变革的时代。刘大鹏生活在赤桥村，村中大部分村民以造纸为业，部分

3 刘大鹏先生肖像
图片引自：沈艾娣. 梦醒子：一位华北乡居者的
人生 [M]. 北京大学出版社，2013：1

外出经商，并非以农耕为主。正因如此，刘大鹏直观地感受到了经济体系和政治体系的变革。

刘大鹏自幼受传统思想的教化，终生恪守儒家做人处事的道德规范。但他的坚持在整个现代化进程中作用不大，社会转型没有因为他的不满而停止。与此同时，他的生活越来越清苦。他迷惘、焦虑、抗争、落寞，并且固守。[13]

正是刘大鹏所处的社会环境和迷茫的社会生活催生了他记录家乡盛景的想法。与中国传统文人一样，刘大鹏崇尚山水并以山水比德，认为对美景的欣赏和认同是人拥有道德的体现。刘大鹏重新作晋祠内外八景诗、赤桥十景诗，以诗文的方式标识并记录了一方景致，体现了他对家乡热忱的感情和强烈的文化自豪感。这种做法也是在模仿杨二酉、王琼这些出自晋祠镇的圣贤官员，寄托了他自己的理想。

1902 年，刘大鹏开始收集资料并撰修《晋祠志》，五年后成书，全书四十二卷。另外，他还修编了《晋水志》十三卷、《明仙峪志》四卷、《柳子峪志》八卷、《汾水河渠志》，以及《重修孙家沟幻迹》等。他对晋祠的记述近乎事无巨细，希望《晋祠志》可以出版流传以供后人稽考。在《晋祠志》"人物"部分的最后，是《卧虎山人传》和《梦醒子传》，[7]483-486 两者都是刘大鹏本人的别号。既然不能立德、立功，他希望至少借方志的形式，做到立言。同时，修撰方志也是对地方非常有意义的事业。

1914 年，刘大鹏开始组织维修晋祠，这是第一次从文物的角度，而不是以"灌溉"或者"灵应"的名义对晋祠进行维修。刘大鹏晚年是太原县保存古迹文物委员会的特别委员，对地方的文物保护事业做出了重要的贡献。

"乡邦文献，关怀有缘，表扬潜德，著述连篇，天不应遗，杀青何年。晋水潺潺，相与呜咽，千秋万祖，其视此镌。"[14] 刘大鹏只是晋祠附近几千村民中的一位，因为读过书，他可以用文字的方式记录晋祠及周边。虽然这些文字限于文人的视角，显得有些偏颇，但是仍然展示了晋祠对于当地乡土社会的影响力。刘大鹏笔下的晋祠，不仅是一处祭祀场所或一组历史悠久的建筑，同时也是有感情、可比德的家乡景致，是一个地区集体记忆的载体和人与人、人与地域之间认同感的来源。人对晋祠的感情，并没有因为祭祀活动的减少而式微，也没有因为社会动荡而消失，反而因为环境的分崩离析而显得更加突出和重要。远离了信仰的约束，晋祠展示出另一种情感寄托，这种感情既源于建筑，源于厚重的历史，也与周边历史环境和民众日常活动密切相关。

新时期：文化的回归与保护

新中国对晋祠的文物价值非常重视。1951 年，山西文物管理委员会正式成立，并在晋祠设立办事处。1961 年，晋祠正式成为第一批全国重点文物保护单位。1990 年，晋祠博物馆成立。1993 年，晋祠根据《关于做好文物保护单位保护范围及建设控制地带划定工作的通知》晋文字（1986）第 1 号，划定了保护范围和建设控制地带。从 1950 年至今，晋祠建筑及环境经历过大大小小至少上百次的维修，内部的风貌得到改善和提高。对晋祠各个方面的研究工作也始终没有停止。《晋祠志》《晋祠碑碣》《晋祠文物》《晋祠彩画与壁画》的出版，归纳整理了晋祠的各种文物，将很多建筑、附属文物、故事传说不为人知的一面展示了出来。对与晋祠相关的傅山等文人活动的研究也正在逐渐展开。晋祠更是龙城太原的重要旅游资源和名片。

晋祠作为三晋地区中的名胜古迹，包含建筑、雕塑、壁画、碑刻等文物，内容之丰富、类型之广、跨年之长，可谓罕见。它与城市的距离，既保证了游客的可达性，又能有效隔开世俗的喧嚣，是暂时远离俗务纷争的佳处。这里的建筑与山水有机结合，有自然景致，有人文创造，蕴含着古人智慧的结晶。对于传统文化的认同感和自豪感，在当代全球化、国际化的进程中，在建筑和园林之间再一次被激发出来。这种认同不再局限于周边的村落，而是扩展到全国乃至世界范围。

"在这山下水旁，参天古木中林立着百余座殿、堂、楼、阁、亭、台、桥、榭。绿水碧波绕回廊而鸣奏，红墙黄瓦随树影而闪烁，悠久的历史文物与优美的自然风景，浑然一体，这就是古晋名胜晋祠。" [15] 文化的回归，让晋祠再一次声名鹊起。

庙会复兴：仪式的象征意义

"做出举行仪式的决定往往与村民社会生活中的危机有关。" [16] 在传统社会中，"仪式"凝结了人们的力量，它的象征意义是各方确认权力的重要手段。这种作用在现代社会也同样适用。在晋祠村委会的推动下，1994 年，也就是晋水主要源头难老泉断流的同一年，中断近 50 年的祀水母仪式重新举办。

对于晋祠附近村民来说，晋水断流所带来的归属感和情感依托的失落，比水源消失更严重。农历六月十五日，这个往昔总河渠甲祭祀水母的日子，祭祀仪式被重新组织起来，并带动了庙会的复兴。庙会一直是晋祠周边村落生活中的重要组成部分，晋祠附近也保留了不少，只是缺少一个以"晋水"为主题，将周边村落与晋祠连接在一起的庙会。人们需要以身体的方式，通过集体行为实践对水神的信仰，来强化人与人之间的认同感。

涂尔干认为，不同个体的共同记忆使得集体凝聚。[17] 庙会中，村民在特定的时间回到晋祠，参加特定的活动，他们儿时在这里玩耍的记忆因此被重新唤醒。通过庙会活动，原本分崩离析的社会关系乃至晋祠与村落的关系，都被重新组织了起来。村民对庙会和仪式的共同记忆在封存多年之后被重新唤起，祠庙重新找回了与村民日常生活的联系。同时，庙会通过吸引外来游客，加强了村民对乡土文化的自豪感和认同感。即使没有了现实中的水源，对水源的信仰和探求还是通过仪式重新得到确认，并通过仪式传承和延续。

"争"

晋祠相关文物的保护工作起步很早，力度颇大，不可避免地进行了长时间、大规模的拆建活动，因此与当地村落有所冲突。遗产的过度开发利用切断了祠庙曾经的民众基础，民众的不配合又让遗产保护陷入了困境。另外，作为文物的晋祠与村落的发展也产生了很大的矛盾。晋祠土地收归国有后，附近村民不仅没有了建设庙庙的权力，进入祠庙的权力也受到了限制。庙会恢复后的前几年，在庙会当天村民还被允许进入晋祠，2002 年以后，连这一天的特权也被剥夺了。

随着社会的发展，晋祠周边人口膨胀，人均住房面积急速减少，周边新建的养老院、学校等公共建筑又严重挤占耕地。民居越来越多的随意搭建破坏了原有历史环境，让周边村落风貌杂乱。加上村庙的衰落和工业厂房的兴起，此地再也不复古镇之姿。

晋祠景区的不断扩建和周边村落用地的紧张形成对比。现在的晋祠面积与清末相比，扩大近一倍。原本晋祠以南的王琼祠、晋溪书院、奉圣寺均被纳入现在的围墙范围。奉圣寺与王琼祠之间，原有祀田成为景区的园林景观。1950 年，拆除晋祠镇的堡墙。1954 年，由山西省政府拨款，对晋祠周边进行大规模的建设活动，建设活动一直持续至今。1957 年，晋祠北侧的晋祠村被改建为晋祠宾馆。2002 至 2003 年，为了支持晋祠申报世界文化遗产，相关部门全力整改周边环境，晋祠镇中堡的居民全部被迁出。2007 年，晋祠镇北堡居民被迁出，晋水总河的纸房村消失，仅余南堡，取代北堡、中堡的是占地面积达 1300 多亩的晋祠公园[4]，还复建了拆除不到五十年的北极阁和部分堡墙[5]。但新建的建筑、园林未能很好地融入晋祠古建筑群，稍显孤立。

这些建设与周边村民乃至晋祠博物馆的沟通存在问题，激化了双方的矛盾。世界文化遗产基金会的专家来晋祠考察时，周边居民围堵晋祠大门长达十天，直到这些专家离开。原本对于周边居民有益的申遗工作没有得到当地人的支持。随着晋祠申遗未果，晋祠公园的建设速度放慢，管理也陷入僵局。

晋祠博物馆是晋祠的管理机构，隶属于太原市文物局，与晋祠村管理部门并无联系，更与普通村民无关。晋祠的发展极大地提高了村民的收入并增加了就业渠道，但是居民无法参与景区的日常管理工作。在祠庙建筑环境改造和范围不断扩大的过程中，一些村民原本从事的商业活动被禁止[6]，使之在一定程度上失去了收入来源。同时，晋祠及周边的开发和改造带来的物价上涨、环境破坏、被迫拆迁等负面影响却主要由当地村民承担，村民因此对晋祠的旅游开发抱有不满。

4　**2010 年晋祠景区修建性详细规划**
底图引自：太原市规划设计研究院. 晋祠景区修建性详细规划 [Z] 2010.
其余自绘

5　**复建的北极阁和围墙**
图片来源：自摄, 2011.10

6　**晋祠山门前的商业现状**
图片来源：自摄, 2011.10

一脉泉随：晋祠

同时，游客也对晋祠附近从事旅游相关职业的村民评价不高。诸如强买强卖、敲诈勒索等现象极大地损坏了晋祠的形象。对于很多村民，尤其是未在晋祠享受童年的年轻人来说，旖旎的晋祠风光不是约束管制他们日常行为的神灵的居所，而是他们的赚钱手段。当地人的教育水平和文化素质问题都相当突出。

这个现象不只出现在晋祠，只是周边村落和晋祠博物馆之间互不相干、各自为政的状态使其更加凸显。在这种情况下，村落的道德感和认同感都陷入危机。晋祠与周边村民的关系处在一个尴尬的恶性循环之中。

对于遗产，无论国家还是乡土，也无论游客还是村民，每一方都希望从中找到文化的认同和归属。晋祠既是村落民众共同记忆的载体和凝聚区域人群力量的纽带，也在中国古代建筑史中占有重要地位，还是世界范围内的重要文化遗产。保护好晋祠这一文化遗产本应是各方一致的诉求。上述矛盾的原因一方面来自经济利益的强力驱动，另一方面来自对文化保护理念认知的不足。

2005 年国际古迹遗址理事会（ICOMOS）的《西安宣言》[18] 提出，对文化遗产的保护范围应扩大到文化遗产的周边环境以及其中所包含的一切历史、社会、精神、习俗、经济和文化活动，进而关注遗产本体所承载的文化记忆和集体认同。这标志着对文化遗产概念认知的深化。也有学者注意到，在与传统生活息息相关的祠庙建筑中，不仅有空间的设计还有时间的延展。祠庙建筑的兴衰与一个地区的经济文化活动有密切的联系，祠庙中丰富的活动反映了当时的社会状况，可以说是一种带有地域特征的文化景观。[19] 这种思路将建筑与当地的文化、祭祀活动联系在一起：当地的生活也是文化景观的组成部分。晋祠周边的文化活动开始有组织地回升，水镜台上每天有简短的演出，导游讲解的路线也将包括晋祠公园的部分遗产。庙会虽然失去了事神的意义，但仍然是最吸引游客的活动之一，也是村落收入的主要来源之一。2008 年，晋祠庙会被列入第二批国家级非物质文化遗产名录。

晋祠公园近年逐渐开始重新利用当年贯穿镇中央的官道，恢复一些商业活动。管理者开始鼓励居民经过一定的手续在晋祠外指定地点摆摊营业，尤其是举办庙会的时候。这是在不影响文物的情况下恢复一部分当年繁华景象的尝试。虽然晋祠外的临时建筑还是和古镇风貌很不协调，商业活动也还没有真正形成，复建的建筑很多无人监管，但是这些行动仍然是保护和协调工作的重要进展。

　　"生长"是晋祠的重要特征，晋祠在传统中国的发展是国家、民众、文人、乡绅各方面的影响的集合，伴随着各种权力和社会意识之间的摩擦、牵制、对抗、融合，最终形成了一种平衡，是社会权力关系的一个缩影。晋祠的每个亭台楼阁都有意义，千余年的延续正是人们选择的结果。

　　生存环境的唯一性造就了晋祠的独特性，因此，保护理念的变化、人与建筑关系的变化对历史建筑保护工作影响巨大。随着社会的移风易俗，晋祠承载的祭祀活动一度湮没，与祭祀活动相关的部分建筑也因此消失。失去了实物和行为依托，语言的传递可能会随着一代人的逝去而消失，原本充满活力的祠庙就有成为静态陈列品的可能，最终会使文物的真实性、完整性和延续性受到影响。

　　晋祠作为风景名胜，并不是现代被确立为文物保护单位之后才发生的，晋祠的亭榭大多湮没而祭祀建筑却保留了下来，说明单纯作为景观园林不能保证建筑历久弥新。现在，为了管理之便，由晋祠登悬瓮山的道路被阻挡，即使纯粹作为景观，晋祠与周边环境的联系也被切断。过于急躁的保护，使晋祠与当地人以及当地更大范围的环境之间的关系出现疏离。在相关部门与当地村民保护观念的冲突之下，出现了难老泉断流、晋祠公园不断扩大、申遗工作难以为继等现象，直接导致了现在晋祠保护工作的困境。

　　人们对文物的感情是显而易见的，即使在战乱时代，也有刘大鹏这样的文人将自己的情感寄托于文物之上。现在，交通发达，生产水平提高，旅游业兴起，晋祠的伟大创造，更是国人乃至世人的宝藏。保护工作不仅是文保从业者的内部议题，同时也是民众的内在需求，这种认知能更好地促进文物保护，使之经久不衰。

　　晋祠在近现代百余年的社会转型期间，经历了先"废"后"立"的过程。建筑与村落之间原本紧密的关系，随着社会变革的深化逐渐断裂，又随着国家对文化事业的重视重新建立起来。但是，晋祠在社会发展中不可避免地处于矛盾之中，遗产本身乃至遗产与村落之间的关系，都被卷入纷争的漩涡。随着文物保护理念的不断深化，居民素质的不断提高，各方面的关系也在不断重新调整，也希望本文对晋祠在近现代社会转型和文物保护观念形成与变迁期间曲折经历的追溯，可以对当前的保护工作有一定启示。

参考文献

[1] 郦道元. 水经注 [M]. 长春：时代文艺出版社，2001: 53.

[2] 姜仲谦. 晋祠谢雨文 [M]// 太原晋祠博物馆. 晋祠碑碣. 太原：山西人民出版社，2001: 20.

[3] 觉罗石麟. 雍正山西通志：卷一百六十二至卷一百六十三 [M]. 清雍正十二年（1734）刻本. 中国国家图书馆藏.

[4] 吴佩兰，杨国泰. 道光太原县志 [M]// 凤凰出版社. 中国地方志集成：山西府县志集 2. 南京：凤凰出版社，1977：463-712.

[5] 曾国荃. 光绪山西通志：卷八十三至卷八十六 [M]. 清光绪十八年（1892）刻本. 中国国家图书馆藏.

[6] 张廷玉，等. 明史 [M]. 北京：中华书局，1974：425-458.

[7] 刘大鹏. 晋祠志 [M]. 慕湘，吕文幸，点校. 太原：山西人民出版社，2003.

[8] 刘大鹏. 退想斋日记 [M]. 乔志强，标注. 太原：山西人民出版社，1990.

[9] MURRAY J K, MILLER T G. The Divine Nature of Power: Chinese Ritual Architecture at the Sacred Site of Jinci[J]. The Journal of Asian Studies, 2011, 70(2): 535.

[10] 张亚辉. 水德配天——一个晋中水利社会的历史与道德 [M]. 北京：民族出版社，2008：274.

[11] 李红武. 晋水记忆——一个水利社区建设的历史与当下 [M]. 北京：中国社会出版社，2011：138.

[12] 沈艾娣. 梦醒子——一位华北乡居者的生平 [M]. 北京：北京大学出版社，2013：1.

[13] 行龙. 怀才不遇——内地乡绅刘大鹏的生活轨迹 [J]. 清史研究，2005(2)：79.

[14] 闫佩里. 刘大鹏先生碑铭 [M]// 太原晋祠博物馆. 晋祠碑碣. 太原：山西人民出版社，2001：123.

[15] 梁衡. 晋祠 [J]. 出版广角，1995(3)：26.

[16] 维克多·特纳. 仪式过程——结构与反结构 [M]. 柳博赟，译. 北京：中国人民大学出版社，2006：10.

[17] 涂尔干. 宗教生活的基本形式 [M]. 渠东，汲哲，译. 上海：上海人民出版社，2006.

[18] 国际古迹遗址理事会. 西安宣言 [M]// 联合国教科文组织世界遗产中心，等. 国际文化遗产保护文件选编. 北京：文物出版社，2007：374-377.

[19] 周尚意，赵世瑜. 中国民间寺庙——一种文化景观的研究 [J]. 江汉论坛，1990(8)：44-51.

图书在版编目（ＣＩＰ）数据

丛问集：礼仪秩序与社会生活中的中国古代建筑 /
沈旸等著 . —— 上海：同济大学出版社，2019.9
ISBN 978-7-5608-8106-5

Ⅰ . ①丛… Ⅱ . ①沈… Ⅲ . ①古建筑 – 中国 – 文集
Ⅳ . ① TU-092.2

中国版本图书馆 CIP 数据核字 (2019) 第 181544 号

沈旸　等著

礼仪秩序与社会生活中的
中国古代建筑

丛问集

出 版 人·····华春荣
策　　划·····秦蕾 / 群岛工作室
责任编辑·····李争
责任校对·····徐春莲
装帧设计·····付超
封面设计·····赵格 曹群 看好艺术设计
版　　次·····2019 年 9 月第 1 版
印　　次·····2019 年 9 月第 1 次印刷
印　　刷·····天津图文方嘉印刷有限公司
开　　本·····787mm × 1092mm 1/16
印　　张·····18
字　　数·····360 000
书　　号·····978-7-5608-8106-5
定　　价·····88.00 元
出版发行·····同济大学出版社
地　　址·····上海市杨浦区四平路 1239 号
邮政编码·····200092
网　　址·····http://www.tongjipress.com.cn
经　　销·····全国各地新华书店

光明城联系方式·····info@luminocity.cn

本书由国家社会科学基金项目
（18BGL278）资助

luminocity.cn

光 明 城

LUMINOCITY

"光明城"是同济大学出
版社城市、建筑、设计专
业出版品牌，由群岛工作
室负责策划及出版，致力
以更新的出版理念、更敏
锐的视角、更积极的态度，
回应今天中国城市、建筑
与设计领域的问题。